高职高专立体化教材 计算机系列

计算机组装与维护维修

(第 3 版)(微课版)

刘 博 刘 文 王婷婷 主 编

李 明 褚 宁 刘宇明 副主编

清华大学出版社

北 京

内 容 简 介

本书详细讲解计算机组装、调试、维护、优化和维修等方面的技能。全书共分为 7 章，围绕计算机硬件结构基础知识、计算机组装调试、计算机维护优化及计算机故障维修几个功能模块梯度展开介绍，知识点既前后呼应，又环环相扣。

全书内容翔实、案例丰富、讲解深入浅出、用词通俗易懂，既重视系统知识的讲解，又关注实践技能的培养，读者可以循序渐进地轻松掌握相关知识点。本书还配套大量资源，包括多媒体资料、电子教案、辅导材料(学习指导书、习题指导书和实训指导书)、拓展案例、工具软件包、模拟试题库等。

本书适合作为高等院校、高等职业院校相关专业课程的教材，可供各类计算机培训机构应用，也可作为初学者学习计算机硬件知识和组装调试、维护优化技能的普及性读物，还可以作为从事计算机维护及维修工作的人员、计算机硬件爱好者的参考书。

图书在版编目(CIP)数据

计算机组装与维护维修：微课版/刘博，刘文，王婷婷主编. —3 版. —北京：清华大学出版社，2022.1
（2024.1 重印）

(高职高专立体化教材计算机系列)

ISBN 978-7-302-59560-1

Ⅰ. ①计⋯　Ⅱ. ①刘⋯ ②刘⋯ ③王⋯　Ⅲ. ①电子计算机—组装—高等职业教育—教材 ②计算机维护—高等职业教育—教材　Ⅳ. ①TP30

中国版本图书馆 CIP 数据核字(2021)第 228946 号

责任编辑：石　伟
封面设计：刘孝琼
责任校对：李玉茹
责任印制：沈　露
出版发行：清华大学出版社
　　　　　网　　　址：https://www.tup.com.cn, https://www.wqxuetang.com
　　　　　地　　　址：北京清华大学学研大厦 A 座　　　邮　编：100084
　　　　　社 总 机：010-83470000　　　　　　　　　邮　购：010-62786544
　　　　　投稿与读者服务：010-62776969, c-service@tup.tsinghua.edu.cn
　　　　　质量反馈：010-62772015, zhiliang@tup.tsinghua.edu.cn
　　　　　课件下载：https://www.tup.com.cn, 010-62791865
印 装 者：三河市龙大印装有限公司
经　　销：全国新华书店
开　　本：185mm×260mm　　　　印　张：17.75　　　字　数：438 千字
版　　次：2008 年 7 月第 1 版　 2022 年 2 月第 3 版　　印　次：2024 年 1 月第 3 次印刷
定　　价：49.80 元

产品编号：088665-01

前　　言

要学好计算机首先应该深入了解计算机系统各部分的性能，并且全面掌握计算机组装、调试、维护、优化和维修各方面的技能。编者在接触"1+X"职业技能等级证书考试及考取工业和信息化部计算机装调高级技师的过程中，愈加明确针对计算机专业教育与就业的顶层指导，是十分重视计算机组装调试和优化等方面技能的，这些也正是本书浓墨重彩之处。

本书凝聚了编者多年一线教学和实践的经验，在继承第 1 版和第 2 版图书优点的同时，根据读者的反馈意见作了较大修改，完成目前的第 3 版。全书内容翔实、结构紧凑，根据科学性、先进性原则优化知识结构，共设计为 7 章，各章分别从以下角度展开讲解。

第 1～3 章对计算机各部件主要产品进行了详尽阐述，力求跟踪技术发展前沿，讲解的内容新颖实用；在篇幅上平衡了计算机各部件的基本原理、性能参数和选购策略等知识点，以便为后续组装、调试、维护与优化环节做好铺垫；特别引入笔记本电脑的相关知识，学习中不仅可以对照桌面产品突出各自特点，又互补互促了知识点的把握。

第 4 章首先通过实例讲解计算机硬件组装，还特别介绍了典型笔记本电脑的拆装方法。然后介绍计算机调试的相关内容，涉及装机测试、BIOS 的设置升级、硬盘分区及格式化、软件系统的安装与设置，以及对电脑系统进行检测的各种方法。本章所介绍的内容是从组装好硬件到能够正常使用计算机的重要必备知识，而且为后续维护优化和维修等章节的内容做铺垫，既是前面内容的整合，又是展开后面内容的必备环节。

第 5 章介绍计算机维护方法和优化技巧，涉及计算机使用过程中的注意事项和正确的操作方法，以及计算机优化的常用技巧。本章内容重在帮助读者养成良好的计算机使用习惯，了解如何延长机器的使用寿命，掌握避免计算机性能下降的方法。

第 6 章介绍计算机硬件故障诊断与处理，既有计算机维修原则和基本方法技巧的介绍，又精选了典型故障案例解析，帮助读者理论联系实际地学习如何解决计算机使用过程中的常见故障。

第 7 章涉及笔记本电脑的选购、维护、优化、升级和维修，既以前面章节内容为基础，又可以作为全书知识点的综合应用与复习回顾。

为帮助读者更加轻松地掌握相关的知识点，书中每章都配备了实训和习题，编者免费提供习题指导书和实训指导书以方便巩固知识和指导实践。另有学习指导书辅助读者预习或自学。

编者在本书的编写过程中力求体现以下特点。

(1) 内容涉及面广、知识点多，力求面面俱到，同时注意做好取舍，注重相关知识的前呼后应，大量知识点前有铺垫，后有延伸，环环相扣。

(2) 将理论基础与实践技能相结合的理念作为贯穿全书的主线，以理论够用、强化动手为原则，对于重点、难点问题，不惜多施笔墨；对于实用性不强或过时的知识，尽可能轻描淡写，或将它们穿插融汇到相关知识点中。

(3) 注重突出"实践性、实用性、创新性"，充分利用多媒体等现代化手段，全面展示计算机装调与维护优化的技巧和方法。

(4) 积极响应国务院发出的"大众创业、万众创新"号召，聚焦当前的新产品、新材料、新工艺和新技术。通过专家分析和权威发布的路线图等资料对未来的技术和产品发展脉络进行展望，延伸了本书在时间轴上的坐标。

全书由刘博统稿、定稿；刘文和王婷婷老师博学多才，分别负责书中计算机软件和应用部分。李明、褚宁、刘宇明分别负责计算机维护部分、计算机组装部分和计算机组成结构部分，特别是刘宇明博闻强识，对新产品、新技术的收集整理使本书大为增色。参加编写工作的还有肖仁锋、姜雪松、韩振光、宋霏蔚、尉秀梅、黄晓春、毕明杰、高晓黎。在编写过程中，许多专家给予了技术上的指导，提出了宝贵的建议，在此一并表示衷心感谢。

由于计算机技术日新月异，书中难免存在缺漏，敬请读者不吝指正。

编　者

目　　录

习题库及课件获取方式.pdf

学习指导书_刘博.pdf

习题指导书_刘博.pdf

实训指导书_刘博.pdf

第 1 章　计算机组装概述

第 1 章.ppt

学习目的与要求：

　　本章通过对计算机发展和分类的学习，要求对计算机系统的历史演进有较深入的了解，并且能够把握未来发展趋势；通过简要介绍计算机组成与基本结构，要求明确计算机的整体组成和软、硬件系统的划分，以方便后面章节知识点的学习。

1.1　计算机发展简介

　　随着人类科技的发展，人们在生产劳动中创造并改进了多种计算工具。计算工具是人类大脑的延伸，可以让人的潜力得到更大的发展。人类最初用手指计算。人有两只手，10个手指头，所以人们自然而然地习惯运用十进制记数法。用手指计算固然方便，但不能存储计算结果，于是人们用石头、刻痕或结绳来延长自己的记忆能力。

　　以算筹为基础产生的算盘是计算工具发展史上的第一次重大改革，是公认的最早使用的计算工具。

　　随着历史的发展，商业、航海和天文学等方面都提出了许多复杂的计算问题，为计算工具的发展提供了契机。1642 年，法国数学家、物理学家布莱士·帕斯卡(Blaise Pascal)发明了第一台机械加法器 Pascaline，这也是机械式计算工具的代表。

　　1888 年，美国统计学家赫尔曼·霍勒瑞斯(Herman Hollerith)为人口统计局创建了第一台机电式穿孔卡系统——制表机。这台制表机参与了美国 1890 年的人口普查，是人类历史上第一次利用计算工具进行的大规模数据处理。

1. 现代计算机的发展阶段

　　1944 年 8 月至 1945 年 6 月是计算机科学技术快速发展的时期。冯·诺依曼(John von Neumann)博士(见图 1.1)与莫尔学院科研小组合作，提出了一个全新的存储程序通用数字电子计算机方案 EDVAC(electronic discrete variable automatic computer，离散变量自动电子计算机)，这就是人们通常所说的冯·诺依曼型计算机，如图 1.2 所示。该计算机采用"二进制"代码表示数据和指令，并提出了"程序存储"的概念，从而奠定了现代计算机的坚实基础。

　　1) 第一代电子管计算机(1945—1956 年)

　　1946 年，美国宾夕法尼亚大学莫尔学院物理学家莫奇利(John W. Mauchly，如图 1.3 所示)和工程师埃克特(J. Presper Eckert)领导的科研小组共同开发了数字电子计算机 ENIAC(electronic numerical integrator and calculator，电子数值积分计算机)。ENIAC 是计算机发展史上的里程碑，被广泛认为是世界上第一台现实意义上的计算机，如图 1.4 所示。

图1.1　冯·诺依曼

图1.2　EDVAC

图1.3　ENIAC研发团队(左为莫奇利)

图1.4　第一台电子管计算机(ENIAC)

ENIAC 是一个庞然大物，其占地面积为 $170m^2$，总重量达 30t。机器中约有 18 000 支电子管、1500 个继电器以及其他各种元器件，其机器表面布满电表、电线和指示灯，每小时耗电量约为 140kW。这样一台"巨大"的计算机，每秒可以进行 5000 次加法运算，相当于手工计算的 20 万倍，机电计算机的 1000 倍。ENIAC 的成功是计算机发展史上的一座里程碑。

第一代计算机的特点是操作指令为特定任务而编制，每种机器有各自不同的机器语言，功能受到限制，速度也慢。另一个明显特征是使用真空电子管和磁鼓存储数据，如图 1.5 所示。

2) 第二代晶体管计算机(1956—1963 年)

1948 年，晶体管的发明大大促进了计算机的发展，晶体管代替了体积庞大的电子管，电子设备的体积不断减小，如图 1.6 所示。1956 年，晶体管在计算机中广泛使用，晶体管和磁芯存储器促使了第二代计算机的产生。第二代计算机体积小、速度快、功耗低、性能更稳定。

首先使用晶体管技术的是早期的超级计算机，主要用于原子科学的大量数据处理，这些机器价格昂贵，生产数量极少。1960 年，出现了一些成功用于商业领域、大学和政府部门的第二代计算机，比如著名的 UNIVAC LARC 计算机。LARC 机是 20 世纪 60 年代初期功能最强的一台计算机，也是最早的晶体管计算机之一。它在设计上有许多创新，例如能与主机并行操作的外围处理机，用以控制各种输入输出设备并行地与主存交换信息，从而使机器能高速地同时完成几个操作。它有 2 个运算器，10 个存储器模块。

图1.5 电子管

图1.6 晶体管

第二代计算机用晶体管代替电子管，还有现代计算机的一些部件：打印机、磁带、磁盘、内存、操作系统等。计算机中存储的程序使得计算机有很好的适应性，可以更有效地用于商业用途。在这一时期出现了更高级的 COBOL(common business-oriented language)和 FORTRAN(formula translation)等语言，以单词、语句和数学公式代替了二进制机器码，使计算机编程更容易。新的职业，如程序员、分析员和计算机系统专家，甚至整个软件产业由此诞生。

3) 第三代集成电路计算机(1964—1971 年)

虽然晶体管比起电子管是一个明显的进步，但晶体管在使用中会产生大量的热量，这会损害计算机内部的敏感部件，集成电路的出现使得这种状况得到了改善，集成电路如图 1.7 所示。1964 年，美国 IBM 公司成功研制了第一个采用集成电路的通用电子计算机系列 IBM 360 系统，如图 1.8 所示。它的体系结构既便于事务处理，又便于科学计算；系列中各机型具有兼容性；有标准的输入、输出接口和通用的输入、输出设备，它们与中央处理器相对独立；软件既有兼容性又有可扩充性，从而可最大限度地保护用户的软件投资。这些特征大多成为以后计算机设计与开发所遵循的基本原则。1964 年 IBM 为美国 Airlines 提供 SABRE 系统；1966 年 IBM 为社会保障管理机构提供管理系统；在 1969 年 Apollo 11 登月计划中，IBM 360 系统更是大显身手。

图1.7 集成电路

图1.8 IBM 360系统

随后，计算机变得更小，功耗更低，速度更快。这一时期的发展还包括使用了操作系统，使得计算机在中心程序的控制协调下可以同时运行许多不同的程序。

4) 第四代大规模集成电路计算机(1971 年至今)

出现集成电路后,唯一的发展方向是扩大规模。大规模集成电路(LSI)可以在一个芯片上容纳几百个元件,如图1.9 所示。到了 20 世纪 80 年代,超大规模集成电路(VLSI)在芯片上容纳了几十万个元件,后来的 ULSI 将数字扩充到百万级,可以在硬币大小的芯片上容纳如此数量的元件使得计算机的体积和价格不断下降,而功能和可靠性不断增强。

图1.9 大规模集成电路

2020 年 11 月 16 日,TOP500 组织发布了全球超算 TOP500 第 56 期榜单。高性能计算业界正在实现技术突破,攀登新的计算高峰。如图 1.10 所示,本次的榜单冠军超级计算机"富岳"(Fugaku)是世界上第一台 ARM 架构处理器驱动的 TOP500 高性能计算集群,认证算力超过 51.3 亿亿次每秒。中国部署的超级计算机数量也继续位列全球第一,TOP500 超算中中国客户部署了 226 台,占总体份额超过 45%;中国厂商联想、曙光、浪潮是全球前三的超算供应商,总交付 312 台,占 TOP500 份额超过 62%。联想不仅在 HPC 的设计、交付能力上全球领先,在追求超级计算机的新技术高峰上同样正在集聚势能。榜单显示,在全球浮点运算性能最强的 500 台超级计算机中,联想交付的超算贡献总算力超过 35.5 亿亿次,联想制造的超算入围 180 台,较上份榜单的 173 台增加 7 台,数量远超其他厂商,再次名列全球高性能计算提供商份额第一名。

图1.10 "富岳"(Fugaku)

2. 计算机的发展趋势

目前计算机技术的发展趋势是向巨型化、微型化、网络化和智能化 4 个方向发展。

1) 巨型化

巨型化是指运算速度高、存储容量大、功能更完善的计算机系统，其运算速度一般在每秒万亿次，一直被誉为"现代科技的大脑"。巨型机主要用于尖端科技和国防系统的研究与开发，如航空航天、军事工业、气象、人工智能等几十个学科领域，特别是在复杂的大型科学计算领域，其他机种难以与之抗衡。

巨型机加工数据吞吐量极大，其主机由高速运算部件和大容量快速主存储器构成，在系统结构、硬件、软件、工艺和电路等方面采取各种支持并行处理技术。

巨型机的应用已从实体经济转到战略领域的航空航天、地质勘探、车船设计、动漫制作、环境保护、新药研发、生物信息、气象监测等诸多方面。

仅半年，富士通与日本理化学研究所共同开发的超级计算机"富岳"已经将其混合精度 HPC-AI 基准上的性能从 1.4 exaFLOPs 提高到 2.0 exaFLOPs。特斯拉的 Dojo 超级计算机在 2021 年年底问世，该超级计算机也能够实现 1000 petaFLOPs，会更好地帮助特斯拉从汽车摄像头和道路上收集数据。

2) 微型化

微型化得益于大规模和超大规模集成电路的飞速发展。微处理器自 1971 年问世以来，发展非常迅速，几乎每隔两三年就会更新换代一次，这也使得以微处理器为核心的微型计算机的性能不断跃升。微型化、多功能、高可靠性、防静电和抗电磁干扰的各类片式电子元器件不断发展，顺应了计算机微型化的发展方向，便携、网络化和多媒体化以及更轻、更薄、更短、更小的特点，使得微型机的发展日新月异。

现在，除了放在办公桌上的台式微型计算机外，还有可随身携带的膝上型计算机、可以握在手上的掌上型计算机，以及在生活电器中广泛使用的嵌入式计算机，如电视机顶盒、数字电视、汽车、数码相机、家庭自动化系统、空调、POS 机、工业自动化仪表与医疗仪器，使用范围覆盖了各行各业。这些微型机的体积小、使用方便、价格便宜，操作简单且技术更新快，迅速进入社会各个领域。

3) 网络化

网络化是指利用通信技术和计算机技术，把分布在不同地点的计算机互联起来，按照网络协议相互通信，以达到所有用户都可共享数据和软硬件资源的目的。整个互联网相当于一台巨大的超级计算机，当然也可以构造地区性的网络、企事业内部网络、局域网络，家庭网络甚至个人网络。目前各国都在致力于"三网合一"的开发与利用，即将计算机网络、有线电视网、通信网合为一体，通过网络更加高效地传送文本、声音、图形和视频，用户不但可以随时随地上网，而且可以方便地使用可视电话或者收看世界各地的电视节目。

现在，计算机网络在交通、金融、企业管理、教育、邮电、商业等各行各业中得到广泛应用。云计算、物联网、虚拟化、移动通信、网络安全与管理都是当今计算机网络化发展研究的热点，未来的计算机网络将向着开放、集成、智能的方向发展。

4) 智能化

智能化就是要求计算机能模拟人的感觉和思维能力，这是第五代计算机要实现的目标。

智能化的研究领域很多,其中最有代表性的领域是专家系统和机器人。2021 年 2 月 22 日,中国人工智能头部企业深兰科技与世界 500 强韩国 LG 线上线下举行智能机器人采购项目签约仪式。根据协议,LG 计划在三年内完成对深兰科技数万台智能机器人的采购订单,首批产品最早从 2021 年 4 月下线出货,陆续装船发运美国。如图 1.11 所示为深兰科技 AI 消毒清洁机器人。

图1.11　AI消毒清洁机器人

专家系统 AI 机器人已经在管理调度、辅助决策、医疗诊断、人脸识别、故障诊断、地质测绘、产品设计、教育咨询等方面广泛应用,在文字、语音、图形图像的识别与理解以及机器翻译等领域也取得了重大进展,比如在线翻译系统、人脸识别等产品已经问世且在不断地改进。如图 1.12 所示为深兰科技 AI 安防机器人。

图1.12　AI安防机器人

展望未来,计算机的发展必然要经历很多新的突破。从目前的发展趋势来看,未来的计算机将是超导计算机、纳米计算机、光计算机、DNA 计算机和量子计算机等。

第一台超高速全光数字计算机,已由欧盟的英、法、德、意等国的 70 多名科学家和工程师合作研制成功,光子计算机的运算速度比电子计算机快 1000 倍。

2013 年 9 月 26 日,斯坦福大学宣布人类首台基于碳纳米晶体管技术的计算机已成功测试运行。碳纳米管是由碳原子层以堆叠方式排列所构成的同轴圆管,它的直径可以小到 1 纳米,而人类的 DNA 直径一般是 2.5 纳米。这种材料具有体积小、传导性强、支持快速开关等特点。这台碳纳米管计算机芯片包含 178 个晶体管,其中每个晶体管由 10 至 200 个碳纳米管构成。

超导计算机具有超导逻辑电路和超导存储器,其运算速度将比现在的电子计算机快 100 倍,而电能消耗仅是电子计算机的千分之一。与传统计算机相比,DNA 计算机在体积、容量、能耗、速度方面都有很大的优势,1 立方厘米空间的 DNA 可存储的资料量超过 1 兆片 CD 容量,运算速度更是达到惊人的 10 亿次/秒,而能耗仅相当于普通电脑的十亿分之一。

量子计算是一种基于量子效应的新型计算方式。其基本原理是以量子位作为信息编码和存储的基本单元,通过大量量子位的受控演化来完成计算任务。量子计算机将会完成比传统计算机更复杂的运算,运算速度也是传统计算机无法比拟的。2016 年 8 月央视新闻报道,中国在量子计算机的研究上取得突破性进展,中国科学技术大学量子实验室成功研发了半导体量子芯片和量子存储器,可实现量子计算机的逻辑运算和信息处理。

据安徽日报 2021 年 2 月 8 日报道,首款国产量子计算机操作系统——"本源司南"在合肥市正式发布。该系统由合肥本源量子计算科技有限责任公司自主研发,实现了量子资源系统化管理、量子计算任务并行化执行、量子芯片自动化校准等全新功能,助力量子计算机高效稳定运行,标志着国产量子软件研发能力已达国际先进水平。

相比于经典计算机,量子计算机最突出的优势在于强大的计算能力,但目前全球范围内可供使用的量子计算机只有 50 台左右,如果不能做到有效利用,就会出现算力浪费情况。因此,量子计算机也需要操作系统对其进行有效调配和管理,硬软件协同发展才能让量子计算机实现落地应用。

1.2　计算机的分类

随着计算机技术的发展,计算机的家族成员越来越多,可以按照不同的方法进行分类。

根据其用途不同,计算机可分为通用机和专用机两类。通用机能解决多种类型的问题,通用性强;而专用机则配有解决特定问题的软硬件,功能单一,但能高速、可靠地解决特定问题。

从数据表示来说,按照计算机处理的数据类型可以分为数字计算机、模拟计算机以及混合计算机三类。通常人们又按照计算机的运算速度、字长、存储容量、软件配置及用途等多方面的综合性能指标,将计算机分为巨型机、大型通用机、小型机、工作站、微型计算机、服务器等几类。

1. 巨型机

巨型机是计算机型谱中档次最高的机型,它的运算速度最快、性能最高、技术最复杂。巨型机主要用于解决大型机难以解决的复杂问题,它是解决科技领域中某些带有挑战性问题的关键工具。巨型机的研制水平、生产能力及其应用程度已成为衡量一个国家经济实力和科技水平的重要标志。

目前中国运行速度最快的计算机"神威·太湖之光"的运算速度为每秒 9.3 亿亿次的浮点运算速度,共有 40 960 块处理器。

2. 大型通用机

大型通用机的特点是通用性强,具有很强的综合处理能力,覆盖面广,主要应用在公司、银行、政府部门、社会管理机构和制造厂等。通常人们称大型机为"企业级"计算机。大型机系统可以是单处理机、多处理机或多个子系统的复合体。

3. 小型机

小型机可以为多个用户执行任务,通常是一个多用户系统。小型机结构简单、设计试制周期短,便于及时采用先进工艺。这类机器由于可靠性高,价格便宜,对运行环境要求低,易于操作且便于维护,因此对广大用户具有吸引力,特别是在一些中小企业中很有市场,可作为集中式的部门级管理计算机,在大型应用中作为前端处理机,在客户-服务器结构中作为服务器(如文件服务器、WWW 服务器及应用服务器等)。小型机的应用例子有:工业自动化控制,大型分析仪器、测量仪器,医疗设备中的数据采集、分析计算等。

4. 工作站

工作站是一种高档微机系统。它具有较高的运算速度,既具有大型机、小型机的多任务、多用户能力,又兼具微型机的操作便利和良好的人机界面。工作站可连接多种输入、输出设备,而其最突出的特点是具有很强的图形交互与处理能力,因此在工程领域,特别是在计算机辅助设计(CAD)领域得到迅速应用。

5. 微型计算机

以微处理器为中央处理单元的个人计算机(PC)简称微型机或微机,笔记本电脑、平板电脑以及种类众多的手持设备都属于微型计算机。现在大多家用微型机都配置了双核或四核处理器,在某些方面可以和以往的大型机相媲美。

6. 服务器

当计算机最初用于信息管理时,信息的存储和管理是分散的,这种方式的弱点是数据的共享程度低,数据的一致性难以保证。于是以数据库为标志的新一代信息管理技术发展起来,而以大容量磁盘为手段、以集中处理为特征的信息系统也发展起来。

随着互联网的普及,各种档次的计算机在网络中发挥着各自不同的作用,而服务器在网络中扮演着最主要的角色。服务器可以是大型机、小型机、工作站或高档微机。服务器可以提供信息浏览、电子邮件、文件传送、数据库、打印以及多种应用服务。服务器作为网络的节点,承担了 80% 的数据和信息的存储、处理任务,被视为网络的灵魂。

1.3 计算机的组成与基本结构

1.3.1 计算机的组成

一个完整的计算机系统是由硬件系统和软件系统两大部分组成的。

硬件(hardware)即硬设备,是指计算机上各种看得见、摸得着的实实在在的物理设备的总称,是计算机系统的物质基础。

软件(software)是在硬件系统上运行的各类程序、数据及有关文档的总称。

硬件和软件的关系如下:

没有配备软件的计算机叫"裸机",不能供用户直接使用。而没有硬件对软件的物质支持,软件的功能则无法发挥。只有硬件和软件相结合才能充分发挥计算机系统的功能。图 1.13 所示为计算机系统的组成。

图1.13 计算机系统的组成

1.3.2 计算机的基本结构

无论是巨型机、大型机、小型机还是微型机,尽管它们在规模和性能方面存在着极大的差别,但其硬件系统都是由运算器、控制器、存储器、输入设备和输出设备 5 个部分组成。下面以微型计算机为例来介绍计算机的各个部分。

微型计算机从最早的 IBM PC 发展到今天的四核八核计算机,其各项性能指标得到大大提高。它们都是由显示器、键盘和主机构成的。主机箱有卧式和立式两种。在主机箱内有主板、硬盘驱动器、DVD 光驱、电源、显示适配器(显卡)等。

1. 计算机主机部件

主板也叫系统板或母板,包括微处理器模块(CPU)、内存模块(随机存储器 RAM、只读存储器 ROM)、基本 I/O 接口、中断控制器、DMA 控制器及连接其他部件的总线,是微机内最大的一块集成电路板,也是最主要的部件。通常系统板上集成了 SATA 硬盘接口、并行接口、串行接口、USB(universal serial bus,通用串行总线)接口、HDMI 视频接口、PCI-E 总线等。

1) 中央处理器

中央处理器(central processing unit,CPU)主要包括运算器和控制器两大部件,它是计算机的核心部件。CPU 是一个体积不大而集成度非常高、功能强大的芯片,也称为微处理器(micro processor unit,MPU)。

2) 存储器

目前,微型机的内存储器由半导体器件构成。内存储器按其性能和特点可分为只读存储器(read only memory,ROM)和随机存储器(random access memory,RAM)两大类。

(1) 只读存储器(ROM):只能从 ROM 中读出数据,不能写入。存放在 ROM 中的信息,在没有电源的情况下,也能保持。目前,常用的只读存储器有如下 3 类。

① 可擦除可编程的 EPROM:用户可通过编程器将数据或程序写入 EPROM,如需重新写入的话,可通过紫外线照射 EPROM,将原来的信息擦除,然后再重新写入。

② 带电可擦除的 EEPROM:不像 EPROM 那样用紫外线照射擦除,而是需要一个擦除电压。同 RAM 一样,写入时擦除原有的信息,写入时的速度较慢。

③ 快擦型存储器(flash memory,闪存):具有 EEPROM 的特点,可在计算机内进行擦除和编程,它的读取时间同 DRAM 相似,而写时间较慢。

一般在系统板上都装有只读存储器 ROM,在它里面固化了一个基本输入/输出系统,称为 BIOS。其主要作用是完成对系统的加电自检、系统中各功能模块的初始化、系统的基本输入/输出驱动程序的加载及操作系统的引导。

(2) 随机存储器(RAM):数据、程序在使用时从外存读入内存 RAM 中,使用完毕后在关机前再存回外存。从特性上可以分为 3 类:DRAM、VRAM、SRAM。从外形上又可分为 DIP(普通双列直插内存芯片)、SIMM(单列直插式存储模块,也称 72 线内存)和 DIMM(双列直插式存储模块,也称 168 线内存)。

3) 总线

微机各功能部件相互传输数据时,需要有连接它们的通道,这些公共通道就称为总线(bus)。一次传输信息的位数则称为总线宽度。通常把 CPU 芯片内部的总线称为内部总线,而连接系统各部件间的总线称为外部总线或系统总线。

4) 扩展槽

主机与其他外围硬件是以扩充总线相连的,一般将扩充总线在主板上的接口称为扩展槽。扩展槽主要用于插接各种功能的板卡。

5) USB 总线接口

USB(universal serial bus,通用串行总线)是 Intel 公司提出的一种新型接口标准,支持即插即用功能。USB 接口支持功能传递,用户只需要准备一个 USB 接口,就可以将外设相互连接成串。而且,USB 接口本身提供电力来源,外设不需外接电源线。USB 总线接口能以树状结构连接 127 个外部设备,如键盘、鼠标、显示器、CD-ROM、DVD、打印机、扫描仪、数码照相机、数字音响、Modem、游戏杆等。现在主流的 USB 3.0 的传输速率理论上可以达到 5Gb/s(b/s 为每秒的位数，即 bits per second)。

2. 外设部件

1) 移动硬盘

移动硬盘是一种可携带的存储设备，大多使用 USB、IEEE 1394、eSATA 接口，常见尺寸有 1.8 寸、2.5 寸和 3.5 寸三种，体积小、重量轻，一般没有外置电源，使用起来非常方便。

移动硬盘采用以硅氧为材料的磁盘驱动器，大大提高了传输数据的可靠性和完整性，并且传输速度高。USB 3.0 接口的传输速率是 625MB/s。随着技术的发展，存储容量大多在 1TB 以上。U 盘和移动硬盘分别如图 1.14 和图 1.15 所示。

图1.14　U盘　　　　　　　　　　　图1.15　移动硬盘

2) 键盘

键盘是标准输入设备，用来向微机输入命令、程序和数据。目前普遍使用的是通用扩展键盘。

3) 鼠标

鼠标(mouse)是一种"指点"设备(pointing device)，可以取代键盘上的光标移动键移动光标，定位光标于菜单处或按钮处，可完成菜单系统特定的命令操作或按钮的功能操作。鼠标的操作简便、高效。

微型计算机上最常用的输出设备有显示器(display unit)和打印机(printer)。

4) 显示器

显示器又称监视器(monitor)，是微机系统的标准输出设备，它能快速地将计算机输入的原始信息和运算结果直接转换成人能直接观察和阅读的光信号，输出信息可以是字符、汉字、图形或图像。微机显示系统由显示器和显示控制适配卡(adapter，简称显示适配卡或显卡)组成。

1.4　本章实训

1. 了解正确的开机、关机方法。
2. 熟悉键盘上按键的分区、主要功能键的作用。
3. 观察计算机，简述计算机系统的组成部分。
4. 打开计算机，指出其安装的各种软件。

5. 区分常见的输入设备。

6. 区分常见的输出设备。

7. 对给出的硬盘能够指出其主要的参数。

1.5 本章习题

1. 简述计算机的发展阶段。

2. 简述计算机的发展趋势。

3. 简述计算机的分类。

4. 列出常见外设及其特点。

5. 简述常见的主机设备及其特点。

6. 简述计算机硬件系统的组成部分。

7. 简述现代计算机的工作原理。

8. 简述计算机系统的组成。

9. 计算机主要的性能指标有哪些?

10. 列出常见的输入/输出设备(每项至少 5 个)。

第 2 章　计算机主机部件

第 2 章.ppt

学习目的与要求：

本章着重对微型计算机主机的部件及笔记本电脑相应部分的基本原理、组成和性能指标进行详细介绍。要求学习原理和性能时注意理论联系实际，并在理论指导下将选购技巧与实战经验融会贯通。

2.1　CPU

2.1.1　CPU 概述

CPU(中央处理单元)负责执行指令及控制、协调各单元，所有运算及程序处理都离不开它。

处理器当前更多地导入全新运算应用模式，例如，更具体聚焦在巨量数据分析、人工智能或是虚拟现实等全新应用情境，而非仅像过往强调效能提升、制程技术缩减。

新款处理器也融合了全新使用模式与虚拟现实体验，让 PC、平板等装置再次成为关注产品，同时手机也将随着新处理器性能的提升而不断推陈出新。

1. CPU 结构简介

1) CPU 的内部结构

CPU 的内部结构分为控制单元、逻辑单元和存储单元 3 部分，它们之间相互协调，可以进行分析、判断、运算并控制计算机各部分协调工作。8086 的内部结构如图 2.1 所示。

运算器可以进行算术运算和逻辑运算，算术运算是指加、减、乘、除运算，逻辑运算是指逻辑加、逻辑乘和逻辑非运算。控制器主要读取各种指令，并对指令进行分析，作出相应的控制。寄存器直接参与运算并存放运算的中间结果。

2) CPU 的外部结构

从外部看 CPU 的结构主要由两部分组成：一部分是核心，另一部分是基板。如图 2.2 所示，上面是 AMD Phenom Ⅱ X4，下面是 Intel Core 2 Quad。

(1) CPU 的核心。

揭开散热片后看到的核心又称为内核，是 CPU 最重要的组成部分。CPU 中心那块隆起的芯片就是核心，是由单晶硅以一定的生产工艺制造出来的。CPU 所有的计算、接收/存储命令、处理数据都由核心执行。目前绝大多数 CPU 都采用一种翻转内核的封装形式，也就是说平时我们所看到的 CPU 内核其实是这颗硅芯片的底部，它是翻转后封装在陶瓷电路基板上的，这样的好处是能够使 CPU 内核直接与散热装置接触。这种技术也被使用在当今绝大多数的 CPU 上。而 CPU 核心的另一面和外界的电路相连接。现在的 CPU 都有以千万计算的晶体管，它们都要连到外面的电路上，而连接的方法则是为若干晶体管焊上一根导线连到外电路上。

图2.1 8086的内部结构

图2.2 CPU的外部结构

(2) CPU 的基板。

CPU 的基板就是承载 CPU 核心用的电路板，它负责核心芯片和外界的数据传输。

(3) CPU 的编码。

在 CPU 的编码中，都会注明 CPU 的名称、时钟频率、二级缓存、前端总线、核心电压、封装方式、产地、生产日期等信息。

(4) CPU 的触点。

CPU 需要通过触点与主板连接。CPU 采用的接口方式有引脚式、卡式、触点式、针脚式等。目前 CPU 的接口主要是针脚式和触点式，对应到主板上就有相应的接口类型。不同类型的 CPU 有不同的 CPU 接口，因此选择 CPU，就必须选择带有与之对应接口类型的主板。主板 CPU 的接口类型不同，在插孔数、体积、形状等方面都有变化，所以不能互相接插。

2. CPU 的发展简史

CPU 从最初发展至今已经有 30 多年的历史了，期间，按照其处理信息的字长，CPU 可以分为 4 位微处理器、8 位微处理器、16 位微处理器、32 位微处理器以及 64 位微处理器等。

1971 年 Intel 公司诞生了第一个微处理器 4004，这便是第一个用于计算机的 4 位微处理器，它包含 2300 个晶体管，已经可以看到个人电脑的影子了。

随后，Intel 公司又研制出了 8080 处理器和 8085 处理器，加上当时 Motorola 公司的 MC6800 微处理器和 Zilog 公司的 Z80 微处理器，一起组成了 8 位微处理器的家族。

1978 年美国 Intel 公司生产了第一块 16 位 CPU(i8086，如图 2.3 所示)，它使用的指令代码就叫 X86 指令集。这个处理器标志着 X86 王朝的开始。

图2.3　Intel 8086 CPU

1982 年，Intel 公司发布了 80286 处理器，如图 2.4 所示，也就是俗称的 286。这是 Intel 公司第一个可以运行所有为其撰写的内部指令集的处理器，其内部已包含 13.4 万个晶体管，时钟频率也达到了前所未有的 20MHz。其内部、外部数据总线均为 16 位，地址总线为 24 位，可以使用 16MB 内存，可使用的工作方式包括实模式和保护模式两种。在发布后的 6 年中，全球一共交付了 1500 万台基于 286 的个人电脑。

32 位微处理器的代表产品首推 Intel 公司于 1985 年推出的 80386，如图 2.5 所示。这是一种全 32 位微处理器芯片，也是 X86 家族中的第一款 32 位芯片，其内部包含 27.5 万个晶体管，超过了 4004 芯片的 100 倍。时钟频率为 12.5MHz，后逐步提高到 33MHz。80386 的内部和外部数据总线都是 32 位，地址总线也是 32 位，可以寻址到 4GB 内存。

20 世纪 80 年代末 90 年代初，80486 处理器面市，如图 2.6 所示。它集成了 120 万个晶体管，时钟频率由最初 25MHz 提升到最高 50MHz。80486 将 80386 和数字协处理器 80387 以及一个 8KB 的高速缓存集成在一个芯片内，并在 X86 系列中首次使用了 RISC(精简指令集)技术，可以在一个时钟周期内执行一条指令。它还采用了突发总线方式，大大提高了与内存的数据交换速度。

图2.4　Intel 80286 CPU

图2.5　Intel 80386 CPU

20 世纪 90 年代中期，全面超越 486 的新一代 586 处理器问世。为了摆脱 486 时代处理器名称混乱的困扰，最大的 CPU 制造商 Intel 公司把自己的新一代产品命名为 Pentium(奔腾)以区别 AMD 和 Cyrix 的产品。

1993 年至 2001 年，Intel 公司陆续研制了 Pentium、Pentium Pro、Pentium Ⅱ、Pentium Ⅲ、Pentium Xeon、Celeron 和 Pentium 4 系列。

2005 年 5 月 26 日，Intel 发布了迄今为止该公司第一款双内核服务器处理器，名为 Intel 双内核 Pentium D 处理器，如图 2.7 所示。

图2.6　Intel 80486 CPU

图2.7　Intel Pentium D系列CPU

2006 年 7 月 27 日，Intel 发布了新一代基于 Core 微架构的产品酷睿 2，如图 2.8 所示，其中基于 Clowertown 内核设计的 Xeon X5365 可以将其简单等同于桌面级 Kentsfield 内核的 Core 2 Extreme QX6850 四核心处理器。酷睿 2 是一个跨平台的构架体系，包括服务器版、桌面版、移动版三大领域。

2008 年，Intel 发布了 Nehalem 平台上的首款桌面级产品，即酷睿 i7 产品。这款产品相比酷睿 2 处理器所带来的技术升级是革命性的：延续了多年的 FSB 前端总线系统被更加科学和高效的 QPI 总线所代替，内存也升级到了三通道，外加增添了 SMT、三级缓存、TLB 和分支预测的等级化、IMC 等技术，智能睿频技术的加入也让处理器的工作变得更加智能，另外，超线程技术也在 Nehalem 处理器中再次加入。

Xeon X5365　　　　Core 2 Extreme QX6850　　　　Core 2 Duo E6850

图2.8　酷睿2处理器

接下来,2010 年发布的 Clarkdale 和 2011 年发布的 Sandy Bridge 则同样延续了 Nehalem 的特点。可以说,从 2008 年开始,Intel 所引领的 CPU 行业已经全面升级到了智能 CPU 的时代。

2012 年 4 月 23 日,Intel 下一代 22nm 制程 Ivy Bridge 处理器正式发布,Intel 首批发布的 Ivy Bridge 处理器为 i5、i7 四核心处理器。其采用了 22nm 的工艺,性能提高了 20%,并且耗电量减少 20%;首次采用了一种研制 11 年的 3D 晶体管技术,把二维晶体管升级到三维"三栅晶体管"。

2013 年 6 月 4 日,Intel 发布了第四代处理器,即第四代酷睿处理器 Haswell,如图 2.9 所示。它是 Intel 第四代 CPU 架构,功耗控制和小巧的体型非常适合在超级平台上大显身手。

2015 年 CPU 的市场上出现了第五代酷睿 Broadwell 和第六代酷睿 Skylake,它采用了 14nm 制程,架构保持不变,在功耗和性能方面有显著的提高。Broadwell 比 Haswell 有 30% 的功耗改进。第六代酷睿 Skylake 处理器如图 2.10 所示,同样采用 14nm 工艺,是 Haswell 微架构及制程的改进版,发布时间只比 Broadwell 晚了 7 个月,但产品定位却不及 Broadwell 高,所以出现了第六代产品性能反而不及第五代产品的怪现象。

图2.9　Haswell处理器

图2.10　Skylake处理器

2016 年基于 Skylake 架构的第七代智能 Intel 酷睿 Kaby Lake 处理器发布, 为打造极致沉浸式的互联网体验而生。之后的处理器性能加速迭代, 如图 2.11 所示为 Intel 第十代 Core i9 处理器。

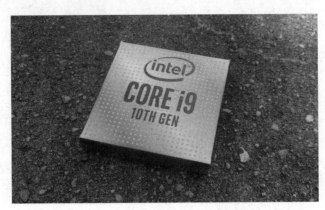

图2.11　Intel第十代Core i9处理器

Intel 的第 11 代桌面级处理器 Rocket Lake 于 2021 年 3 月 16 日正式上市, 采用 14nm 的制程, 并且采用了全新的 Cypress Cove CPU 核心、Xe LP GPU 核心, 可以搭配新的 500 系列主板, 包括 Z590、H570、B560、H510, 也兼容现有的 Z490、H470 主板, 而某些入门级 400 系主板并不兼容。

3. 典型 CPU 系列产品简介

由于 CPU 市场是由芯片厂商直接控制, 所以市场上的产品就是由 Intel(英特尔)和 AMD(超威半导体)两家构成。两家厂商各有特色, 高、中、低端的产品线都很齐全, 可以参照图 2.12 所示的典型 CPU 产品性能分类来了解典型的 CPU 产品。

1) Intel 系列处理器

英特尔处理器传统上兼容性强、稳定性强、功耗相对较低, 2020 年以前单核性能比较强而且稳定, 价格相对竞争对手同级别产品来说要高一些。

(1) Core 2 Duo 系列(酷睿双核)。

采用 Core 2 微架构, 使处理器在整体功耗降低 40%的同时, 性能提高了 40%, 前端总线频率(FSB)提升至 1333MHz, L2 高速缓存最高达 6MB, TDP 仅为 65W。接口为 LGA775, 全新的智能缓存技术提高了双核心乃至多核心处理器的工作效率。

(2) 酷睿 i 系列。

Intel 酷睿 i9, 是英特尔在 2017 年 5 月"台北国际电脑展"上发布的处理器, 英特尔对 i9 的定位正是"极致的性能与大型任务处理能力"; 而它的性能则主要表现在"诸如虚拟现实内容创建和数据可视化等数据密集型任务的革新"。也就是说, i9 处理器的真正设计目的, 是超越 PC 普通任务之外的 VR 内容创建等需要处理大量数据的任务。

Core i7 即酷睿 i7 处理器是英特尔于 2008 年推出的 64 位四核心 CPU, 沿用 x86-64 指令集, 并以 Intel Nehalem 微架构为基础, 取代 Intel Core 2 系列处理器。在功耗不变的前提下, 酷睿 i7 处理器对视频编辑、大型游戏和其他互联网及计算机应用的速度提升可达 40%, 包含 Bloomfield(2008 年)、Lynnfield(2009 年)、Clarksfield(2009 年)、Arrandale(2010 年)、

Gulftown(2010 年)、Sandy Bridge(2011 年)、Ivy Bridge(2012 年)等多款子系列。例如 Core i7 3820 采用 LGA 2011 接口、主频为 3.6GHz，可提升到 3.9GHz，有 10MB 三级缓存，TDP 为 130W。其采用 4 核/8 线程设计，没有核心显卡，三级缓存为 10MB，支持四通道 DDR3-1600 内存。

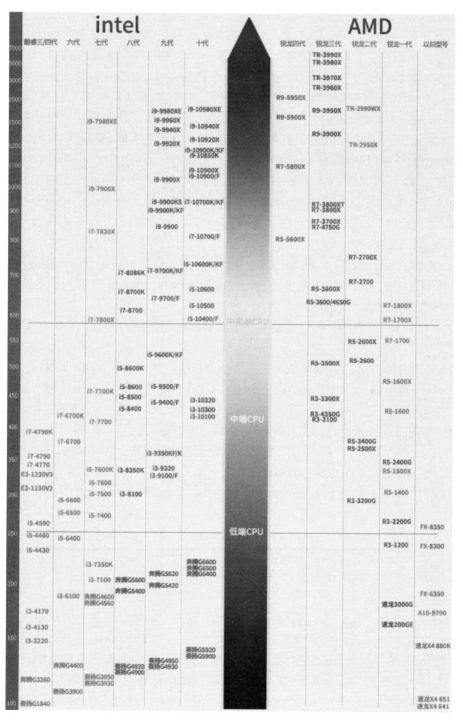

图2.12　典型CPU产品性能分类

酷睿 i5 处理器是酷睿 i7 派生的中低级版本，包含 Lynnfield(2009 年)、Clarkdale(2010 年)、Arrandale(2010 年)、Sandy Bridge(2011 年)等多款子系列，同样基于 Intel Nehalem 微架构。与 Core i7 支持三通道存储器不同，Core i5 只集成双通道 DDR3 存储器控制器。另外，Core i5 会集成一些北桥的功能，将集成 PCI-Express 控制器。接口亦与 Core i7 的 LGA 1366 不同，Core i5 采用全新的 LGA 1156。处理器核心方面，代号 Lynnfiled，采用 45nm 制程的 Core i5 会有四个核心，不支持超线程技术，总共仅提供 4 个线程。每一个核心拥有各自独立的 256KB 的 L2 缓冲存储器，并且共享一个达 8MB 的 L3 缓冲存储器。

酷睿 i3 可以看作酷睿 i5 的简化版本，可以分为 i3-530、i3-540 和 i3-550 三种型号，均采用 Clarkdale 架构，双核心设计，支持超线程，采用 32nm 制造工艺；主频为 2.93～3.06GHz，外频为 133MHz，倍频为 22～23；集成 4MB 三级高速缓存，处理器内部整合北桥功能和 GPU 部分，并且还特别针对高清视频进行优化，达到流畅播放的目的。其支持双通道 DDR3 1333/1066 规格内存。

Intel 在 2020 年 5 月发布了以 i9-10900K 为代表的第 10 代桌面级产品。相比 AMD 的 5000 系列早了半年左右，也就使得第 10 代酷睿在 2020 年大部分时间的对手都是 AMD 的锐龙 3000 系列。i9-10900K 的综合性能大致与 R9 3900X 相当，已经无力挑战 AMD 当时旗舰级的 R9 3950X。

第 10 代酷睿无论在规模、频率还是架构上都遇到了瓶颈。规模受制于满载可达 280W 的功耗，频率受制于功耗和体质难以提升，架构上环形总线也不适合塞入更多的核心。

2) AMD 系列处理器

AMD 的 CPU 以低廉的价格、强劲的性能和极佳的超频潜力著称，是 Intel 的主要竞争对手。

AMD 速龙Ⅱ系列产品有双核(X2)、三核(X3)和四核(X4)三个类别，均采用 AMD K10 架构、45nm 制造工艺，二级缓存最高可达 2MB。与羿龙系列不同，该系列产品均不设三级缓存，能耗相对较低，并加入了新一代 AMD 电源管理技术，在玩 3D PC 游戏或进行高清内容渲染等重负荷工作时，可将能耗降低 40%，根据不同型号，TDP 分别为 25W、45W 到 95W 不等。内存方面双核最高支持 DDR2-1066MHz 和 DDR3-1066MHz，X3 和 X4 最高支持 DDR2-1066MHz 和 DDR3-1333MHz。

AMD 羿龙Ⅱ系列产品有双核(X2)、三核(X3)、四核(X4)和六核四个类别，也都采用 K10 架构、45nm 制造工艺，二级缓存可达 3MB，三级缓存可达 6MB，主频最高可达 3.6GHz。能耗方面，通过在运行过程中关闭处理器不用的部分，降低处理器能耗，TDP 分别为 65W、95W 到 140W 不等。具有增强的芯片特性集，通过让虚拟化的应用直接快速地访问为其分配的内存，提高现有和未来虚拟化环境的性能。

在其他方面，自 2011 年第一代 APU 和第一代 FX 系列处理器发布后，AMD 便开始实行类似 Intel 的"Tick-Tock"钟摆更新计划。2011 年的 Bulldozer(推土机)，采用了"模块化"的设计，每个"模块"包含两个处理器核心；2012 年的 Piledriver(打桩机)采用了 AM3+ 接口和模块化设计，是 Bulldozer 的优化改进版；2014 年的 Steamroller(压路机)采用了 Kaveri 架构，作为第一款使用 28nm 制程的 APU，无论从晶体管数量还是核心面积而言，Kaveri 都刷新了 AMD 的多项纪录；2016 年的 Excavator(挖掘机)，采用了 AM4 新接口，需要搭配新规格的芯片组主板，支持 DDR4 内存、USB 3.1 等。

双核时代之后，AMD 的处理器性能一直不温不火，特别是目前 AMD 的主流 CPU 仍然使用着 28nm 工艺制程，而 Intel 早已进入了 14nm FinFET，性能上的劣势让产品的市场占有率没有太大的提升。2017 年推出的 AMD ZEN 处理器在性能上更有竞争实力。AMD 的 FX 处理器还在用 32nm，APU 则是 28nm，而 ZEN 处理器则会升级到 14nm FinFET 工艺。AMD ZEN 处理器为 8 核 16 线程，每个核心支持 2 个线程，类似 Intel 的 HT 超线程技术，以四个核心为一个群组，每个核心都有自己的 32KB 一级指令缓存、64KB 一级数据缓存、512KB 二级缓存、8MB 三级缓存。

2020 年 11 月发布了以 R9 5950X 为代表的锐龙 5000 系列 CPU，基于 ZEN3 架构的 5000 系列处理器 IPC(同频单核性能)性能提升达到了 24%，再叠加频率上的提升，R9 5950X 相比自己上一代的 R9 3950X 整体性能提升 17%，单核性能则提升 31%。对比 Intel 桌面级旗舰的 i9-10900K 综合性能领先 30%，单核性能也领先 20%。AMD 在两代时间里赶超了 Intel 桌面级多线程性能，更是一举超越了 Intel 长期引以为傲的单核性能。以线性简单去除频率的影响，AMD 5000 系列对 Intel 10 系列的 IPC 性能差距已经达到近 30%。

2.1.2　CPU 的性能指标

速度一直是计算机硬件发展的一个主题，特别是 CPU 的发展更是围绕速度展开。更高的频率、更小的制造工艺、更大的高速缓存一直是 CPU 生产厂家努力的方向。CPU 的性能大致上反映了它所配置的微机的性能，因此 CPU 的性能指标十分重要。CPU 主要的性能指标有以下几个。

1. 频率(主频、外频、倍频、时钟频率、核心频率和工作频率)

主频也就是 CPU 的时钟频率，简单地说就是 CPU 的工作频率。一般来说，一个时钟周期完成的指令数是固定的，所以主频越高，CPU 的速度也就越快。不过，由于各种 CPU 的内部结构不尽相同，所以并不能完全用主频来概括 CPU 的性能。外频就是系统总线的工作频率。倍频则是指 CPU 外频与主频相差的倍数。用公式表示就是：主频=外频×倍频。

例如，80486DX2-66 芯片主频为 66MHz，这是设计电路时钟晶振产生的时钟频率，也叫核心频率。如果不超频也不降频，这也是工作频率。倍频为 2，所以外频为 33 MHz。选定这款 CPU 就要去找支持 33 MHz 芯片的主板，这就是为什么要先选定 CPU 再去买主板，本书正是以此线索进行编排。

2. 总线(前端总线、HT 总线、QPI 总线和 DMI 总线)

总线是将信息从一个或多个源部件传送到另一个或多个目的部件的一组传输线。通俗地说，就是多个部件间的公共连线，用于在各个部件之间传输信息。总线的种类很多，前端总线(front side bus，FSB)是 CPU 与主板北桥芯片之间连接的通道，前端总线也称为 CPU 总线，是 PC 系统中工作频率最快的总线，也是芯片组与主板的核心。这条总线主要用于在 CPU 与高速缓存、主存和北桥之间传送信息。由于数据传输最大带宽取决于所有同时传输的数据的宽度和传输频率，而 CPU 就是通过前端总线(FSB)连接到北桥芯片，进而通过北桥芯片和内存、显卡交换数据，所以前端总线频率越大，代表着 CPU 与内存之间的数据传输量越大，更能充分发挥出 CPU 的功能。前端总线频率(FSB clock)常以 MHz 表示的速度来描述前端总线快慢，前端总线频率越大，代表数据传输能力越大，更能充分发挥出CPU 的功能。

2003 年 AMD 的 CPU 集成内存控制器后，将前端总线改写为 Hyper Transport(超级传输通道，HT)。HT 总线完成 CPU 与主板北桥芯片组之间端到端的连接。

随后，Intel 把 CPU 与主板北桥芯片组之间的连接总线命名为 QPI(quick path interconnect，快速通道互连)。与 AMD 的 HT 总线相似，QPI 是 Intel 用来取代 FSB 的新一代高速总线，使用串行的点对点连接技术。

Lynnfield Core i7/i5 及 Clarkdale Core i3 中已将内存控制器和 PCI-E 控制器集成到 CPU，即以往主板北桥芯片组的大部分功能都集成到 CPU 内部，在与外部接口设备进行连接的时候，提供一条简洁快速的通道，这就是 DMI(direct media interface，直接媒体接口)总线。

3. 工作电压

工作电压指的就是 CPU 正常工作所需的电压。提高工作电压，可以加强 CPU 内部信号，增加 CPU 的稳定性，但会导致 CPU 的发热问题。早期 CPU(386、486)由于工艺落后，其工作电压一般为 5V，发展到 Pentium 586 时，已经是 3.5V 或 3.3V 甚至 2.8V 了。随着CPU 的制造工艺与主频的提高，CPU 的工作电压有逐步下降的趋势，Intel 出品的 Skylake Core i7-6700K 电压仅需要 1.35V。低电压能解决耗电过大和发热过高的问题，这对于笔记本电脑尤为重要。

4. CPU 型号、核心类型和微架构(micro-architecture)

CPU 厂商会给属于同一系列的 CPU 产品定一个系列型号，系列型号是用于区分 CPU 性能的重要标识。同一档次系列的 CPU 按照型号或标称频率又分为不同规格，Intel 和 AMD 对 CPU 型号的命名方式是不同的。

为了便于对 CPU 设计、生产、销售的管理，CPU 制造商会对各种 CPU 核心给出相应的代号，这也就是所谓的 CPU 核心类型。不同的 CPU(不同系列或同一系列)有不同的核心类型，甚至同一种核心还会有不同版本的类型。核心版本的变更是为了修正上一版存在的一些错误，并提升一定的性能。每一种核心类型都有其相应的制造工艺、核心面积、核心电压、电流大小、晶体管数量、各级缓存的大小、主频范围、流水线架构和支持的指令集、功耗和发热量的大小、封装方式、接口类型、前端总线频率(FSB)等。

CPU 架构简单来说就是 CPU 核心的设计方案。目前 CPU 大致可以分为 x86、IA64、RISC 等多种架构，而 PC 上的 CPU 架构，都是基于 x86 架构设计的，称为 x86 下的微架构，简称为 CPU 架构。

例如，AMD 在 2005 年推出了第一款双核 CPU，基于 K8 架构的 Athlon 64 X2 系列，2008 年推出基于 K10 架构的双核 Athlon X2 系列，2009 年 AMD 又推出了 K10.5 架构的双核 Phenom Ⅱ X2 和 Athlon Ⅱ X2。四年来 AMD 总共更新了三次 CPU 架构，也就相当于三代 CPU。Intel 推出的第 10 代酷睿 i9 处理器系列，有一款型号为 10980HK 的处理器，其核心名称为 Comet Lake。于 2021 年 3 月 16 日上市的 Intel 第 11 代酷睿桌面处理器 i9-11900K(Rocket Lake-S)是配合 Cypress Cove 架构的。

5. 封装技术

封装是指将集成电路用绝缘的塑料或陶瓷材料打包的技术。以 CPU 为例，看到的体积和外观并不是真正的 CPU 核心的大小和面貌，而是 CPU 核心等器件经过封装后的产品。封装不仅起着安放、固定、密封、保护芯片和增强散热功能的作用，封装后的芯片也更便于安装和运输。芯片的封装技术已经历了好几代的变迁，从 DIP、PQFP、PGA、BGA 到 FC-PGA，技术指标一代比一代先进。目前封装技术适用的芯片频率越来越高，散热性能越来越好，引脚数增多，引脚间距减小，重量减轻，可靠性也越来越高。Intel 酷睿 i9-10980HK 的处理器采用 FCBGA1440 封装，尺寸为 42mm×28mm。

6. x86 指令集和 CPU 扩展指令集

提升指令效率是目前公认的最有效的提升 CPU 性能的方式，同时也是代价最高的，因为这意味着 CPU 架构要进行更新。常见的方式有超线程技术(伪多核)、超流水线技术、指令预测技术等，需要极高的半导体工艺、运筹学知识。在超线程和超流水线技术方面，AMD 与 Intel 差距不大，在指令预测技术上 Intel 遥遥领先于世界上其他公司。

x86 指令集是 Intel 公司为其第一块 16 位 CPU i8086 专门开发的指令集，其简化版 i8088 使用的也是 x86 指令，同时为提高浮点数据处理能力而增加了 x87 处理器，以后就将 x86 指令集和 x87 指令集统称为 x86 指令集。由于 Intel x86 系列及其兼容 CPU(如 AMD Athlon XP)都使用 x86 指令集，所以就形成了今天庞大的 x86 系列及其兼容 CPU 阵容。

CPU 扩展指令集指的是 CPU 增加的多媒体或者 3D 处理指令。这些扩展指令可以提高 CPU 处理多媒体和 3D 图形的能力，有 MMX(multimedia extension，多媒体扩展)、SSE(streaming simd extension，单一指令多数据流扩展)、SSE2(新增加了 144 条 SSE 指令，因而称为 SSE2)、3DNow!、SSE3、SSE4 指令集等。2007 年 8 月底，AMD 宣布了新的 x86 架构扩展指令集 SSE5，效仿 Intel 一贯命名方式并断其后路，当时就预计会用于推土机架构，但是 Intel 的回应是不予支持，并搞出了新的一套 AVX 高级矢量扩展指令集，现已用于 Sandy Bridge。AMD 于 2009 年 5 月宣布放弃 SSE5，转而支持 Intel AVX，并根据自己的架构特点重新定义为 XOP(扩展操作指令)，同时还保留并增强开发了 CVT16(半精度浮点转换)、FMA4(四操作数乘加)。Intel 酷睿 i9-10980HK 指令集扩展有 SSE4.1、SSE4.2、AVX2 等。

7. L1/L2/L3 高速缓存

L1 高速缓存就是经常说的一级高速缓存。在 CPU 中内置高速缓存可以提高 CPU 的运行效率。内置的 L1 高速缓存的容量和结构对 CPU 的性能影响较大，不过高速缓冲存储器均由静态 RAM 组成，结构较复杂，在 CPU 管芯面积不能太大的情况下，L1 级高速缓存的容量不可能做得太大。

L2 高速缓存是指 CPU 外部的高速缓存。Pentium Pro 处理器的 L2 高速缓存和 CPU 的运行频率相同，但成本昂贵，所以早期 L2 高速缓存的运行频率相当于 CPU 频率的一半，现在的 L2 高速缓存有与 CPU 同频和内置于 CPU 的发展趋势。为降低成本，Intel 公司曾生产了一种不带 L2 高速缓存的 CPU，名为赛扬(Celeron)。

L3 高速缓存的应用可以进一步降低内存延迟，同时提升大数据量计算时处理器的性能。这都对运行游戏很有帮助。而且在服务器领域增加 L3 缓存也会极大地提升性能。具有较大 L3 缓存的配置利用物理内存会更有效,相对于比较慢的磁盘 I/O 子系统可以处理更多的数据请求;而且能够提供更有效的文件系统缓存行为及较短消息和处理器的队列长度。

8. 制造工艺

Pentium CPU 的制造工艺是 0.35μm,Pentium Ⅱ 和赛扬可以达到 0.25μm,新的 CPU 制造工艺可以达到 0.09μm,并且采用铜配线技术,可以极大地提高 CPU 的集成度和工作频率。靠工艺技术的不断改进,使得器件的特征尺寸不断缩小,从而使集成度不断提高,功耗降低,器件性能得到提高。芯片制造工艺在 1995 年以后,历经 0.5μm、0.35μm、0.25μm、0.18μm、0.15μm、0.13μm、90nm、65nm。随着新材料铪的使用,制造工艺不断提升到 45nm、32nm、22nm,Intel 酷睿 i9-10980HK 为 14nm。

9. 同时多线程

同时多线程(simultaneous multithreading,SMT)可通过复制处理器上的结构状态,让同一个处理器上的多个线程同步执行并共享处理器的执行资源,可最大限度地实现宽发射、乱序的超标量处理,提高处理器运算部件的利用率,缓解由于数据相关或 Cache 未命中带来的访问内存延时。当没有多个线程可用时,SMT 处理器几乎和传统的宽发射超标量处理器一样。SMT 最具吸引力的是只需小规模改变处理器核心的设计,几乎不用增加额外的成本就可以显著地提升效能。多线程技术可以为高速的运算核心准备更多的待处理数据,减少运算核心的闲置时间。这对于桌面低端系统来说十分具有吸引力。Intel 从 3.06 GHz Pentium 4 开始,所有处理器都将支持 SMT 技术。SMT 源于 HT 技术,借助 QPI 技术发展为更具前景的第三代超线程技术。Intel 酷睿 i9-10980HK 的线程数为 16。

10. 多核心

多核心也指单芯片多处理器(chip multiprocessors,CMP)。CMP 是由美国斯坦福大学提出的,其思想是将大规模并行处理器中的 SMP(对称多处理器)集成到同一芯片内,各个处理器并行执行不同的进程。与 CMP 比较,虽然 SMP 处理器结构比较灵活,但是,当半导体工艺进入 0.18μm 以后,线延时已经超过了门延迟,要求微处理器的设计通过划分许多规模更小、局部性更好的基本单元结构来进行。相比之下,由于 CMP 结构已经被划分成多个处理器核来设计,每个核都比较简单,有利于优化设计,因此更有发展前途。多核处理器可以在处理器内部共享缓存,提高缓存利用率,同时简化多处理器系统设计的复杂度。

提高主频是提高 CPU 性能最简单的方式,但是也是瓶颈和代价最高的方式。多核心技术是英特尔开发的使之满足"横向扩展"方法,可以使计算机并行处理任务,但是由于在运行中存在性能损失,多核心 CPU 的实际执行效率远达不到单核心的 N 倍,关键在于虽然新的操作系统已经对多核心进行了足够的优化,但是绝大多数的程序根本没有对多核心进行优化,优化的也仅仅是针对双核心优化,对四核心进行优化的少之又少。这不仅是因为适配多核心需要花钱的问题,主要原因还是多核心下 CPU 逻辑变得异常复杂。可编程性是多核处理器面临的最大问题,一旦核心超过 8 个,就需要执行程序能够并行处理。尽管在并行计算上,人类已经探索了 40 多年,但编写、调试、优化并行处理程序的能力还非常弱。

很多程序因为优化不到位反而出现了所谓负优化，这将是 CPU 在未来亟待解决的问题。

2020 年发布的 Intel 酷睿 i9-10980HK 内核数为 8。

2.1.3　笔记本电脑处理器

通常所说的处理器一般是指台式机的处理器，而用在笔记本电脑上的处理器称为"笔记本电脑处理器"或"移动处理器"，俗称"Mobile CPU"。它跟台式机里的处理器一样，起着指挥和统筹整台机器硬件和软件正常运作的作用，是笔记本电脑的心脏。

1. 笔记本电脑处理器的特点

1) 发热量小

笔记本电脑体积小、内部空间相对狭小，而随着笔记本电脑硬件性能的不断提升，各种硬件散发出来的热量越来越大，尤其是处理器，更是发热大户。如果一台机器的发热量过大而又得不到有效解决的话，该机器就极容易发生故障，如出现反复重启、反复死机等运行不稳定的现象。

2) 功耗低

笔记本电脑主要在户外使用，它主要用电池来做电源，如果处理器功耗过大，必然会大大缩减电池的续航能力。因而，笔记本电脑处理器在设计和制造的理念上与台式机处理器都有较大的不同：台式机机箱的空间相对比较大，一般只需注重运算速度，不必过于在乎其功耗和发热量；而笔记本电脑处理器则将设计和制造重心放在了降低功耗和发热量方面，然后才考虑其运算速度。当然，在为一些诸如图形工作者打造的笔记本电脑处理器中，它的设计理念是将运算速度放在第一位，然后才考虑如何尽量降低功耗和发热量。目前，随着计算机技术的不断提高，也有不少笔记本电脑处理器同时兼顾性能与功耗两方面的问题，尽量使它们能取得最大的平衡。

2. 主要产品介绍

市场上的产品仍旧主要由 Intel 和 AMD 两家构成。笔记本电脑处理器依据其便携性特点，典型产品有 Ivy Bridge 的 i7-3920XM，Haswell 的 i7-4930XM，AMD 的 A10-4600M 等，还有低电压版 Sandy/Ivy Bridge 的 i7-3537U，Haswell 的 i7-4650U，AMD 的 E2-1800 等。

两家厂商高、中、低端的产品线也都很齐全，可以参照图 2.12 所示典型 CPU 产品性能分类来整理典型的笔记本电脑处理器产品。

另外值得一提的是，2014 年威盛(VIA)重入处理器市场。威盛是有着雄厚技术积累、提供 IT 设计服务和解决方案的科技企业。产品从处理器到芯片组，从嵌入式平台到模块化系统，覆盖面非常广。典型的移动处理器产品主要有 C3、汉腾、C7 等。

如图 2.13 所示，C7-M 是完全为笔记本电脑用户量身打造，针对经常移动办公用户的超轻超薄产品，可满足快速发展的新兴市场之需。它能够以最快的响应速度自动调整频率，平均功耗小于 1W，最低待机功耗甚至只有 0.1W。即便是全速运行状态，C7-M 移动处理器的功耗也分别是 20W(2.0GHz)和 12W(1.6GHz)。

图2.13 C7-M处理器

2.1.4 CPU 的选购

CPU 种类繁多，情况复杂，假货、水货名目繁多。不法商家的主要伎俩就是以次充好或 Remark。芯片制造商为了方便自己的产品定级，把大部分 CPU 都设置为可以自由调节倍频和外频，它在同一批 CPU 中选出好的定为较高的一级，性能不足的定为较低的一级，这些都在工厂内部完成，是合法的频率定位方法。但出厂以后，经销商把低档的 CPU 超频后，贴上新的标签，当成高档 CPU 卖的非法频率定位则称为 Remark。下面介绍选购 CPU 的方法。

从包装形式上可将 CPU 分为散装 CPU 与盒装 CPU。

1. 散装 CPU 的分类选购

(1) 工程测试版：由于此类散装芯片严重挑主板的原因，市面上一般不易见到。

(2) 磨码散片：即打磨 CPU。所谓打磨，就是 OEM 大厂把用不完的、多余的 CPU 表面上的系列号和点阵图经过处理加工磨掉，然后卖到零售市场上，打磨的原因是防止 Intel 或 AMD 查出货源，以逃避罚款。

(3) 原码散片：此类散片最受不法奸商欢迎，奸商多是用此类散片封装成假盒装来牟取暴利。

(4) 联保散片：此类散片实际上是从联保盒装或原包原封 CPU 里拆出来的，只要配上原装风扇，就能享受全国联保 3 年的待遇。

从价格上来讲，这 4 类散片由低到高依次为：工程测试版、磨码散片、原码散片、联保散片。前 3 类 CPU 质保期为一年，不能查号，第 4 类 CPU 享受全国联保 3 年的待遇，可以查号。

Intel 和 AMD 散装 CPU 的主要来源是走私、回收二手和品牌机成批拆卸等，散装是可以购买的，不管是打磨还是没打磨，都是 Intel 或 AMD 厂生产的，没有假货。CPU 被烧毁绝大多数都是因为散热及电源问题造成的，所以一定要配个好风扇和电源。

2. 盒装 CPU 的分类选购

(1) 一年质保盒装 CPU：由一年质保散片加假风扇封装而成，价格最为低廉，市场上相对比较少见。

（2）三年质保盒装 CPU：由一年质保散片加原装风扇或假风扇封装而成。

（3）全国联保盒装 CPU：即所谓行内人讲的"联保后封"或"联保二次封装"盒装 CPU。此类 CPU 由经销商在报关之前将其拆散，进关之后再将其封装起来，由全国联保散片加原装风扇封装而成。此类 CPU 一般有两种情况：外包装盒侧面的 CPU 系列号标签与激光防伪标识为一体，并且标签上的系列号与 CPU 表面的相对应；外包装盒侧面的 CPU 系列号标签为后打印的、粘贴上去的。但不论哪一种，其品质和售后都是一样的。

（4）原包原封 CPU：由 Intel 或 AMD 封装测试厂进行封装而成，此类 CPU 完全避免了被不法奸商动手脚的可能性，从而保证了 CPU 及其风扇的品质与售后。

从价格上来讲，这 4 类盒装 CPU 由低到高依次为：一年质保盒装 CPU、三年质保盒装 CPU、全国联保盒装 CPU、原包原封 CPU。前两类 CPU 由经销商提供质保，不能查号；后两类 CPU 享受全国联保 3 年的待遇，可以查号。后两类 CPU 理论上可以终身保修。因为 Intel 或 AMD 只需要一张简单的经销商收据，就可以按上面的日期进行质保，根本不需要发票，不看生产日期。如果没有购买日期证明，最多可享受 3 年质保。不过一定要保留原装风扇，风扇上的号码都是配套的。

市场上的假货主要体现在盒装 CPU 上，在盒装 CPU 上造假的手段不外乎两个：一是用假风扇冒充原装风扇，二是 CPU 用一年散片假冒联保散片。

3. 鉴别 CPU

鉴别 CPU 真伪主要有两个方法。

1）软件法

软件测试是一种比较保险的方法。你可以在网上找到相应软件，比如 CPU-Z、Super PI 等，这些软件可以方便地区分出 CPU 的型号，有效地防止以次充好。具体使用方法参照本书 CPU 测试工具部分。

2）观察法

（1）识别包装盒的颜色和字迹。

正品盒装 CPU 的包装盒颜色鲜艳，字迹清晰，包装盒上的塑料薄膜使用了特殊的印字工艺，薄膜上的水印文字非常牢固，无法用指甲刮去。

而假盒装 CPU 包装盒上的塑料薄膜非常容易脱落，字迹可以用指甲轻易刮去。

（2）识别包装盒封口。

正品 CPU 盒装的塑料薄膜只在包装盒的两侧封口，贴有标签的一侧没有封口线，而且包装盒的封口胶水痕迹呈连续的点状，共 12 个点。包装纸的材质很硬，撕开后颜色为纯白色。假冒包装盒的封口线在标签面，印刷质量差，撕开后的颜色为灰色。

（3）识别激光防伪标签。

正品盒装 CPU 的包装盒外壳左侧的激光防伪标签由一张完整的贴纸组成，上半部分是防伪层，下半部分标有该 CPU 的频率标识，并采用了四重着色技术，层次丰富，字迹清晰。假货则做不到这样的技术水平。有些假货上的激光防伪标签甚至是由两部分组成的，可以分别撕开。

2.2 主 板

主板，又叫主机板(mainboard)、系统板(systemboard)或母板(motherboard)，它安装在机箱内，是微机最基本的也是最重要的部件之一。主板一般为矩形电路板，上面安装了组成计算机的主要电路系统，一般有 BIOS 芯片、I/O 控制芯片、键盘和面板控制开关接口、指示灯插接件、扩充插槽、主板及插卡的直流电源供电接插件等元件。

2.2.1 主板概述

主板使得计算机各组件间有了联系，这样各组件才能在 CPU 的协调下共同工作。各种周边设备都能通过主板紧密连接在一起，形成一个有机整体，因此计算机能否稳定工作的首要条件就是看主板的工作是否稳定。主板的另一特点，是采用了开放式结构。主板上大都有 6～8 个扩展插槽，供 PC 外围设备的控制卡(适配器)插接。通过更换这些插卡，可以对微机的相应子系统进行局部升级，使厂家和用户在配置机型方面有更大的灵活性。总之，主板在整个微机系统中扮演着举足轻重的角色。可以说，主板的类型和档次决定着整个微机系统的类型和档次，主板的性能影响着整个微机系统的性能。

1. 主板的分类

下面以常见的 PC 主板的分类角度来认识主板。

1) 按主板上使用的 CPU 分类

不同时期 CPU 的类型是不同的，而主板支持此类型就代表着属于此类的 CPU 大多能在该主板上运行(在主板所能支持的 CPU 频率限制范围内)。每种类型的 CPU 在针脚、主频、工作电压、接口类型、封装等方面都有差异，尤其在速度性能上差异更大。只有购买与主板支持的 CPU 类型相同的 CPU，两者才能配套工作。现在都是按照 CPU 的插槽类型来加以区分的，例如，Intel 处理器的 CPU 插槽主要有 LGA775、LGA1155、LGA1156、LGA1366、LGA2011；AMD 处理器的 CPU 插槽主要有 Socket AM2、Socket AM2+、Socket AM3、Socket AM3+以及 Socket FM1、PAC611、PAC418、LGA775。

2) 按主板结构分类

主板按各种电气元件的布局、排列方式的不同和在不同机箱中的配套模式，可以分为 AT、Baby-AT、ATX、Micro ATX、LPX、NLX、Flex ATX、EATX、WATX 以及 BTX 等结构。其中，AT 和 Baby-AT 是多年前的老主板结构，现在已经淘汰；而 LPX、NLX、Flex ATX 则是 ATX 的变种，多见于国外的品牌机，国内尚不多见；EATX 和 WATX 则多用于服务器/工作站主板；ATX 是常见的主板结构，扩展插槽较多，PCI 插槽数量有 4～6 个，大多数主板都采用此结构；Micro ATX 又称 Mini ATX，是 ATX 结构的简化版，就是常说的"小板"，扩展插槽较少，PCI 插槽数量在 3 个或 3 个以下，多用于品牌机并配备小型机箱；BTX 使用窄板(low-profile)设计，尚未流行便被放弃。NLX 是 Intel 最新的主板结构，最大特点是主板、CPU 的升级灵活方便有效，不再需要每推出一种 CPU 就必须更新主板设计。

高职高专立体化教材 计算机系列

一体化(all in one)主板：集成了声音、显示等多种电路，一般不需再插卡就能工作，具有高集成度和节省空间的优点，但也有维修不便和升级困难的缺点，在原装品牌机中采用较多；此外还有一些上述主板的变形结构。

3) 按功能分类

(1) PnP 功能。带有 PnP BIOS 的主板配合 PnP 操作系统(如 Windows 95)可帮助用户自动配置主机外设，做到"即插即用"。

(2) 节能(绿色)功能。例如，在开机时有能源之星(energy star)标志，能在用户不使用主机时自动进入等待和休眠状态，在此期间降低 CPU 及各部件的功耗。

(3) 无跳线主板。这是一种新型的主板，是对 PnP 主板的进一步改进。在这种主板上，连 CPU 的工作电压等指标都无须用跳线开关，均自动适配，只需用软件略作调整即可。经过 Remark 的 CPU 在这种主板上将无所遁形。486 以前的主板一般没有上述功能，586 以上的主板均配有 PnP 和节能功能，可通过主板控制主机电源的通断，进一步做到智能开/关机。

4) 其他主板分类方法

(1) 按主板的结构特点分类还可分为基于适配电路的主板、一体化主板等类型。基于 CPU 的一体化主板是目前较佳的选择。

(2) 按印制电路板的工艺分类又可分为双层结构板、四层结构板、六层结构板等。主板的平面是一块 PCB(印制电路板)，一般采用四层板或六层板。相对而言，为节省成本，低档主板多为四层板：主信号层、接地层、电源层和次信号层。而六层板则增加了辅助电源层和中信号层，因此，六层 PCB 的主板抗电磁干扰能力更强，主板也更加稳定。

(3) 按元件安装及焊接工艺分类又有表面安装焊接工艺板和 DIP 传统工艺板。

2. 主板的结构

在电路板上面，是错落有致的电路布线；布线上面，则为棱角分明的各个部件：插槽、芯片、电阻、电容等，如图 2.14 所示。当主机加电时，电流会在瞬间通过 CPU、南北桥芯片、内存插槽、AGP 插槽、PCI 插槽、IDE 接口以及主板边缘的串口、并口、PS/2 接口等。随后，主板会根据 BIOS(基本输入/输出系统)来识别硬件，并进入操作系统发挥出支撑系统平台工作的功能。

1) 芯片部分

(1) BIOS 芯片：是一块方块状的存储器(如图 2.15 所示)，里面存有与该主板配套的基本输入/输出系统程序，能够让主板识别各种硬件，还可以设置引导系统的设备，调整 CPU 外频等。BIOS 芯片是可以写入的，以便用户更新 BIOS 的版本，获取更好的性能及对电脑最新硬件的支持，当然不利的一面便是会让主板遭受诸如 CIH 病毒的袭击。

(2) 南北桥芯片：横跨 AGP 插槽左右两边的两块芯片就是南北桥芯片(如图 2.16 所示)。南桥芯片多位于 PCI 插槽的旁边；而 CPU 插槽旁边，被散热片盖住的就是北桥芯片。北桥芯片是主板芯片组中起主导作用的最重要的组成部分，一般来说，芯片组的名称就是以北桥芯片的名称来命名的。北桥芯片主要负责处理 CPU、内存和显卡三者间的"交通"，由于发热量较大，因而需要散热片散热。南桥芯片则负责硬盘等存储设备和 PCI 之间的数据流通。南桥和北桥合称芯片组。芯片组在很大程度上决定了主板的功能和性能。需要注意的是，AMD 平台中部分芯片组因 AMD CPU 内置内存控制器，可采取单芯片的方式，如

nVIDIA nForce 4 便采用无北桥的设计。

图2.14　ATX主板结构

图2.15　主板BIOS芯片

图2.16　主板南北桥芯片

(3) RAID 控制芯片：相当于一块 RAID 卡的作用，可支持多个硬盘组成各种 RAID 模式。目前主板上集成的 RAID 控制芯片(如图 2.17 所示)主要有两种：HPT372 RAID 控制芯片和 Promise RAID 控制芯片。

2) 插拔部分

所谓的"插拔部分"是指这部分的配件可以用"插"来安装，用"拔"来反安装。

(1) 内存插槽：内存插槽一般位于 CPU 插座下方。如图 2.18 所示的是 DDR SDRAM插槽，这种插槽的线数为 184 线。

图2.17　主板RAID控制芯片　　　　　　　图2.18　主板内存插槽

(2) AGP 插槽：颜色多为深棕色，位于北桥芯片和 PCI 插槽之间。AGP 插槽有 1×、2×、4×和 8×之分。AGP 4×的插槽中间有间隔，AGP 2×则无。在 PCI Express 出现之前，AGP

显卡较为流行，其传输速度最高可达到 2133MB/s(AGP 8×)。主板 AGP 插槽及 AGP 金手指如图 2.19 所示。

图2.19　主板AGP插槽及AGP金手指

(3) PCI Express 插槽：随着三维性能要求的不断提高，AGP 已越来越不能满足视频处理带宽的要求，目前主流主板上显卡接口多转向 PCI Express。PCI Express 插槽有 1×、2×、4×、8×和 16×之分。主板 PCI Express 插槽如图 2.20 所示。

(4) PCI 插槽：PCI 插槽多为乳白色(如图 2.21 所示)，是主板的必备插槽，可以插上软 Modem、声卡、网卡、多功能卡等设备。

图2.20　主板PCI Express插槽

图2.21　主板PCI插槽

(5) CNR 插槽：多为淡棕色，长度只有 PCI 插槽的一半(如图 2.22 所示)，可以接 CNR 的软 Modem 或网卡。这种插槽的前身是 AMR 插槽。CNR 和 AMR 的不同之处在于，CNR 增加了对网络的支持性，并且占用的是 ISA 插槽的位置。共同点是它们都把软 Modem 或者软声卡的一部分功能交由 CPU 来完成。这种插槽的功能可在主板的 BIOS 中开启或禁止。

图2.22　主板CNR插槽

3) 接口部分

(1) 硬盘接口。

硬盘接口(如图 2.23 所示)可分为 IDE 接口和 SATA 接口。在型号老些的主板上，多集成两个 IDE 口，通常 IDE 接口都位于 PCI 插槽下方，从空间上则垂直于内存插槽(也有横着的)。而新型主板上，IDE 接口大多缩减，甚至没有，代之以 SATA 接口，如图 2.23 右图所示。

图2.23　硬盘接口

(2) COM 接口(串口)。

目前大多数主板都提供了两个 COM 接口(如图 2.24 所示)，分别为 COM1 和 COM2，作用是连接串行鼠标和外置 Modem 等设备。COM1 接口的 I/O 地址是 03F8h～03FFh，中断号是 IRQ4；COM2 接口的 I/O 地址是 02F8h～02FFh，中断号是 IRQ3。由此可见，COM2 接口比 COM1 接口的响应更具有优先权。

(3) PS/2 接口。

PS/2 接口(如图 2.25 所示)的功能比较单一，仅能用于连接键盘和鼠标。一般情况下，鼠标的接口为绿色，键盘的接口为紫色。PS/2 接口的传输率比 COM 接口稍快一些，是应用最为广泛的接口之一。

图2.24　主板COM接口　　　　　　　　图2.25　PS/2接口

(4) USB 接口。

USB 接口(如图 2.26 所示)是现在最为流行的接口，最大可以支持 127 个外设，并且可以独立供电，其应用非常广泛。USB 接口可以从主板上获得 500mA 的电流，支持热插拔，真正做到了即插即用。一个 USB 接口可同时支持高速和低速 USB 外设的访问，由一条四芯电缆连接，其中两条是正负电源，另外两条是数据传输线，信号是串行传输的。图示为 USB 3.1，传输速度为 10Gb/s，三段式电压 5V/12V/20V，最大供电 100W。

(5) LPT 接口(并口)。

LPT 接口一般用来连接打印机或扫描仪，如图 2.27 所示。其默认的中断号是 IRQ7，采用 25 脚的 DB-25 接头。

图2.26 USB接口

图2.27 LPT接口

(6) MIDI 接口。

MIDI 是一种计算机与 MIDI 设备之间连接的硬件，同时也是一种数字音乐的标准。声卡的 MIDI 接口和游戏杆接口是共用的。接口中的两个针脚用来传送 MIDI 信号，可连接各种 MIDI 设备，例如电子键盘等。

2.2.2 主板的新技术、新工艺和新产品

几乎所有的主板厂商，在每一代重点产品上首先要升级的就是外观部分，为消费者展现出一个更好的"卖相"。不过单纯的外观升级，对于普通用户的吸引力并不大，还是要靠 CPU 性能的大幅提升，或是新主板能够提供具有划时代意义的新功能。主板作为平台，众品牌纷纷进行个性设计创新，新材料、新设计布局和新技术层出不穷，本书遴选典型示例介绍如下。

1. 主板新设计

主板作为计算机的重要组成部件，已经成为计算机行业的一个领域。主板的更新换代，主要起因于 CPU 和主板上芯片组的更新换代。不同的 CPU 需要搭配不同的主板，因此主板的发展在很大程度上依赖于 CPU 的更新。随着第一批搭载 Intel 第七代酷睿 Kaby Lake 处理器的笔记本电脑上市，主板也在悄然发生着变化。

微星 Z270 GAMING M7(如图 2.28 所示)以全新的外观和众多的功能接口引领了主板发展的方向。11 相数字供电为第七代酷睿处理器的稳定高速运行提供了强有力的保障，也满足了 Kaby Lake 超频到 5GHz 的电力需求；4 个 DDR4 内存插槽，最大支持 64GB 双通道内存组合，并支持 DDR4-4000 的 XMP 内存；微星还创造性地配置了三个 M.2 接口，不仅可以满足 RAID 需求还能提供出接口为 Intel 全新的 Optane 内存使用；此外，微星也更加关注小细节的设计，M.2 Shield 针对未来一两年各种高速 NVMe 的散热问题，在实测中的降温效果非常不错。

AMD 发布的锐龙 AMD Ryzen 处理器针对 AMD 芯片规划的技嘉 AORUS AX370-Gaming 5(如图 2.28 所示)以出色的规格性能赢得了众多用户的青睐。主板采用了 10 相数字供电电路设计，为用户提供了稳定高效的超频环境；可支持四条 3000MHz 以上 DDR4 双通道内存组合，满足了用户对高主频内存的使用需求；PCI 扩展方面也很出色，提

供了一条 PCI-E×16 高速显卡插槽，一条 PCI-E×8 插槽，一条 PCI-E×4 插槽，以及三条 PCI-E×1 插槽。CPU 底座为全新的 AM4 规格，统一了未来 AMD 处理器的底座，包括 APU 也将共用一个平台。板载了 1680 万色全彩 RGB 魔光系统，并支持 2 个分区可单独编程设置，加上外接 RGBW 灯带插座，配合可更换式板边导光条以及自带的 6 种不同的灯光模式 (呼吸、音乐、多彩、监控等)，更注重个性主机的打造。

图2.28　微星Z270 GAMING M7(左)和技嘉AORUS AX370-Gaming 5(右)

2. 1333MHz 前端总线

前端总线(FSB)频率直接影响 CPU 与内存数据交换的速度。由于数据传输最大带宽取决于所有同时传输的数据的宽度和传输频率，而 CPU 就是通过前端总线(FSB)连接到北桥芯片，进而通过北桥芯片和内存、显卡交换数据，所以前端总线频率越大，代表着 CPU 与内存之间的数据传输量越大，更能充分发挥 CPU 的功能。

从 400MHz 前端总线到 1333MHz 前端总线，Intel 经历了 6 代总线的变迁。1333MHz 前端总线规格，曾经感觉很遥远，而现在却已经较为普通，进入 1333MHz FSB 时代，可以获得更高的 CPU 频率和性能，这是历史发展的必然所在。它加快了多核心处理器在市场的普及率，更有利于多核心处理器的推广。

3. PCI Express 3.0 规范

PCI-E 3.0 架构从细节上对前两代 PCI-E 规范进行了极大的改进，在对可制造性、成本、功耗、复杂性、兼容性等诸多方面进行综合、平衡之后，PCI-E 3.0 规范将数据传输率提升到 8GHz 即 8GT/s(最初也预想过 10GHz)，并保持了对 PCI-E 2.x/1.x 的向下兼容，继续支持 2.5GHz、5GHz 信号机制。基于此，PCI-E 3.0 架构单信道(×1)单向带宽即可接近 1GB/s，十六信道(×16)双向带宽更是可达 32GB/s。

PCI-E 3.0 同时还特别增加了 128b/130b 解码机制，几乎可以确保 100%的传输效率，相比此前版本的 8b/10b 机制提升了 25%，从而促成了传输带宽翻倍，延续了 PCI-E 规范的一贯传统。

新规范在信号和软件层的其他增强之处还有数据复用指示、原子操作、动态电源调整机制、延迟容许报告、宽松传输排序、基地址寄存器(BAR)大小调整、I/O 页面错误等，从而全方位提升平台效率、软件模型弹性以及架构伸缩性。

4. 整合图形核心

2006 年以前，整合主板一直是低端产品的代名词，主要由 Intel、VIA 和 SiS 等传统主板芯片厂商制造生产，主要供应给品牌机制造商和商业用户，在 DIY 市场中占有率非常低。受低端独立显卡利润降低的影响，传统显示芯片厂商将大部分精力投入到了整合主板研发当中，提高游戏性能、视频性能成为整合芯片组发展的主旋律。

5. 无铅、固态电容、热管

除了芯片组技术外，主板行业也出现三大制造趋势。

首先，主板厂商在产品之上引入无铅制造技术，主板业迎来绿色的时代。在各种重金属污染中，铅是首当其冲的危害源。此前的板卡设备上的芯片，都是通过芯片封装下面的小焊点和 PCB 连接的。这些小焊点传统上是用铅的，而"无铅"技术则是使用一种锡、银、铜的合成物来取代铅，这将让主板更环保。目前，市场上的大多数主板都已经采用无铅工艺。

除此之外，在主板方面固体聚合物电容将逐渐取代电解电容。从主板厂商返修数据来看，其中 30%的主板故障出自电解电容。为固体聚合物电容多投入的成本，远比主板返修中投入的成本低。从使用寿命和环保回收来看，固体聚合物电容也比电解电容更具优势。

同时传统处理器供电模块也将面临淘汰，传统处理器供电模块由 MOSFET、电感线圈和电容组成，这 3 类产品受环境和温度影响非常大。静音散热器和水冷逐渐开始普及，传统处理器散热模块已经成为制约电脑静音的"瓶颈"。显卡上常见的数字供电模块将大量使用在主板处理器供电模块上，虽然仍采用 MOSFET、电感线圈和电容的组合方式，但高级的电器元件更适合主板的发展趋势。

6. PCB

PCB 是英文 printed circuit board 的缩写，中文翻译为印制电路板。不光是主板，几乎所有的电子设备上都有 PCB，其他电子元器件都是镶嵌在 PCB 上，并通过人看不见的线连接起来进行工作。

通常主板的板基是由 4 层或 6 层树脂材料黏合在一起的 PCB(印制电路板)，其上的电子元件是通过 PCB 内部的迹线(即铜箔线)连接的。一般的主板分为四层，最上面和最下面的两层为"信号层"，中间两层分别是"接地层"和"电源层"。将信号层放在电源层和接地层的两侧，既可以防止相互之间的干扰，又便于对信号线做出修正。布线复杂的主板通常会使用 6 层 PCB，这样可使 PCB 具有三个或四个信号层、一个接地层、一个或两个电源层。这样的设计可使信号线相距足够远的距离，减少彼此的干扰，并且有足够的电流供应。PCB 的层数直接影响主板的电气性能，然而随着层数的增加，主板的成本出现了几何性的增长。4 层 PCB 基板，在价格与性能之间找到了平衡，因此被主板厂商广泛采用。

7. 电感线圈

电感线圈(choke)的主要作用在于过滤高频信号，在市面上常常会看到三种形式的电感：开放式、半封闭式、全封闭式。

开放式电感，铜线均裸露在外面，如图 2.29 所示。电感在工作过程中产生的电磁波将得不到有效屏蔽，同时其余元件的电磁波也将对电感造成一定的影响。半封闭式电感线圈(见图2.30)和全封闭式电感线圈(见图2.31)最大的好处是使产生的电磁辐射降到了最低，防止辐射给周围的元器件带来干扰。防电磁波辐射性能更强的电感线圈为主板提供更高的电压精度以及更好的超频能力。无论哪种形式的电感线圈，其实它们的构造是相同的，都是采用磁环包磁力线的设计方式，线圈粗细有多种可选择，缠绕的密度也不相同。

图2.29　开放式电感线圈

图2.30　半封闭式电感线圈

图2.31　全封闭式电感线圈

8. 主板的工艺和结构

主板的更新要配合 CPU 和主板上芯片组的更新换代，现在 CPU 已采用 14nm 工艺，更要推出 10nm 工艺的 Cannon Lake，这都需要主板厂商在工艺和结构上及时跟进。

9. 水冷套件

水冷套件的支持成为高端产品的标配。高端主板在使用的时候供电模块以及北桥芯片等部分都会大幅度升温，有时候发热量会超出主板原配散热片的处理能力，这时使用有效而且又不影响其他硬件的水冷套件就非常重要了。

10. 芯片的升级

芯片的升级往往伴随着软件的升级。通常一个全新系列的主板产品，都会在网络、音频、接口等部分进行芯片升级，因此对应的应用软件也会在界面及功能部分进行调整，以便用户更好地控制整套平台来发挥出新硬件的最佳性能，为用户带来更好的使用体验，更好地调校各种设备。

11. 灯效

灯效部分是主板厂商的发力点之一，RGB 可调灯光除了可以分区域对主板灯光进行自定义设定之外，还增加了不同硬件之间的灯光交互和联动功能，让主板不再作为一个独立的个体，而是可以通过用户的个性化设计，使整套平台成为一个密不可分的整体。

2.2.3　笔记本电脑主板

笔记本电脑主板是笔记本电脑上的核心配件，是笔记本电脑中各种硬件传输数据、信息的"中转站"。它连接整合了 CPU、显卡、内存等各种硬件，使其相互独立又有机地结合在一起，各司其职，共同维持电脑的正常运行。笔记本电脑追求便携性，其体积和重量都有较严格的控制，因此同台式机不同，笔记本电脑主板集成度非常高，设计布局也十分精密紧凑。

笔记本电脑的主板与台式机的主板相比有很大的不同。CPU 插座、内存插槽 A、芯片组、扩展卡(express card)插槽和 CMOS 电池、内存插槽 B、网络接口等分别位于主板的两侧，相关的外部接口(如读卡器接口、IEEE 1394 接口、VGA 接口、S-Video 接口等)位于主板的边缘。为减小体积，笔记本电脑主板上的元器件大都为贴片式，而且电路的密度和集成度都很高。

不同机型的笔记本电脑用的主板也有所不同，甚至同一个型号的机器也有可能有些区别，比如接口多一个或者少一个，都会导致两台笔记本电脑不能互相兼容。笔记本电脑主板的厂家也有很多，品牌也有很多，一般制造笔记本电脑的厂商都拥有自己的主板系列。

通常，主板的外形会随着笔记本电脑整体设计的不同而变化，所以主板之间并没有很好的通用性。不同的笔记本电脑所使用的主板各不相同，如图 2.32 所示为两款不同的笔记本电脑主板。

图2.32　笔记本电脑主板

1. 主板芯片组

笔记本电脑主板上的南桥芯片和北桥芯片合称芯片组。它是主板的核心部分，按照在主板上的排列位置不同，通常靠 CPU 较近的称为北桥芯片，较远的则称为南桥芯片。北桥芯片提供对 CPU 的类型和主频、内存的类型和容量、各种接口插槽、ECC 纠错等功能的主持，南桥芯片则对键盘控制器、实时时钟控制器、USB 接口等提供支持。由此可见，北桥芯片对主板起到了主导性作用，因此也称为主桥芯片。

目前市场上常见的芯片组有 Intel 芯片组、VIA(威盛)芯片组、SiS(矽统)芯片组、Ali(扬智)芯片组和 ATI(霸王)芯片组等。

2. 笔记本电脑接口

接口通常位于笔记本电脑主板的边缘。笔记本电脑通过接口可以与其他设备相连。笔记本电脑的接口类型很多,其功能特点也不尽相同。下面主要介绍笔记本电脑中常见的接口类型。

1) 并行接口

如图 2.33 所示,并行接口是一个 25 针梯形接口。它主要用于连接打印机,故常称为打印机接口。

2) 串行接口

笔记本电脑中串行接口的全称为串行总线接口,也就是 COM 接口。该接口是采用串行通信总线协议的扩展接口。图 2.34 所示为笔记本电脑串行接口的实物外形。早期串行接口主要用于连接键盘和鼠标,但随着 PS/2 接口的出现,串口已很少使用。

图2.33　并行接口

图2.34　串行接口

3) PS/2 接口

由于笔记本电脑的键盘是与电脑集成在一起的,因此,笔记本电脑提供的 PS/2 接口主要用于外接鼠标。

4) USB 接口

图 2.35 所示为笔记本电脑 USB(universal serial bus)接口。这种接口是一个 4 针的扁平接口,支持热插拔。

目前,常见设备的 USB 接口有三种标准,分别为 USB 1.1、USB 2.0 和 USB 3.0。其中,USB 1.1 标准接口的数据传输速率为 12Mb/s,USB 2.0 标准接口的数据传输速率为 480Mb/s,而 USB 3.0 接口的数据传输速率达到了 5Gb/s。USB 接口最多可在一台电脑上同时支持 127 种设备,并且不会损失带宽。

2021 年 5 月,海康存储发布的全球首款 USB 4.0 移动固态硬盘开展新品众测,开启 USB 4.0 产品时代。

5) VGA 接口

VGA 接口的英文全称为 video graphic array,如图 2.36 所示。它是 15 针的梯形接口。

6) DVI 接口

DVI 的英文全称是 digital visual interface。如图 2.37 所示,笔记本电脑上常见的 DVI 可分为 DVI-D 型和 DVI-I 型。其中,DVI-D 只能接收数字信号,其右上角的一个引脚为空脚，不兼容模拟信号，而 DVI-I 可以兼容模拟信号和数字信号。

图2.35　USB接口

图2.36　VGA接口

DVI-D 接口

DVI-I 接口

图2.37　DVI接口

7) HDMI 接口

HDMI 是一种新型的数字多媒体接口。这种接口可以保证以数码方式传输未经压缩的高分辨率视频和多声道音频数据。图 2.38 所示为笔记本电脑上 HDMI 接口的实物外形。

8) 网络接口

笔记本电脑都带有网络接口，如 Modem 接口(RJ-11)和网卡接口(RJ-45)。其中，Modem 接口主要用来与电话线连接以便实现拨号上网，而网卡接口则是为了实现局域网连接所使用的接口。在通常情况下，笔记本电脑的两个网络接口并列排在一起，如图2.39所示。Modem 接口是一个 4 针的小型接口，而网卡接口则是一个 8 针的大型接口，从形状上可以轻易地将它们区分开来。

图2.38　HDMI接口

图2.39　网络接口

9) IEEE 1394 接口

IEEE 1394 接口又称火线接口，同 USB 接口一样支持外部设备的热插拔，其传输速率高，可达 400Mb/s。笔记本电脑的 IEEE 1394 接口广泛用于连接网络以及数码设备等传输速率比较高的外部设备。图 2.40 所示为笔记本电脑的 IEEE 1394 接口。

10) 读卡器接口

笔记本电脑的读卡器接口如图 2.41 所示。读卡器接口通常可分为单一功能型和多功能型。单一功能型读卡器接口就是指只能读取一种存储卡，而多功能型则可以读取两种以上的存储卡，如二合一读卡器、四合一读卡器、七合一读卡器等。

图2.40　IEEE 1394接口

图2.41　读卡器接口

2.2.4　主板的选购

主板作为计算机中一个非常重要的部件，其质量的优劣直接影响到整个计算机的工作性能，因此在选购时要特别注意，仔细甄别。

1. 台式机主板的选购

1) CPU 供电电路

在采用相同芯片组的时候断定一块主板的优劣，最好的方法就是看供电电路设计，CPU、内存、显卡、芯片组的供电缺一不可。其中最主要的是 CPU 的供电电路，它是主板的最关键部位，优质和劣质主板的最大差别也可以在这里体现出来。

在优秀的主板 CPU 供电部分可以见到各大品牌电容，如 Nichicon、Rubycon、KZG、Sanyo 等，还有 Infineon、飞利浦、IR 等名牌 MOSFET。

2) PCB

印制电路板(PCB)几乎会出现在每一种电子设备中，其主要功能是提供上面各项零件的电气连接。优秀的 PCB 是主板稳定可靠的基石，现在很多小品牌由于 PCB 品质不稳定，经常会出现死机、接触不良、主板变形等问题。

3) 芯片组、内存、显卡、供电设计方案

要达到最优稳定性能，主板除了 CPU 供电部分电路设计要合理优秀以外，主板上 3 个重要部件——芯片组、内存、显卡供电部分同样不容轻视。因为现在主流的显卡功耗已经突破 50W，与一个低端的闪龙处理器的功耗接近，芯片组、高频率运作的内存同样不可忽视。因此，采用独立的供电方案就显得十分有必要。

在优秀的主板上，可以看到显卡、芯片组和内在的供电部分都会有加强的电路元件配合。BIOS 也会有相应的电路电压调整。

4) 保护电路

有很多品牌为了降低成本，在主板上省去各类保护电路，有的小品牌甚至在主板的研发阶段就放弃主板上的保护电路，这样做虽然可以降低成本，但会给用户带来较大的隐患，导致主板、芯片或者一些外设被烧毁，给消费者带来较大的损失。而优秀的主板都会在 I/O

接口、网络防高压 CPU 保护电路、芯片组供电保护位置着重加上保护电路。

5) 主板 BIOS

BIOS(basic input output system，基本输入输出系统)是电脑中最底层的一种程序。一般都将 BIOS 程序保存在 CMOS 芯片中，BIOS 为计算机提供最直接的硬件控制，协调整个硬件系统的工作，而主板除了本身的功能外还要有个优秀的 BIOS 配合。

2. 笔记本电脑主板选购注意事项

随着计算机的普及，越来越多的朋友对笔记本电脑产生了兴趣，但是笔记本电脑过高的价格影响了许多抱有浓厚兴趣的爱好者，此时二手笔记本电脑就成了备选。二手电脑及其配件通常没有较好的售后服务，买到质量不佳的配件会影响整机的性能，严重时将导致整机无法运行，因而配件质量检查应作为重点，在挑选笔记本电脑主板时应注意以下几点。

1) 外形方面

笔记本电脑的主板外观与台式机完全不同，特别是 CPU 插槽。一般在笔记本电脑主板正面右部(有时是左部，视厂商和机型而异)由白色插槽与黑色框条组合成的矩形器件是 PCMCIA 插槽，用以插接 PCMCIA 网卡、Modem 卡、储存卡等，它用螺钉固定在主板上，不属于主板固有器件。另外，在大多数主板背面或左右两侧都会有回型的内存插槽、固化的音频输入输出口、串口、USB 接口、打印机接口、视频输出接口及外接稳压电源接口等。

2) 工艺方面

笔记本电脑的主板除了芯片组方面的区别外，主板的结构工艺也是影响笔记本电脑运行稳定的重要环节。笔记本电脑的主板工艺可以很直观地分辨出来。与台式机的主板类似，笔记本电脑的主板也是采用多层的印制电路板。一般来说，层数越多，主板各部分线路之间产生干扰和冲突的概率也就越小，从而使得主板的稳定性和超频能力也会相应提高不少。通常情况下，主板的 PCB 层数至少要达到四层才能满足需要，而高端主板通常都会采用高价格的六层板甚至八层板。当然，主板的层数越多，制造成本就越高，但机器的稳定性能将会得到大幅度提升。

多层设计带来的最大问题就是难以修理，如果在安装主板过程中过度弯曲，可能会破坏其中隐藏的铜导线。另外，由于笔记本电脑主板上有很多超乎台式机主板的精致的电阻和电容，如 SMT 贴片式元件和 DIP 插接元件，大工厂用波峰焊接或表面装配来连接插件，而一些杂牌的小厂，很多部件是用人工装配的，质量难以保证。

3) 电容和布线方面

笔记本电脑主板的电容和布线也十分重要。一块优秀的笔记本电脑主板，在其 CPU 插槽附近必定会使用高容量钽电容，这样会让其输出的电流更加纯净稳定。而布线方面，大家常常可以在台式机的主板上见到很多蛇行布线，其主要作用是保证各条线的长度一致，减少工作时的电感和互相产生的干扰。质量可靠的笔记本电脑主板板面平整，小电容等元件没有被压倒或明显变形的痕迹，板上的铜箔导线光滑平整、无毛刺、焊点均匀。

2.3　内　　存

在计算机的组成结构中，有一个很重要的部分，就是存储器。存储器是用来存储程序和数据的部件。对于计算机来说，有了存储器，才有记忆功能，才能正常工作。存储器的种类很多, 按其用途可分为主存储器和辅助存储器, 主存储器又称内存储器(简称内存)。

2.3.1 内存概述

在计算机诞生初期并不存在内存条的概念, 那时的内存均被焊接在主板上, 以内存芯片的形式为计算机的运算提供直接支持。那时的内存芯片容量都特别小, 最常见的莫过于256KB×1bit 和 1MB×4bit, 虽然如此, 这相对于那时的运算任务来说已经绰绰有余了。

1. 内存条的诞生

内存芯片的状态一直沿用到 286 初期, 由于它存在着无法拆卸更换的弊病, 对于计算机的发展造成了现实的阻碍, 内存条便应运而生了。将内存芯片焊接到事先设计好的印制电路板上, 而电脑主板上改用内存插槽, 这样就把内存难以安装更换的问题彻底解决了。

在 80286 主板刚推出的时候, 内存条采用了 SIMM(single in-line memory modules, 单边接触内存模组)接口, 规格为 30pin、256KB。随后, 在 1988—1990 年, 72pin SIMM 内存出现了, 72pin SIMM 支持 32 位快速页模式内存, 内存带宽得以大幅度提升。图 2.42 所示为 72pin SIMM 内存的外观。

EDO RAM(Extended Date Out RAM, 外扩充数据模式存储器)内存(见图 2.43)是 1991—1995 年盛行的内存条。EDO RAM 同 FPM RAM 极其相似, 但速度要比普通 RAM 快 15%～30%。其主要应用在当时的 486 及早期的 Pentium 电脑上。

图2.42　72pin SIMM内存

图2.43　EDO RAM内存

2. SDRAM 时代

自 Intel Celeron 系列和 AMD K6 处理器以及相关的主板芯片组推出后, EDO RAM 内存性能再也无法满足需要了, 内存技术必须彻底进行革新才能满足新一代 CPU 架构的需求, 此时内存开始进入比较经典的 SDRAM 时代。

第一代 SDRAM 内存为 PC66 规范, 但很快由于 Intel 和 AMD 的频率之争将 CPU 外频提升到了 100MHz, 所以 PC66 内存很快就被 PC100 内存取代, 接着 133MHz 外频的 Pentium III 以及 K7 时代来临, PC133 规范也以相同的方式进一步提升 SDRAM 的整体性能, 带宽提高到 1GB/s 以上。

随着 Intel Pentium 4 的推出, SDRAM PC133 内存也不能满足发展需求, Intel 为了达到独占市场的目的, 与 Rambus 联合在 PC 市场推广 Rambus DRAM 内存(称为 RDRAM 内存)。与 SDRAM 不同, 其采用了新一代高速简单内存架构, 基于一种类 RISC(reduced instruction set computing, 精简指令集计算机)理论, 这个理论可以减少数据的复杂性, 使得整个系统性能得到提高。

3. DDR 时代

DDR SDRAM(dual date rate SDRAM)简称 DDR，也就是"双倍速率 SDRAM"的意思。DDR 是 SDRAM 的升级版本，同速率的 DDR 内存与 SDRAM 内存相比，性能要超出一倍，可以简单理解为 133MHz DDR=266MHz SDRAM。从外形体积上 DDR 与 SDRAM 相比差别并不大，它们具有同样的尺寸和同样的针脚距离。

4. DDR2 时代

随着 CPU 性能不断提高，对内存性能的要求也逐步升级。不可否认，仅依靠高频率提升带宽的 DDR 迟早会力不从心，因此 JEDEC(Joint Electron Device Engineering Council，电子元件工业联合会)组织很早就开始酝酿 DDR2 标准，而且 LGA775 接口的 915/925 以及后来的 945 等平台也对 DDR2 内存给予支持。

DDR2 对于 DDR 有 4 种技术革新：4 位预取(DDR 是 2 位)、Posted CAS、整合终结器(ODT)和 FBGA/CSP 封装。DDR2 能够在 100MHz 的发信频率基础上提供每插脚最少 400MB/s 的带宽，而且其接口将运行于 1.8V 电压上，从而进一步降低发热量，以便提高频率。此外，DDR2 融入 CAS、OCD、ODT 等新性能指标和中断指令，提升内存带宽的利用率。

5. DDR3 内存技术

2007 年 Intel 公司除了将前端总线频率提高到 1333MHz 外，也将拥有更高带宽的 DDR3 内存技术引入自家平台中。DDR3 内存不仅在技术上优于 DDR2 内存，在频率和速度上也拥有更多的优势。此外，由于 DDR3 所采用的根据温度自动自刷新、局部自刷新等其他一些功能，在功耗方面 DDR3 也要出色得多，主要有如下三点优势。

(1) 频率更高：DDR3 可以在 800MHz 至 1666MHz 下运行(也可更高)，而 DDR2 是在 533MHz 至 1066MHz 下运行。一般来讲，DDR3 是 DDR2 频率的两倍，通过削减一半读写时间使系统的操作性能提高。

(2) 功耗更省：DDR3 相比 DDR2 可以节约 16%的电能，因为新一代 DDR3 是在 1.5V 电压下工作，而 DDR2 则是在 1.8V 电压下工作，这样可以弥补由于过多的操作频率所产生的高电能消耗，同时，减少的能量消耗可以延长部件的使用寿命。

(3) 效率提高：DDR3 内存 Bank 增加到了 8 个，比 DDR2 提高了一倍，所以相比 DDR2 预读取会提高 50%的效率，是 DDR2 标准的两倍。

因此，在移动设备和 PC 领域，DDR3 倍受欢迎，DDR3 SDRAM 内存条的结构如图 2.44 所示。

6. DDR4 内存

JEDEC 固态技术协会在 2011 年公布了 DDR4 内存标准中的部分关键属性，并正式发布新一代内存标准规范，相比于 DDR3 取得重大性能提升，同时继续降低功耗。

DDR4 的外观变化明显，金手指变成弯曲状，可以保证金手指和内存插槽触点有足够的接触面，确保信号传输稳定。DDR4 最重要的使命是提高频率和带宽，它的起始频率就达到了 2133MHz，量产产品最高频率达到了 3000MHz；带宽方面，DDR4 内存的每个针脚都可以提供 2Gb/s(256MB/s)的带宽；此外，DDR4 内存的容量也有很明显的提升，单条容量最大可以达到 128GB，而上一代 DDR3 内存最大单条容量为 64GB。DDR4 使用 20nm 以下的工艺来制造，电压从 DDR3 的 1.5V 降至 DDR4 的 1.2V，甚至可以做得更低，功耗表现非常出色。

图2.44　DDR3 SDRAM内存条的结构

7. DDR5 内存

2016 年 8 月 22 日，镁光公司正式公布了 DDR5 内存的详细规格。从镁光公司公布的文件来看，DDR5 内存将从 8GB 容量起步，最高可达单条 32GB，I/O 带宽能达到 3.2～6.4Gb/s，电压为 1.1V，内存带宽将为 DDR4 内存的两倍。

2021 年国际消费类电子产品展览会(CES)以网络虚拟形式举行，会上展示了 DDR5-8400 内存的渲染图，提供高达 8400MT/s 的数据传输速率，单一芯片的容量密度达 64GB 并内建能强化可靠度的 ECC 功能，达成数据保全与效能提升。国内厂商阿斯加特(Asgard)在 2021 年 2 月 22 日宣布首发 DDR5 内存，该产品尚未量产，预计等到 Intel 第 12 代平台、600 系主板芯片组上市之际开始量产。

所以，DDR5 内存最终还要等待 Intel、AMD 的下一代处理器平台支持，第 12 代酷睿、ZEN4 将会提供对 DDR5 的完整支持。

2.3.2　内存性能指标

CPU 在处理问题的过程中要从硬盘中调用数据，都会先存在内存里，然后再从内存中读取数据供自己使用，简单地说内存就是计算机的一个缓冲区。CPU 与内存之间进行数据交换的速度是最快的，但内存只能用来暂时存放数据，断电后内存里的数据就会消失，所以需要留下来的内容都得保存在硬盘里。

在这个过程中，内存的主要工作是寻址。CPU 为了存储数据或者从内存读取数据，会为数据编上地址(也就是十字寻址方式)，当需要访问的时候，CPU 会通过地址总线(address bus)将地址送到内存，内存会根据地址先定出横坐标(也就是"行地址")，再定出纵坐标(也就是"列地址")，即准确地定出这个位置，然后数据总线(data bus)把对应的正确数据送往微处理器，传回去给 CPU 使用。

1. 内存工艺和工作电压

SDRAM 内存工艺主要以 CMOS 为主,内存的工作电压和内存的芯片类型有很大关系,在 JEDEC 的规范中,SDRAM 的工作电压是 3.3V,DDR 是 2.5V,DDR2 是 1.8V,DDR3 是 1.35～1.5V,DDR4 降到 1.2V。

2. 芯片密度、位宽及内存刷新

芯片的密度一般以 b 为单位表示(1B=8b),比如,16Mb 是 16Mb÷8b=2MB,即单颗芯片是 2MB 的。

还有一个参数就是位宽,SDRAM 系的位宽是 64 位,采用多个颗粒(一般为偶数)组成 64 位也是不一样的。比如一个芯片是 4 位的,那么要用 16 个同样的芯片才能组成 64 位的,如果芯片是 16 位那么只需 4 个就可以了。

内存条是由电子存储单元组成的,刷新过程对以列方式排列在芯片上的存储单元进行充电。刷新率是指被刷新的列的数目。两个常用的刷新率是 2kHz 和 4kHz。2kHz 模式能够在一定的时间内刷新较多的存储单元并且所用时间较短,因此 2kHz 所用的电量要大于 4kHz。4kHz 模式利用较慢的时间刷新较少的存储单元,因而它使用的电量较少。一些特殊设计的 SDRAM 具有自动刷新功能,它可自动刷新而不借助 CPU 或外部刷新电路。建立在 DRAM 内部的自动刷新,减少了电量消耗,被普遍应用于笔记本电脑。

3. 内存的封装

现在比较普遍的内存封装形式有 BGA、TSOP、CSP、WLCSP。

BGA 封装分 FBGA、μBGA、TinyBGA(KingMAX)等,TSOP 分 TSOP Ⅰ 和 TSOP Ⅱ。BGA 封装具有芯片面积小的特点,可以减少 PCB 的面积,发热量也比较小,但是需要专用的焊接设备,无法手工焊接。另外一般 BGA 封装的芯片,需要多层 PCB 布线,这就对成本提出了要求。此外,BGA 封装还拥有芯片安装容易、电气性能更好、信号传输延迟低、允许高频运作、散热性卓越等许多优点,因此成为 DDR2 官方选择也在情理之中。而 TSOP 相对来说工艺比较成熟、成本低,缺点是频率提升比较困难,体积较大,发热量也比 BGA 大。

CSP 封装主要有柔性基片、硬质基片、引线框架、圆片级、叠层 CSP。它不但体积小,同时也更薄,其金属基板到散热体的最有效散热路径仅有 0.2mm,大大提高了内存芯片在长时间运行后的可靠性,线路阻抗显著减小,芯片速度也随之得到大幅度提高。

WLCSP 先在整片晶圆上进行封装和测试,然后才切割成一个个的 IC 颗粒。它明显地缩小封装体积,提高了集成度,同时引脚产生的电磁干扰几乎被消除,使数据传输的速度与稳定性得到很大的提升。

4. SPD 及 SPD 芯片

SPD(serial presence detect) 即 "配置(存在位)串行探测",它是一颗 8 针的 EEPROM(Electrically Erasable Programmable ROM,电子可擦写程序式只读内存),容量为 256B～2KB,里面主要保存了该内存的相关资料,如容量、芯片厂商、内存模组厂商、工作速度、是否具备 ECC 校验等。SPD 的内容一般由内存模组制造商写入。支持 SPD 的主板在启动时自动检测 SPD 中的资料,并以此设定内存的工作参数。当开机时 PC 的 BIOS

将自动读取 SPD 中记录的信息,如果没有 SPD,就容易死机或出现致命错误。建议大家购买含有 SPD 芯片的内存。

5. 排阻

排阻,也称终结电阻(终结器),是 DDR 内存中比较重要的硬件。DDR 内存对工作环境提出了很高的要求,如果先前发出的信号不能被电路终端完全吸收而在电路上形成反射现象,就会影响后面的信号,从而造成运算出错。因此,支持 DDR 的主板都是采用终结电阻来解决这个问题。由于每根数据线至少需要一个终结电阻,这意味着每块 DDR 主板需要大量终结电阻,无形中增加了主板的生产成本,而且由于不同的内存模组对终结电阻的要求不可能完全一样,也造成了所谓的"内存兼容性问题"。由于 DDR2 内部集成了终结器,在这个问题上得到了较好的解决。

6. 针脚(pin)

针状引脚是内存金手指上的金属接触点。由于不同内存的针脚不同,所以针脚也是从外观区分各种内存的主要方法。内存针脚分为正反两面,例如笔记本电脑 DDR 内存是 200pin,那么正反两面的针脚就各为 200÷2=100 个。此外,有些大厂的金手指使用技术先进的电镀金制作工艺,镀金层色泽纯正,有效地提高了抗氧化性,保证了内存工作的稳定性。

7. 内存控制器技术

内存控制器技术即指内存的通道技术,常见的有双通道、三通道及四通道等。

所谓双通道 DDR,简单来说,就是芯片组可以在两个不同的数据通道上分别寻址、读取数据。这两个相互独立工作的内存通道依附于两个独立并行工作的、位宽为 64b 的内存控制器,因此使普通的 DDR 内存可以达到 128b 的位宽。如果是 DDR333 的话,双通道技术可以使其达到 DDR667 的效果,内存带宽陡增一倍。

随着 Intel Core i7 平台发布,三通道内存技术应运而生。与双通道内存技术类似,三通道内存技术的出现主要是为了提升内存与处理器之间的通信带宽。

Intel 的三通道内存技术并不仅仅是在原有基础上增加了一个内存通道那么简单,而是通过一系列的全新技术覆盖,将三通道技术打造成未来的内存主流标准。在内存带宽方面,三通道内存则拥有 3 个 64b 的 CPU 和内存间的交互位宽,再加上其使用的 DDR3 1333 内存,内存带宽可以达到 32GB/s,如果再超频到 DDR3 1600 的水平,内存带宽就会提升到 38.4GB/s,比起主流的双通道技术,有着近三倍的提升。四通道内存控制器主要用于 X79 平台。

2.3.3 笔记本电脑内存

笔记本电脑内存是指应用于笔记本电脑的内存产品,笔记本电脑内存只是使用的环境与台式机内存不同,在工作原理方面并没有什么区别。但因为笔记本电脑对内存的稳定性、体积、散热性方面的需求,笔记本电脑内存在这几方面要优于台式机内存,价格也要高于台式机内存。

由于笔记本电脑整合性高，设计精密，因此对于内存的要求比较高。笔记本电脑内存必须符合小巧的特点，需采用优质的元件和先进的工艺，拥有体积小、容量大、速度快、耗电低、散热好等特性。出于追求体积小巧的考虑，大部分笔记本电脑最多只有两个内存插槽。

从第一个真正的笔记本电脑内存条的出现，到现在的 DDR 内存，笔记本电脑内存也经历了从简单到复杂、从混乱到标准的过程。这中间经历了很多变化，也出现了很多的产品，把它的发展历程总结为以下三个阶段。

1. 非标准阶段

和其他配件一样，内存的发展也是从台式机开始的。刚开始的内存都是焊接在主板上的。所熟悉的内存条大致是从 286 时期主板上的内存条开始的，是 30pin、256KB 的，而且必须是由 4 条组成一个 Bank 方可显示。30pin、16MB 在那时可是稀罕物，价格不菲。而笔记本电脑内存的出现时间要晚得多。

真正的笔记本电脑内存始于 486 时代。那时笔记本电脑使用的内存几乎千奇百怪，一个品牌、一个机型一种内存，因为那时的机器本身就带有摸索和试验的性质，有的机器更是直接用 PCMICA 内存卡来做内存。

到了 586 阶段，台湾厂商的笔记本电脑产品逐步推广使用 72pin SO-DIMM 标准笔记本电脑内存。存在至少 4 种 72pin SO-DIMM 内存：72pin 5V FPM SO-DIMM、72pin 5V EDO SO-DIMM、72pin 3.3V FPM SO-DIMM、72pin 3.3V EDO SO-DIMM。这时的内存大部分和显卡一样是焊接在主板上的。

到了 Pentium MMX 阶段，出现了 144pin 3.3V EDO SO-DIMM 标准笔记本电脑内存，也就是所说的 EDO 内存，如图 2.45 所示。这种内存需要双条搭配使用，价格依旧很贵。另外，仍然存在一些异类，例如，TOSHIBA 的某些机型，中国台湾 TWINHEAD(伦飞)的 8、9 系列。

EDO 内存主要用于古老的 MMX 和 486 机型，也有部分厂家在 Pentium II 的笔记本电脑中使用过 EDO 内存，这种 EDO 单条最高容量只有 64MB，而且由于 EDO 内存的工作电压为 5V，和 SDRAM 的 3.3V 相比更费电，所以很快就被 SDRAM 内存所取代。

2. 过渡阶段

笔记本电脑经历了 Pentium 时代，CPU 的速度已经越来越快，这时 Intel 公司提出了具有里程碑意义的内存技术——SDRAM，如图 2.46 所示。至此，笔记本电脑内存进入完全的标准内存时代。

图2.45　EDO笔记本电脑内存条

图2.46　SDRAM笔记本电脑内存条

市场上的标准笔记本电脑用的 SDRAM 都是 144pin 的 SO-DIMM 接口,而大部分 Pentium Ⅱ 和 Pentium Ⅲ笔记本电脑使用的就是 SDRAM 内存。SDRAM 内存的生产商和牌子很多,而且价格相对来讲都不是很贵,产品性能区别不大,比较著名的品牌有 Kingmax、Kinghorse、创见等。

SDRAM 的全称是 synchronous dynamic random access memory(同步动态随机存储器),就像它的名字所表明的那样,这种 RAM 可以使所有的输入输出信号保持与系统时钟同步。由于 SDRAM 的带宽为 64b,因此它只需要一条内存就可以工作,数据传输速率比 EDO 内存至少快了 25%。SDRAM 包括 PC66、PC100、PC133 等几种规格。

3. DDR 内存阶段

随着台式机 DDR 内存的推出,笔记本电脑也步入了 DDR 时代,最初比较流行的有 DDR266 和 DDR333 等规格,如图 2.47 所示。当时的 Pentium4-M、Pentium-M、P4 核心赛扬的机器都是采用 DDR 内存,也有少量的 Pentium3-M 机器早早跨入 DDR 时代。DDR 的原理并不复杂,它让原来一个脉冲读取一次资料的 SDRAM 可以在一个脉冲之内读取两次资料,也就是脉冲的上升沿和下降沿通道都利用上,因此 DDR 本质上也就是 SDRAM。而且相对于 EDO 和 SDRAM,DDR 内存更加省电(工作电压仅为 2.25V),单条容量更大。

开始大部分笔记本电脑都是用的 DDR266 内存,2002 年,Intel 855GME 芯片组的出现首先支持 DDR333,而早已经在台式机上得到普及的 DDR400 内存也很快在笔记本电脑上得到了普及,DDR 迅速接替了 SDRAM。

随时间推移,新一代的 Sonoma 架构选用了 9XX 系列移动芯片组设计,增加了对如图 2.48 所示 DDR2 内存规范的支持,DDR2 内存开始在移动设备中得到推广。

图2.47　1GB的DDR笔记本电脑内存条　　　图2.48　DDR2笔记本电脑内存条

DDR2 笔记本电脑内存技术从研发到应用比台式机内存复杂得多。DDR2-533 笔记本电脑内存从产品的外观上比台式机内存短小,这就要求制造厂商需要在很小的 PCB 上精密地印制上密密麻麻的电路。笔记本电脑内存的电气元件也显得非常袖珍,KINGXCON(金士刚)DDR2 笔记本电脑内存采用的是 0.1μm 制程,标准的 200 针,双向数据控制针脚。

2007 年,DDR3 内存开始出现,笔记本电脑也随之开始使用 DDR3 内存条,如图 2.49 所示。DDR3 内存的频率从 1066MHz 一直延伸到 2133MHz,是 DDR2 频率的两倍;由于工作电压降低,可以节约 16%的电能,同时预读取提高 50%,是 DDR2 标准的两倍。DDR3 分为 DDR3 标准电压版和 DDR3L 低电压版,二者的区别在于 DDR3 是标准的 1.5V 电压内存,而 DDR3L 是 1.35V 低电压内存。

笔记本电脑的硬件发生了许多变革,从 CPU 到显卡都有了更高性能、更低功耗的全新架构,只有内存发展较慢。2016 年 6 月金士顿才推出了一款专门针对笔记本电脑升级更换使用的 DDR4 系统指定内存,具体型号为 KCP421SD8/8,如图 2.50 所示,采用 DDR4

笔记本电脑通用插槽的金手指默认 1.2V 超低电压、单条 8GB 容量与 2133MHz 的主频。在默认频率下，内存的读取、写入、复制分别为 27 343MB/s、31 601MB/s、29 022MB/s，而延迟时间为 88.8ns。

图2.49   DDR3笔记本电脑内存

图2.50   DDR4笔记本电脑内存

2.3.4   内存的选购

系统物理内存的容量对于一台机器的性能有着很大的影响，特别是运行一些大型程序和多窗口工作的时候，内存的多少就显得十分重要。虽然不能说内存越多越好，但大容量的物理内存的好处也是显而易见的。用户在购买内存的时候往往都存有疑虑，不知道所购买的内存的质量到底如何，下面一起来看看选购内存时应该注意的一些问题。

1. 台式机内存的选购

1）做工

通常大厂生产的内存做工一流，线路走线十分清晰，如果 PCB 上部有许多蛇行线，有利于提高内存的电气性能，不容易受到外来电磁的干扰。此外，做工细致的内存条可以确认不是手工打磨的内存。还得注意内存模块上印制的文字一定要清晰，如果内存模块上的文字模糊不清或者有许多白点，很可能是经过打磨的内存条，购买时一定要十分留心。市场上的 Kingmax PC100 就是通过这样改装成 PC133 内存来出售的。

2）尽量选购大厂的内存条

目前市场上知名的品牌主要有三星、HY(现代)、Kingmax、Kinghorse、Kingston 及宇瞻(Apacer)等。这些大厂的产品在出厂时都经过严格的检测，兼容性一般比杂牌产品好，稳定性也更佳。从价格上来看,目前名牌内存和杂牌内存相差不大,但名牌内存在质量上却比杂牌内存高很多。电脑对内存要求比较严格,因此不建议大家选购杂牌的产品。

当然,要看品牌,更要看质量。售后服务也是一个重要的考虑因素,这方面同样是品牌内存做得比较好,不过也有一些品牌内存的知名度很高,但由于价格和渠道的问题,市场占有率较低,从而导致售后体系不完善、售后服务质量较差,这种品牌的内存也最好不要购买。

3) 避开返修货

由于内存价格都是非常透明的,在各大媒体网站上都有相应内存品牌的报价,差价只有20~30元,购买时不要为了这点钱和商家斤斤计较。碰到特别便宜的内存条,要特别小心是否是返修货,因为这些返修的产品通常都可以正常使用一段时间,过了保修期或者超频的时候就会出现问题。

4) 金手指的光泽程度

要保证稳定的超频工作,金手指也是不可忽视的。看似普普通通的一个"信号传输接口",其实是为内存提供稳定特性的关键。

通常金手指都会采用电镀或化学沉金工艺,厚度一般在5μm左右,做工精良的产品会更厚,给人以厚实的感觉。好的金手指因为加入了镀层工艺,所以一定程度上防止了氧化,而没有做这类加工的产品则意味着从生产出来金属就已经开始被氧化了。氧化所带来的危害直接影响到电脑的稳定性,经常有开机不能点亮等问题。类似的问题多是由于金手指被氧化所引起的。可以说金手指使内存可以正常工作,如同主板一样,没有一个好的基础,再好的配件也无法发挥效能。

5) 内存颗粒很关键

内存颗粒的好坏直接影响到内存的性能,可以说也是内存最重要的核心元件。一些玩家喜欢通过观察内存颗粒上的信息,如颗粒厂家生产编号,相关颗粒的速度、规格信息等,来判断内存好不好超频。从某种意义上说,一款内存是否好超频,取决于颗粒的品质。由于目前内存市场的混乱,许多内存厂商使用的颗粒也比较混乱。

2. 笔记本电脑内存的选购

1) 做工

怎样分辨一条笔记本电脑内存的做工是好还是差呢?主要是注意如下两个方面。

首先是目测。把内存条侧放于光线明亮的地方,仔细观察金手指部位是否呈纯金褐色,如果呈现出深褐色,就说明已经被氧化了,说明该产品已经存放了很久,最好不要购买;如果有金属磨痕,就表示曾经被插拔过,这在一般情况下是正常的,因为内存条出厂前要插拔测试,不过有些则是使用过的返修产品,当然这很难判别。

其次是看编号。如果内存条与颗粒的编号不一致,有可能就是组装的。然后再反复地摩擦几下编号上的字迹,有些组装货便会出现掉字的现象。还可以检查内存条的PCB。内存条是由芯片与PCB(印制电路板)组成的,PCB的好坏会直接影响整个内存条的性能。六层板的抗干扰能力较强,在工作时比四层板要稳定一些。最后就是看内存条上打标的多少,总代理商出货要打标一次,二级代理商打标一次,如果打标超过两个,就有可能是返修产品。

2) 检验

在购买内存的时候务必携带笔记本电脑一同前往,这样有两个好处:一是可现场检验所购内存条的兼容性，具体就是插上内存条后看笔记本电脑能否启动，显示的内存容量是否正确；二是可检验内存条的稳定性，有些笔记本电脑插上内存条后能启动，在 DOS 下也一切正常，可进入 Windows 后就会出现问题，例如容易死机、常重启或出错等，这是因为 DOS 对内存条的要求远低于 Windows，特别是 Windows XP。因此，插上新的内存条后一定要进入 Windows 系统运行一些大的程序，例如 Photoshop、3ds Max 或一些大型的 3D 游戏。

当然也可使用一些专业的内存测试软件，如 DocMemory，这是一款免费软件，具体使用方法参照本书内存测试工具部分。

2.4　硬　　盘

硬盘有固态硬盘(SSD，新式硬盘)、机械硬盘(HDD，传统硬盘)、混合硬盘(HHD，一块基于传统机械硬盘诞生的新硬盘)。SSD 采用闪存颗粒来存储，HDD 采用磁性碟片来存储，混合硬盘(hybrid hard disk，HHD)是把磁性硬盘和闪存集成到一起的一种硬盘。绝大多数硬盘都是固定硬盘，被永久性地密封固定在硬盘驱动器中，所以一般认为硬盘(hard disk)即硬盘驱动器。

2.4.1　硬盘概述

1. 硬盘的发展历程

由于机械硬盘体积小、容量大、速度快、使用方便，2000 年前的产品一直是 PC 的标准配置。它由一个或者多个铝制或者玻璃制的碟片作为盘基，这些碟片外覆盖有铁磁性材料，磁层可以采用甩涂工艺制成，此时磁粉呈不连续的颗粒；也可以用电镀、化学镀和溅射等方法制取连续膜磁盘。机械硬盘的结构如图 2.51 所示。

(a) 硬盘的外部结构

(b) 硬盘的内部结构

图2.51　机械硬盘的结构

从第一块硬盘 RAMAC 的产生到现在单碟容量高达 15GB 的硬盘，硬盘也经历了几代的发展，以下介绍其历史及发展。

1956 年 9 月，IBM 的一个工程小组向世界展示了第一台磁盘存储系统 IBM 350 RAMAC(random access method of accounting and control)，其磁头可以直接移动到盘片上的任何一块存储区域，从而成功地实现了随机存储。这套系统的总容量只有 5MB，共使用了 50 个直径为 24 英寸的磁盘。这些盘片表面涂有一层磁性物质，它们被叠起来固定在一起，绕着同一个轴旋转。此款 RAMAC 在当时主要用于飞机预约、自动银行、医学诊断及太空领域。

1968 年，IBM 公司首次提出"温切斯特(Winchester)"技术，探讨对硬盘技术做重大改造的可能性。"温切斯特"技术的精髓是"密封、固定并高速旋转的镀磁盘片，磁头沿盘片径向移动，磁头悬浮在高速转动的盘片上方，而不与盘片直接接触"，这也是现代绝大多数硬盘的原型。

1973 年，IBM 公司制造出第一台采用"温切斯特"技术的硬盘 IBM 3340(见图2.52)，从此硬盘技术的发展有了正确的结构基础。它的容量为 60MB，转速略低于 3000r/min，采用 4 张 14 英寸盘片，存储密度为 1.7MB 每平方英寸。

图2.52　IBM 3340硬盘

1979 年，IBM 再次发明了薄膜磁头，为进一步减小硬盘体积、增大容量、提高读写速度提供了可能。

到20世纪80年代末期,IBM对硬盘的发展又做出一项重大贡献,即发明了MR(magneto resistive)磁阻技术。这种磁头在读取数据时对信号变化相当敏感，使得盘片的存储密度比以往 20MB 每平方英寸提高了数十倍。

1991 年，IBM 生产的 3.5 英寸的硬盘使用了 MR 磁头，使硬盘的容量首次达到了 1GB，从此硬盘容量开始进入 GB 数量级。

1999 年 9 月 7 日，Maxtor 宣布了首块单碟容量高达 10.2GB 的 ATA 硬盘，从而把硬盘的容量引入了一个新的里程碑。

2000 年 2 月 23 日，希捷发布了转速高达 15 000r/min 的 Cheetah X15 系列硬盘，其平均寻道时间仅 3.9ms，是有始以来转速最高的硬盘，阅读一整部 Shakespeare 只用 0.15s。此系列产品的内部数据传输率高达 48MB/s，数据缓存为 4～16MB，支持 Ultra160、SCSI 及 Fibre Channel(光纤通道)，这将硬盘外部数据传输率提高到了 160～200MB/s。希捷的 Cheetah X15 系列产品将硬盘的性能提高到了一个新的里程碑。

2000 年 3 月 16 日，硬盘领域又有新突破，第一款"玻璃硬盘"问世，这就是 IBM 推出的 Deskstar 75GXP 及 Deskstar 40GV，这两种硬盘均使用玻璃取代传统的铝作为盘片材料，为硬盘带来更大的平滑性及更高的坚固性。另外，玻璃材料在高转速时具有更高的稳定性。Deskstar 75GXP 系列产品的最高容量达 75GB，是当时最大容量的硬盘，而 Deskstar 40GV 的数据存储密度则高达 14.3Gb/in^2(十亿数据位每平方英寸)，再次刷新了当时数据存储密度的世界纪录。

2007 年 1 月，日立环球存储科技公司宣布发售全球首只 1Terabyte 的硬盘。2010 年 12 月，日立环球存储科技公司宣布，将向全球 OEM 厂商和部分分销合作伙伴推出 3TB、2TB 和 1.5TB Deskstar 7K3000 硬盘系列。

2021 年 2 月 25 日，全球领先的数据存储与管理解决方案提供商希捷科技(NASDAQ: STX)在 2021 年世界移动通信大会(Mobile World Congress)展出了希捷银河(Exos)18TB 硬盘、希捷银河(Exos)2X14 双磁臂硬盘以及希捷银河(Exos)高密度存储系统等企业级数据存储解决方案。

2. 硬盘的发展趋势

伴随 5G 技术和 IoT(物联网)的不断发展，智联万物的技术及应用正在走进现实，数据量每三年就会翻一番，企业需要新的手段来获取业务价值。5G 基站与微基站的建设、5G+智能驾驶、智能制造、智慧医疗等诸多应用场景为海量数据全生命周期的管理带来挑战。未来热点是满足智能互联时代数据存储需求的解决方案。

1) 全息存储

全息存储是受全息照相的启发而研制的，明白全息照相的技术原理后，对于全息存储就可以更好地理解。在拍摄全息照片时，对应的拍摄设备并不是普通照相机，而是一台激光器。该激光器产生的激光束被分光镜一分为二，其中一束被命名为"物光束"，直接照射到被拍摄的物体上，另一束则被称为"参考光束"，直接照射到感光胶片上。当物光束照射到所摄物体之后，形成的反射光束同样会照射到胶片上，此时物体的完整信息就能被胶片记录下来，全息照相的摄制过程就这样完成了。乍看上去，全息照片上只有一些乱七八糟的条纹，但当使用一束激光去照射这张照片时，真实的原始立体图像就会栩栩如生地展现出来。

2) 蛋白质存储

蛋白质存储是基于从细菌中抽取的 Bacteriorhodopsin。Bacteriorhodopsin 是一个能以多种化学状态存在的有机分子，因为每种状态有不同的光吸收率，因此比较容易检测出分子处于哪一种状态。通过选择两种状态，一种为二进位的 0，另一种为二进位的 1，可使用这种特性作为存储装置。

目前已有一台蛋白质存储原型样机，用了 1 英寸×1 英寸×2 英寸的立方体，能够存储 100MB/s 的数据。这个原型的开发者估计两个立方英寸装置最后可以存储 125GB/s 的数据。

3) 混合硬盘

希捷 2011 年推出所谓固态混合硬盘 SSHD 产品。混合硬盘是机械硬盘与固态硬盘的结合体，主盘体和机械硬盘是一样的，但是在电路板部分增加了 SSD 模块和闪存颗粒。结合了两者优点的混合硬盘也继承了两者的缺点，比如抗震性能差、单颗闪存颗粒导致擦写次数受到了严重制约等。一般来说，SSD 的速度够快，但容量小，价格贵；HDD 虽然速度一般，但容量大，价格便宜。SSHD 的出现旨在平衡价格、容量及性能三者的尖锐关系。

4) 固态硬盘

固态硬盘(solid state disk、IDE flash disk)如图 2.53 所示，也称作电子硬盘或者固态电子盘，是由控制单元和存储单元(Flash 芯片)组成，简单地说就是用固态电子存储芯片阵列而制成的硬盘。固态硬盘在接口规范和定义、功能及使用方法上与普通硬盘完全相同，在产品外形和尺寸上也完全与普通硬盘一致。固态硬盘广泛应用于军事、车载、工控、视频监控、网络监控、网络终端、电力、医疗、航空、导航设备等领域。

图2.53　固态硬盘

固态硬盘相比机械硬盘有很多优点：存取速度快、防震抗摔、发热低、零噪声、体积小，但是也存在成本高、容量小、寿命相对较短等缺点。

自 1989 年世界上第一款固态硬盘出现以来，其发展非常迅速。固态硬盘的存储介质分为两种：一种是采用闪存(Flash 芯片)作为存储介质，另外一种是采用 DRAM 作为存储介质。基于闪存的固态硬盘(IDE flash disk、serial ATA flash disk)采用 Flash 芯片作为存储介质，这也是我们通常所说的 SSD。它的外观可以被制作成多种模样，如笔记本电脑硬盘、微硬盘、存储卡、U 盘等样式。基于 DRAM 的固态硬盘采用 DRAM 作为存储介质，目前应用范围较窄。

多家存储器厂商推出了自己的便携式固态硬盘，更有支持 Type-C 接口的移动固态硬盘和支持指纹识别的固态硬盘推出。现在已有多家厂商推出 4TB 的固态硬盘。

近两年固态硬盘的价格不断下滑，技术不断革新，相比机械硬盘速度上的超越不容置疑。2003 年，一个 120GB 的硬盘售价在 132～188 美元，2021 年第一季度存储芯片、内存价格短暂转涨，240GB SSD 报价由 24.2 美元上涨至 24.6 美元；480GB SSD 报价由 44 美元上涨至 44.5 美元，可见 SSD 的降价是大势所趋。

2.4.2　硬盘的性能指标

1. 容量

硬盘作为计算机系统的数据存储器，容量是其最主要的参数，决定着个人电脑的数据存储能力，这也是用户购买硬盘首先要注意的参数之一。

对于用户而言，硬盘的容量就像内存一样，永远只会嫌少不会嫌多。Windows 操作系统带来的除了更为简便的操作外，还带来了文件大小与数量的日益膨胀，一些应用程序动辄就要占用上百兆的硬盘空间，而且还有不断增大的趋势。因此，在购买硬盘时适当的超前是明智的。近两年，主流硬盘容量为 500GB～2TB。

硬盘的容量指标还包括硬盘的单碟容量。所谓单碟容量是指硬盘单个盘片的容量，单碟容量越大，单位成本越低，平均访问时间也越短。

2. 转速

转速(rotational speed 或 spindle speed)是指硬盘盘片每分钟转动的圈数，单位为 r/min，有时记作 rpm。硬盘的转速越快，硬盘寻找文件的速度也就越快，相对的硬盘的传输速率也就得到了提高。

高转速硬盘肯定是计算机用户的首选，家用的普通台式机硬盘的转速以 5400r/min、7200r/min 为主；而对于笔记本电脑用户则是以 5400r/min 为主，虽然已经有公司发布了 7200r/min 的笔记本电脑硬盘，但在市场上还较为少见；服务器用户对硬盘性能的要求最高，服务器中使用的 SCSI 硬盘转速基本都采用 10 000r/min，还有 15 000r/min 的，性能要超出家用产品很多。

3. 平均访问时间

平均访问时间(average access time)是指磁头从起始位置到达目标磁道位置，并且从目标磁道上找到要读写的数据扇区所需的时间。

平均访问时间体现了硬盘的读写速度，它包括硬盘的寻道时间和等待时间，即平均访问时间=平均寻道时间+平均等待时间。

硬盘的平均寻道时间(average seek time)是指硬盘的磁头移动到盘面指定磁道所需的时间。这个时间越小越好，目前硬盘的平均寻道时间通常为 8～12ms，而 SCSI 硬盘则小于或等于 8ms。

硬盘的等待时间，又叫潜伏期(latency)，是指磁头已处于要访问的磁道，等待所要访问的扇区旋转至磁头下方的时间。平均等待时间为盘片旋转一周所需时间的一半，一般在 4ms 以下。

4. 传输率

硬盘的数据传输率(data transfer rate)是指硬盘读写数据的速度，即衡量硬盘速度的一个重要参数，它与硬盘的转速、接口类型、系统总线类型有很大关系，单位为兆字节每秒(MB/s)。硬盘数据传输率又包括内部数据传输率和外部数据传输率。

内部传输率(internal transfer rate)也称为持续传输率(sustained transfer rate)，它反映了硬盘缓冲区未用时的性能。内部传输率主要依赖硬盘的旋转速度。

外部传输率(external transfer rate)也称为突发数据传输率(burst data transfer rate)或接口传输率，是指计算机从硬盘中准确找到相应数据并传输到内存的速率，以每秒可传输多少兆字节来衡量(MB/s)。它标称的是系统总线与硬盘缓冲区之间的数据传输率，外部数据传输率与硬盘接口类型和硬盘缓存的大小有关，IDE 接口目前最高的数据传输率是 133MB/s，SATA 已经达到了 600MB/s，SCSI 最高可达 320MB/s。

串口硬盘是一种完全不同于并行 ATA 的新型硬盘接口类型，由于采用串行方式传输数据而知名。相对于并行 ATA 来说，其具有非常多的优势。首先，Serial ATA 以连续串行的方式传送数据，一次只会传送 1 位数据。这样能减少 SATA 接口的针脚数目，使连接电缆数目变少，效率也会更高。实际上，Serial ATA 仅用 4 支针脚就能完成所有的工作，分别用于连接电缆、连接地线、发送数据和接收数据，同时这样的架构还能降低系统能耗和系统复杂性。其次，Serial ATA 的起点更高、发展潜力更大。Serial ATA 1.0 定义的数据传输率可达 150MB/s，这比最快的并行 ATA(即 ATA/133)所能达到的最高数据传输率还高，而 Serial ATA 2.0 的数据传输率达到 300MB/s，最终 SATA 将实现 600MB/s 的最高数据传输率。

5. 磁头技术

磁阻磁头技术(magneto resistive head)是一种比较传统的硬盘磁头技术，完全基于磁电阻效应工作，电阻随磁场的变化而变化。其原理就是：通过磁阻元件连接的一个十分敏感的放大器可以测出微小的电阻变化。所以，先进的 MR 技术可以提高记录密度来记录数据，增加单碟片容量即硬盘的最高容量，提高数据传输速率。

巨型磁阻磁头(GMR)采用巨型磁阻磁头技术，其读、写工作分别由不同的磁头来完成，这种变化有效地提高了硬盘的工作效率，并使增大磁道密度成为可能。

OAW(光学辅助温式技术)是未来磁头技术的发展方向，应用这种技术，未来的硬盘可以在 1 平方英寸面积内写入 105 000 个以上的磁道，单碟容量有望突破 36GB。

6. 防震技术

SPS 防震保护系统的设计思路就是分散外来冲击能量，尽量避免硬盘磁头和盘片之间意外撞击，使硬盘能够承受 1000g 以上的意外冲击力；ShockBlock 防震保护系统虽然是 Maxtor 公司的专利技术，但其设计思路和防护风格与昆腾公司的 SPS 技术有异曲同工之处，也是为了分散外来的冲击能量，尽量避免磁头和盘片相互撞击，但它能承受的最大冲击力可以达到 1500g 甚至更高。

7. 数据保护技术

数据保护技术可以分为以下几种。

一是 S.M.A.R.T 技术，全称是 self-monitoring analysis and reporting technology。由硬盘的监测电路和主机上的监测软件对被监测对象的运行情况与历史记录及预设的安全值进行分析、比较，当出现安全值范围以外的情况时，会自动向用户发出警告。它是目前绝大多数硬盘普遍采用的通用安全技术，应用 S.M.A.R.T 技术，用户能够预先测量出某些硬盘的特性。

二是数据安全技术。西部数据(WD)公司的数据卫士能够在硬盘工作的空余时间里，每 8 个小时自动执行硬盘扫描、检测、修复盘片的各扇区等步骤，其操作完全是自动运行，无须用户干预与控制，特别是对初级用户与不懂硬盘维护的用户十分适用。再如 DPS(数据保护系统)，昆腾公司在推出火球 7 代硬盘以后，从 8 代开始的所有硬盘中，都内建了 DPS 模式。其工作原理是在硬盘的前 300MB 内，存放操作系统等重要信息，DPS 可在系统出现问题后的 90s 内自动检测恢复系统数据，如果不行，则启用随硬盘附送的 DPS 软盘，进入程序后，DPS 模式会自动分析造成故障的原因，尽量保证用户硬盘上的数据不受损失。

三是 MaxSafe 技术，它是迈拓公司在其金钻二代以后普遍采用的技术。该技术的核心就是将附加的 ECC 校验位保存在硬盘上，使硬盘在读写过程中，每一步都要经过严格的校验，以此来保证硬盘数据的完整性。

5G、物联网、人工智能、大数据等技术正推动数字化新局面。为企业应对海量数据挑战，存储新技术层出不穷。2021 年世界移动通信大会上，希捷就展出了一系列软硬件创新技术，包括 HAMR、MACH.2、CORTX 等。

2.4.3 笔记本电脑硬盘

笔记本电脑硬盘是专为像笔记本电脑这样的移动设备而设计的，具有体积小、低功耗、防震等特点。从产品结构和工作原理看，笔记本电脑硬盘和台式机电脑硬盘并没有本质的区别，一般笔记本电脑硬盘都是 2.5 英寸的，更小巧的做到了 1.8 英寸。

1. 笔记本电脑硬盘的特点

笔记本电脑硬盘最大的特点就是体积小巧，目前标准产品的直径仅为 2.5 英寸(还有 1.8 英寸甚至更小的)，厚度也远低于 3.5 英寸硬盘。一般厚度仅有 7～12.5mm，重量在 100g 左右，绝对称得上是小巧玲珑。笔记本电脑内部空间狭小、散热不便，且电池能量有限，再加上移动中难以避免的磕碰，因而对其部件的体积、功耗和坚固性等提出了很高的要求。

笔记本电脑硬盘与台式机硬盘相比，价格上也要高一些。笔记本电脑硬盘的技术要求和处理难度相对较高，因而在成本上也会提高不少。

笔记本电脑硬盘的性能和台式机硬盘的性能差距仍然很大，虽然现在笔记本电脑硬盘转速已经可以达到 7200r/min，但由于笔记本电脑硬盘采用的是 2.5 英寸盘片，即使转速相同时，外圈的线速度也无法和 3.5 英寸盘片的台式机硬盘相比。硬盘成为绝大多数笔记本电脑的性能瓶颈。

2. 笔记本电脑硬盘的相关参数

1) 尺寸

笔记本电脑所使用的硬盘一般是 2.5 英寸，而台式机为 3.5 英寸，两者的制作工艺和技术参数不同。首先，2.5 英寸硬盘只是使用一个或两个磁盘进行工作，而 3.5 英寸硬盘最多可以装配五个磁盘进行工作；其次，由于 3.5 英寸硬盘的磁盘直径较大，可以相对提供较大的存储容量。如果只是进行区域密度存储容量比较，2.5 英寸硬盘的表现也令人相当满意。笔记本电脑硬盘是笔记本电脑中为数不多的通用部件之一，基本上所有的笔记本电脑硬盘都可以通用。

2) 厚度

硬盘厚度是笔记本电脑硬盘特有的参数。厚度会直接影响厂商制造轻便笔记本电脑的可能性，于是这一课题永远都没有退热的迹象。标准的笔记本电脑硬盘有 7、9.5、12.5、17.5mm 四种厚度。目前主流笔记本电脑硬盘以 2.5 英寸为主，厚度均在 9.5mm 以下，厚度大于 9.5mm 的一般只能在早期的产品上找到。在互相缩减厚度的竞争中，TOSHIBA 推出了独有的 7mm 厚度的 1.8 英寸硬盘。

3) 磁头技术

由于应用程序越来越庞大，硬盘容量也有愈来愈高的趋势。对于笔记本电脑的硬盘来说，不但要求其容量大，还要求其体积小。为解决这个矛盾，笔记本电脑的硬盘普遍采用了磁阻磁头(MR)技术或扩展磁阻磁头(MRX)技术。MR 磁头以极高的密度记录数据，从而增加了磁盘容量，提高了数据吞吐率，同时还能减少磁头数目和磁盘空间，提高磁盘的可靠性和抗干扰、震动性能。它还采用了诸如增强型自适应电池寿命扩展器、PRML 数字通道、新型平滑磁头加载/卸载等高新技术。

3. 笔记本电脑硬盘的技术指标

1) 硬盘缓存

硬盘缓存的作用类似于 CPU 中的一、二级高速缓存，主要用来缓解速度差和实现数据预存取等作用。硬盘的数据缓存也随着硬盘的不断发展而不断增大，早期硬盘的数据缓存只有 128KB 甚至更小，而那时 2MB 的数据只能在高端的 SCSI 硬盘上看到。在接口技术已经发展到一个相对成熟的阶段时，缓存的大小与速度是直接关系到硬盘的传输速率的重要因素。缓存是硬盘与外部总线交换数据的场所。硬盘读数据的过程是将磁信号转化为电信号后，通过缓存一次次地填充与清空，再填充，再清空，一步步按照 PCI 总线的周期送出。可见，缓存的作用是相当重要的。

2) 防震能力

抗震性能是数据安全的命脉，由于笔记本电脑需要经常移动，所以完全可以将笔记本电脑的硬盘当成一个移动硬盘来看待。当今市场上的绝大部分笔记本电脑硬盘，都通过对其读写磁头的控制来降低高强度震动对于硬盘的损坏。当然，这样的抗震动能力是有限的。厂商所标称的 1000g 抗震等技术参数只适用于非运行状态，如果在磁盘运行过程中受到强烈的震动，那么硬盘的损坏依然不可避免。作为龙头老大的 IBM，开发出了由电子芯片参与的主动硬盘防震保护来进一步对脆弱的硬盘进行保护。在选购过程中，对于硬盘的抗震能力也不能忽略。

2.4.4 硬盘的选购

在选购硬盘的时候，考虑的基本因素主要有以下几点：接口、容量、速度、稳定性、缓存和质保，下面逐一进行分析。

1. 接口

从整体的角度上，硬盘接口分为 IDE、SATA、SCSI、光纤通道和 SAS 五种。IDE 接口硬盘多用于家用产品中，也部分应用于服务器；SCSI 接口的硬盘则主要应用于服务器市场；光纤通道只在高端服务器上使用，价格昂贵；SATA 是时下主流的硬盘接口类型，在家用市场中已逐渐取代 IDE。在 IDE 和 SCSI 的大类别下，又可以分出多种具体的接口类型，又各自拥有不同的技术规范，具备不同的传输速率，比如 ATA100 和 SATA；Ultra160 SCSI 和 Ultra320 SCSI 都代表一种具体的硬盘接口，各自的速度差异也较大。SAS 是新一代 SCSI 技术，提供与 SATA 硬盘的兼容性。

2. 容量

市场中硬盘的容量已经以 TB 为单位，目前的主流硬盘容量为 500GB～2TB，容量越大越好。还要注意的一点是，尽量购买单碟容量大的硬盘，单碟容量大的硬盘性能比单碟容量小的硬盘高。

3. 速度

现在市场上硬盘的转速主要有 15 000r/min、10 000r/min、7200r/min 和 5400r/min 四种。目前台式机的主流是 7200r/min，5400r/min 的产品已经很少了，大多是笔记本电脑硬盘或者服务器专用的，而且 5400r/min 的笔记本电脑硬盘和 7200r/min 的笔记本电脑硬盘只相差几十元。转速在 10 000r/min 以上的都是 SCSI 和最新的 SAS 硬盘，主要用在服务器上。

4. 稳定性

强大的稳定性是任何人都希望自己的系统所具有的，如果买了一个容量大、速度快的硬盘，偏偏稳定性不好，那将是很可惜的事情，所以在选购硬盘的时候，淘汰的东西不买，最新的东西也尽量不买。

5. 缓存

现在 8MB、16MB、32MB 缓存的硬盘价格相差并不大，只有 64MB 和 128MB 的价格稍高。大容量缓存可以很明显地提高硬盘性能，只不过价格还是有些偏贵。

6. 质保

质保是买任何东西都要考虑的一个问题，尤其是比较贵的东西。硬盘工作的时候总是在不停地高速运转，而且硬盘其实是很脆弱的东西，没有人希望自己所有重要的数据轻易损坏。在国内，对于硬盘的售后服务和质量保障这方面各个厂商做得还都不错，尤其是各品牌的盒装货还为消费者提供 3 年或 5 年的质量保证。千万不要买水货硬盘。

2.5　显　　卡

2.5.1　显卡概述

显卡，又称显示适配器，作用是控制显示器的显示方式。在显示器里也有控制电路，但起主要作用的是显卡。从总线类型分，显卡有 ISA、VESA、PCI、AGP(如图 2.54 所示)和 PCI Express(如图 2.55 所示) 5 种。现在，比较主流的是 PCI Express 显卡。

图2.54　AGP显卡

图2.55　PCI Express显卡

显卡的性能主要取决于显卡上使用的图形芯片。早期的图形芯片作用比较简单，每件事都由 CPU 去处理，它们只起传递显示信息的作用，这样就降低了显示速度，增加了 CPU 的工作量。随着图形操作系统 Windows 的出现，这种弊端越来越严重，于是出现了图形加速卡。现在大部分显卡都有加速芯片，这些芯片有图形处理功能，比如 Windows 要求画一个圆，只需要"告诉"显卡："给我画一个圆"，剩下的工作就由显卡来完成，不需要 CPU 再去计算如何画一个圆，从而减少了 CPU 的压力；不过这样的显卡要配上比较多的显示内存。有一些更高级的显卡，卡上有协处理器，它可以大大降低 CPU 处理图形的任务量。

2020 年 11 月，AMD 发布了加速计算卡 Instinct MI100，首次采用针对 HPC 高性能计算、AI 人工智能全新设计的 CDNA 架构，和面向游戏的 RDNA 架构截然不同。MI100 采用台积电 7nm 工艺制造，集成 120 个计算单元、7680 个流处理器，并专门加入 matrix core(矩阵核心)用于加速 HPC、AI 运算，还整合了 32GB HBM2 显存，支持 PCIe 4.0×16 和八卡并行，整卡功耗为 300W。

2021 年发布的 MI200 会采用下一代 CDNA 架构，搭载 HBM2E 显存，单个堆栈可以做到 16GB 容量，而现在 MI100 上集成的是 HBM2 显存，单个堆栈 8GB，四颗才达到 32GB。MI200 首次引入 MCM 多芯片封装，至少将两个内核封装在一起，组成了更大规模的 GPU。这也将是 AMD GPU 显卡历史上的第一次，早些年虽然有过双芯显卡，但都是同一块 PCB 上搭载两个独立的 GPU。

除了 Instinct 系列专业卡，RDNA 3 架构的下一代游戏显卡，预计也会采用 MCM 多芯片封装，这其中会涉及复杂的协调通信管理机制，AMD 也早就申请了 GPU 小芯片设计专利。这可能引领未来发展方向。

1. 显卡的工作原理

需要显示的数据离开 CPU，必须通过 4 个步骤，才会到达显示屏。显卡的工作原理如图 2.56 所示。

图2.56　显卡的工作原理示意图

(1) 数字数据从总线(bus)进入显卡芯片。

这里是将来自 CPU 的数据送到显卡芯片进行处理。

(2) 数字数据从显卡芯片进入显存。

这里是将芯片处理完的资料送到显存。

(3) 数字数据从显存进入 digital analog converter(RAMDAC)。

这里是由显存读取出资料再送到 RAMDAC 进行数据转换的工作，将数字数据转换为模拟信号。

(4) 模拟信号从 RAMDAC 进入显示器。

这里是将转换完的模拟信号送到显示器。

2. 显卡的结构

显卡的主要部件包括 PCB、显示芯片、显示内存、接口等。显卡的结构如图 2.57 所示。

图2.57　显卡的结构

1) PCB

PCB 是一块显卡的基础，所有的元件都要集成在 PCB 上，所以 PCB 也影响着显卡的质量。目前显卡主要采用黄色和绿色 PCB，而蓝色、黑色、红色等也有出现，虽然颜色并不影响性能，但它们在一定程度上会影响显卡出厂检验时的误差率。另外，目前不少显卡采用 4 层板设计，而一些做工精良的大厂产品多采用 6 层 PCB，抗干扰性能要好很多。PCB 的好坏直接影响显示的稳定性。

2) 显示芯片

一般来说，显卡上最大的芯片就是显示芯片，显示芯片的质量高低直接决定了显卡的优劣。作为处理数据的核心部件，显示芯片可以说是显卡上的 CPU，一般的显卡大多采用单芯片设计，而专业显卡则往往采用多个显示芯片，比如 ATI RAGE MAXX 和大名鼎鼎的 3DFX Voodoo5 系列显卡。显示芯片按照功能来说主要分为"2D"(如 S3 64v+)、"3D"(如 3DFX Voodoo)和"2D+3D"(如 Geforce MX)几种，目前流行的主要是"2D+3D"的显示芯片。现在主流的显示芯片为 256 位，目前已推出最大显示芯片位宽为 512 位，是由 Matrox(迈创)公司推出的 Parhelia-512 显卡，这是世界上第一颗具有 512 位宽的显示芯片。"位"是显示芯片性能的一项重要指标，但并不能按照数字倍数简单判定速度差异。

3) 显示内存

与系统主内存一样，显示内存同样也是用来存放数据的，不过存储的只是图像数据。主内存的容量越大，存储数据的速度就越快，整机性能就越高。同样道理，显存是用来存储等待处理的图形数据信息的，分辨率越高，屏幕上显示的像素点也越多，相应所需的显存容量也较大。显存的大小也直接决定了显卡的整体性能，显存容量越大，分辨率就越高。

4) RAMDAC

RAMDAC(random access memory digital to analog converter,随机数模转换记忆体)的作用是把数字图像数据转换成计算机显示需要的模拟数据。显示器收到的是 RAMDAC 处理过后的模拟信号。由于 RAMDAC 是一块单向不可逆电路,故经过 RAMDAC 处理的模拟信号不可能再被转换成数据。早期显卡的 RAMDAC 频率一般为 300MHz,很快发展到 350MHz。目前主流的显卡 RAMDAC 频率都能达到 400MHz,已满足和超过目前大多数显示器所能提供的分辨率和刷新率。

5) VGA BIOS

VGA BIOS 存在于 Flash ROM 中,包含显示芯片和驱动程序间的控制程序、产品标识等信息。目前大多数 Flash ROM 芯片都可以通过专用程序进行升级,改善显卡性能,甚至可以给显卡带来改头换面的效果。

6) 视频输入输出端口

VGA 插座一般为 15pin RGB 接口,某些书籍及报刊称为 D-SUB 接口。显卡与显示器之间的连接需要 VGA 插座来完成,它负责向显示器输出图像信号。在一般显卡上都带有一个 VGA 插座,但也有部分显卡带有两个 VGA 插座,使一块显卡可以同时连接两台显示器,比如 MGA G400DH 和双头 GeForce MX。另外,部分显卡还同时带有视频输入(video in)端口、视频输出(video out)端口、S 端子或数字 DVI 接口。视频输出端口和 S 端子的出现使得显卡可以将图像信号传输到大屏幕彩电中,获取更佳的视觉效果。

2.5.2 显卡的性能指标

1. 最大分辨率

当一个图像被显示在屏幕上时,它是由无数小点组成的,这些小点被称为像素(pixel)。最大分辨率是指显卡能在显示器上描绘像素点的最大数量,一般以"横向点数×纵向点数"表示。

2. 色深

像素描绘的是屏幕上极小的一个点。每一个像素可以被设置为不同的颜色和亮度,像素的每一种状态都是由 3 种颜色(红、蓝、绿)所控制的,当它们都处于最大亮度时,像素就呈现为白色,反之,像素为黑色。像素的颜色数称为色深,该指标用来描述显卡能够显示多少种颜色,一般以多少色或多少位色来表示。如 8 位色深可以显示 256 种颜色;16 位色深可显示 65 536 种颜色,称为增强色;24 位色深可以显示 16M 种颜色,称为真颜色。所以,色深的位数越高,所能看见的颜色就越多,屏幕画面的质量就越好。但色深增加时,也增大了显卡所要处理的数据量,这就要求显卡配有更大显示内存并具有更高的转换速率。

3. 刷新频率

刷新频率是指图像在显示器上更新的速度,也就是图像每秒在屏幕上出现的帧数,单位为赫兹(Hz)。刷新频率越高,屏幕上图像的闪烁感就越小,图像越稳定,视觉效果也越好。一般刷新频率在 75Hz 以上时,人眼对影像的闪烁才不易察觉。这个性能指标与显卡上 RAMDAC 的转换速度有关。

4. AGP 纹理

AGP 纹理是指在系统内存大于 64MB 的前提下，使用系统内存来弥补显卡在处理大容量纹理贴图时所需要的显存容量。然而并不是所有使用 AGP 接口的显卡都具备这一功能。

5. 三角形生成数量

三维显卡的主要指标中，有一项是"每秒钟可生成多少万个三角形"或"每秒钟可处理多少三角形"。微型机显示三维图形时，首先是用多边形建立三维模型，然后再进行着色等其他处理，物体模型组成的三角形数量多少，将直接影响重现后物体外观的真实性。显卡每秒生成三角形的数量越多，也就能在保障图形显示帧速率的前提下，为物体模型建立更多的三角形，以提高三维模型的分辨率。

6. 像素填充率和纹理贴图量

像素填充率也是衡量三维显卡性能的主要指标之一。像素填充率决定了三维图形显示时可能达到的最高帧速率，直接影响三维显卡运行时的显示速度。有些显卡没有提供像素填充率，但提供了纹理贴图量，比如每秒能处理多少兆字节的纹理贴图等，其意义和数据都与像素填充率相近。

7. 32 位彩色渲染

表示显卡可以对所显示的图形中的景物采用 32 位真彩色进行光线和纹理贴图处理，位数越大，表明渲染时所使用的颜色数量越多。

8. 32 位 Z 缓冲

在三维图形处理中，Z 参数用于表示景物在空间的纵深位置，Z 缓冲位数越大，表明处理景物时定位越精细、准确。

9. 支持的 API

API 是应用程序接口，显卡是否支持 API 由显卡所使用的图形处理芯片决定，但通常都能支持 DirectX 和 OpenGL 等，使用 Voodoo 系列芯片的还支持专用的 Glide。显卡能支持的图形 API 越多，表明该显卡的功能越强，应用范围也越广。

2.5.3 笔记本电脑显卡

笔记本电脑显卡又叫移动显卡，是相对台式机使用的桌面显卡而制造的笔记本电脑显卡，具有体积小、功率低的特点。

1. 笔记本电脑显卡的基本构成

1）GPU

GPU 全称是 graphic processing unit，中文翻译为"图形处理器"。它是 nVIDIA 公司在发布 GeForce 256 图形处理芯片时首先提出的概念。GPU 使显卡减少了对 CPU 的依赖，并承担部分原本 CPU 的工作，尤其是在处理 3D 图形时。GPU 所采用的核心技术有硬件

T&L、立方环境材质贴图和顶点混合、纹理压缩和凹凸映射贴图、双重纹理四像素 256 位渲染引擎等，而硬件 T&L 技术可以说是 GPU 的标志。

2) 显示卡

显示卡(display card)的基本作用就是控制计算机的图形输出，由显示卡连接显示器，才能够在显示屏幕上看到图像。显示卡由显示芯片、显示内存、RAMDAC 等组成，这些组件决定了计算机屏幕上的输出，包括屏幕画面显示的速度、颜色，以及显示分辨率。显示卡从早期的单色显示卡、彩色显示卡、加强型绘图显示卡，一直到 VGA(video graphic array)显示绘图数组，都是由 IBM 主导显示卡的规格。VGA 在文字模式下为 720×400 像素分辨率，在绘图模式下为 640×480 像素，即 16 色，或 320×200 像素，即 256 色，而此 256 色显示模式即成为后来显示卡的共同标准，因此通称显示卡为 VGA。后来各家显示芯片厂商更致力提升 VGA 的显示能力，从而有 SVGA(SuperVGA)、XGA(eXtended Graphic Array)等名词出现。近年来，显示芯片厂商将 3D 功能与 VGA 整合在一起，即成为目前所惯称的 3D 加速卡、3D 绘图显示卡。

3) 显存

显存，即显示内存的简称。顾名思义，其主要功能就是暂时存储显示芯片要处理的数据和处理完毕的数据。显示核心的性能愈强，需要的显存也就越多。以前的显存主要是 SDR 规格的，容量也不大，而现在市面上基本采用的都是 DDR 规格的，在某些高端卡上更是采用了性能更为出色的 GDDR6 显存。

2. 影响显卡性能的参数

1) 流处理器

流处理器的作用就是处理由 CPU 传输过来的数据，处理后转化为显示器可以辨识的数字信号。每个流处理器中都有专门的高速单元负责解码和执行流数据。片载缓存是一个典型的采用流处理器的单元，它可以迅速输入和读取数据从而完成下一步的渲染。

流处理器的数量对显卡性能有决定性作用，可以说高中低端的显卡除了核心不同外，最主要的差别就在于流处理器的数量。一般来说，流处理器数量越多，显卡的性能越强劲，比如拥有 640 个流处理器的显卡要比拥有 80 个流处理器的显卡高出几个档次。但是有一点要注意，就是 NV 和 AMD 显卡的流处理器数量不具有可比性，这两家的显卡核心架构不同，不能通过比较流处理器数量来看性能。一般情况下 NV 显卡的流处理器数量会明显少于 AMD，要从流处理器数量来看性能，只能自家的与自家的比，比如 3850 与 3450 相比，8600 与 8800 相比。

2) 核心频率

显卡的核心频率是指显示核心的工作频率，其工作频率在一定程度上可以反映显示核心的性能。

在同样级别的芯片中，核心频率高的则性能要强一些，提高核心频率就是显卡超频的方法之一。主流的显示芯片只有 ATI 和 nVIDIA 两家，两家都提供显示核心给第三方的厂商。在同样的显示核心下，部分厂商会适当提高其产品的显示核心频率，使其工作在高于显示核心固定的频率之上以达到更高的性能。

3) 显存位宽

显存位宽是显存在一个时钟周期内所能传送数据的位数，位数越大，则瞬间所能传输的数据量越大,这是显存的重要参数之一。目前市场上的显存位宽主要有128位、192位、256位、384位、512位和1024位六种,习惯上所称的128位显卡、256位显卡、384位显卡、512位显卡和1024位显卡就是指其相应的显存位宽。显存位宽越大,其性能也就越好。

一般来说,品牌显卡会在产品包装盒或显卡的PCB上标明显存位宽,而一些小厂商为了蒙骗用户,对显存位宽甚至不会做任何说明。显存位宽越大,性能越好,当然价格也就越高,因此1024位宽的显存更多应用于高端显卡。

2.5.4　显卡的选购

在选购显卡时可参考以下的考察过程。

1. 看显卡的特性、指标

这一步主要考察显卡的技术参数,例如显存大小,显存参数如位数、频率(带宽)等,具体可以根据前面的介绍选购。

2. 看显卡核心

这一步主要考察显卡的核心及图形处理器(GPU),新的GPU具有更强劲的性能和更多的技术特征,具体也可以根据前面的介绍选购。

3. 看做工

显卡是一个模拟电路和数字电路联合工作的部件,对做工要求比较高。杂牌厂商可能在用料上缩水,导致性能、稳定性方面的缺失。如果你对电路比较在行,那么可以查看工艺是否考究。

4. 看品牌

一流显卡品牌的设计、用料都比较可靠,但价格贵;二流显卡品牌稍弱,但性价比更好。除非有可靠的判断方法,或者只是临时使用,一般不要选择杂牌显卡。

5. 其他方面

经过上述考察,基本上可以锁定部分显卡型号。其他主要考虑价格和销售渠道,尤其要注意销售渠道的可靠性,避免购买后没有更换、维修和技术支持服务。

2.6　声　　卡

2.6.1　声卡概述

声卡是多媒体技术中最基本的组成部分,是实现声波/数字信号相互转换的一种硬件。声卡的基本功能是把来自话筒、磁带、光盘的原始声音信号加以转换,输出到耳机、扬声器、扩音机、录音机等设备,或通过音乐设备数字接口(MIDI)使乐器发出美妙的声音。2020

年 10 月 15 日，第三方数据分析机构艾媒咨询发布《2020—2021 年中国短视频/直播声卡设备领域应用发展白皮书》显示，在短视频直播行业迅猛发展的大背景下，声卡行业有望进入快速增长期。

1. 声卡的工作原理

声卡的工作原理其实很简单，麦克风和喇叭所用的都是模拟信号，而电脑所能处理的都是数字信号，两者不能混用，声卡的作用就是实现两者的转换。从结构上分，声卡可分为模数转换电路和数模转换电路两部分。模数转换电路负责将麦克风等声音输入设备采样到的模拟声音信号转换为电脑能处理的数字信号；而数模转换电路负责将电脑使用的数字声音信号转换为喇叭等设备能使用的模拟信号。

2. 声卡的结构

一般来说，一块完整的声卡主要由控制芯片、DSP 和 CODEC、功放芯片、各种端口等部分组成。

控制芯片是声卡的灵魂，它的任务是负责处理、控制音频数字信号，一块声卡支持哪些功能基本上取决于控制芯片的"能力"。

DSP 是声卡中的加速芯片，它要负责对信号进行运算，然后生成各种音效。有些 DSP 芯片还可以辅助 CPU 进行一些特定的运算，比如实现 MP3 解码功能、对输入的杜比数字音频信号流进行实时解码等；DSP 最突出的特色还在于可以提供对各种音效的支持。不过 DSP 对于声卡来说并不是绝对必要的，一些低档声卡(常常是集成声卡)往往会省略这一部分，而把相应的计算量转移到 CPU 上面，利用 CPU 的运算能力来完成这些工作。

声卡上的 CODEC 芯片负责数字信号与模拟信号之间的互相转换，严格来说，它包含 DAC(数字→模拟)和 ADC(模拟→数字)两部分。在数字信号一定的情况下，CODEC 的好坏关系到声卡回放和采集的音质。

考虑到各类声卡的复杂性，上面说的 3 个部分并不是绝对不变的，三者既可以相互分离又可以相互组合。

功放芯片即声音放大芯片，功能就是放大功率以推动喇叭发声工作。

声音输入/输出端口较简单，它的作用就是进行音频信号的输入和输出。它主要有外接端口和内接端口，外接端口基本上有"Speaker out(喇叭输出)"、"Line out(线性输出)"、"Line in(线性输入)"和"MIC in(麦克风输入)"。一般的喇叭输出经过声卡上功放芯片的简单处理，声音比较大，适合于无源音箱的接驳。不过，由于声卡上的功放芯片比较简单，声音效果通常都比较差。有源音箱一般都是用线性输出相连接，不过也有声卡综合了喇叭和线性输出，线性输入和麦克风输入只适用于录音。如果想将磁带或者其他媒介上的声音信号保存到电脑硬盘，线性输入成了很好的选择，录制个人声音采用麦克风输入即可。

内置的输入/输出端口基本上是 CD 音频接口，通过 3～4pin 的音频线直接和光驱连接，使用模拟信号。早期的操作系统，往往需要音频线才可以直接播放 CD。

MIDI 端口的作用就是连接电子乐器以及游戏控制器，目前看来作为游戏控制器连接口的比较多，用的手柄、摇杆多通过这个 15pin 的接口相连。由于早期设计的原因，它最多只能支持 8 个按键，已经有被淘汰的趋势。

2.6.2 声卡的性能指标

1. S/PDIF

S/PDIF 是 Sony、Philips 家用数字音频接口的简称,可以传输 PCM 流和 Dolby Digital、DTS 这类环绕声压缩音频信号,所以在声卡上添加 S/PDIF 功能的重大意义就在于让电脑声卡具备更加强大的设备扩展能力。S/PDIF 技术应用在声卡上的表现即是声卡提供了 S/PDIF In、S/PDIF Out 接口,如果有数字解码器或者带有数字音频解码的音箱,就可以使用 S/PDIF 接口作为数码音频输出,使用外置的 DAC(digital-analog converter,数字-模拟转换器,简称数模转换器)进行解码,以达到更好的音质。

S/PDIF 接口一般有两种:一种是 RCA 同轴电缆接口,另一种是 TOSLINK 光缆接口。其中,RCA 接口的优点是阻抗恒定、有较宽的传输带宽。在国际标准中,S/PDIF 需要 BNC 接口 75Ω电缆传输,然而很多厂商由于各种原因大多使用 RCA 接口甚至使用 3.5mm 的小型立体声接口进行 S/PDIF 传输。

2. 采样位数与采样频率

音频信号是连续的模拟信号,而电脑处理的却只能是数字信号。因此,电脑要对音频信号进行处理,首先必须进行模/数(A/D)转换。这个转换过程实际上就是对音频信号的采样和量化过程,即把时间上连续的模拟信号转变为时间上不连续的数字信号。只要在连续量上等间隔地取足够多的点,就能逼真地模拟出原来的连续量。这个"取点"的过程称为采样(sampling),采样精度越高("取点"越多),数字声音越逼真。其中,信号幅度(电压值)方向的采样精度称为采样位数(sampling resolution),时间方向的采样精度称为采样频率(sampling frequency)。

采样位数指的是每个采样点所代表音频信号的幅度。8 位二进制数可以描述 256 种状态,而 16 位二进制数则可以表示 65 536 种状态。对于同一信号幅度,使用 16 位的量化级来描述自然要比使用 8 位来描述精确得多。其情形就犹如使用毫米为单位进行量度比使用厘米为单位要精确一样。一般来说,采样位数越高,声音就越清晰。

采样频率是指每秒钟对音频信号的采样次数。单位时间内采样次数越多,即采样频率越高,数字信号就越接近原声。采样频率只要达到信号最高频率的两倍,就能精确描述被采样的信号。一般来说,人耳的听力范围在 20Hz～20kHz,因此,只要采样频率达到 20kHz×2=40kHz 时,就可以满足人们的要求。现在大多数声卡的采样频率都已达到 44.1kHz 或 48kHz,即达到所谓的 CD 音质水平了。

3. 复音数

在各类声卡的命名中,经常会发现诸如 64、128 之类的数字。有些用户乃至商家将它们误认为是 64 位、128 位声卡,代表采样位数。其实 64、128 代表的只是此卡在 MIDI 合成时可以达到的最大复音数。所谓"复音"是指 MIDI 乐曲在一秒钟内发出的最大声音数目。波表支持的复音值如果太小,一些比较复杂的 MIDI 乐曲在合成时就会出现某些声部被丢失的情况,直接影响播放效果。复音越多,音效越逼真,但这与采样位数无关,如今的波表声卡可以提供 128 位以上的复音值。

另外需要注意的是"硬件支持复音"和"软件支持复音"之间的区别。所谓"硬件支持复音"是指其所有的复音数都由声卡芯片所生成,而"软件支持复音"则是在"硬件复音"的基础上以软件合成的方法,加大复音数,但这是需要 CPU 来带动的。现在主流声卡所支持的最大硬件复音为 64 位,而软件复音则可高达 1024 位。

4. 动态范围

动态范围是指当声音的增益发生瞬间的突变时,设备所能承受的最大变化范围。这个数值越大,则表示声卡的动态范围越广,就越能表现出作品的情绪和起伏。一般声卡的动态范围在 85dB 左右,能够做到 90dB 以上动态范围的声卡是非常好的声卡了。

5. Wave 音效与 MIDI 音乐

Wave 音效合成与 MIDI 音乐的合成是声卡最主要的功能。其中,Wave 音效合成是由声卡的 ADC 模数转换器和 DAC 数模转换器来完成的。模拟音频信号经 ADC 转换为数字音频后,以文件形式存放在磁盘等介质上,就成为声音文件。这类文件称为 Wave 格式文件,通常以.wav 为扩展名,因此也称为 WAV 文件。Wave 音效可以逼真地模拟出自然界的各种声音效果。可惜的是,WAV 文件需要占用很大的存储空间,也正是这个缺点,造就了 MP3 的成长。

6. 输出信噪比

输出信噪比是衡量声卡音质的一个重要因素,其概念为输出信号电压与同时输出的噪声电压的比值,单位是分贝。这个数值越大,代表输出信号时被掺入的噪声越小,音质就越纯净。声卡作为电脑的主要输出音源,对信噪比要求是相对较高的。由于声音通过声卡输出,需要通过一系列复杂的处理,所以决定一块声卡信噪比大小的因素有很多。由于计算机内部的电磁辐射干扰很严重,所以集成声卡的信噪比很难做到很高,一般的信噪比在 80dB 左右。PCI 声卡一般拥有较高的信噪比(大多数可以轻易达到 90dB),有的高 达 195dB 以上。较高的信噪比保证了声音输出时的音色更纯,可以将杂音减少到最低限度。而音色的好坏则取决于产品所选用的音效芯片和卡的做工。如果可能的话,购买声卡前最好先进行试听,如果实在无法试听,可以多留意周围媒体对它的评价,或许对你的选购有一些帮助。

7. HRTF

HRTF 是 head related transfer function 的缩写,中文意思是"头部对应传输功能",它也是实现三维音效比较重要的一个因素。简单讲,HRTF 是一种音效定位算法,它的实际作用在于用数字和算法欺骗耳朵,认为自己处在一个真实的声音环境中。3D 定位是通过声卡芯片采用的 HRTF 算法实现的,定位效果也是由 HRTF 算法决定的。像 Aureal 和 Creative 这样的大公司,既能开发出强大的指令集规范,同时也可以开发出先进的 HRTF 算法并集成在自己的芯片中。当然也有一些厂商专门出售或者为声卡定制各种各样的 HRTF 算法,比较有名的是 Sensaura 3D 和 Qsound。Sensaura 3D 是由 CRT 公司提供的。Sensaura 支持包括 A3D 1.0 和 EAX、DS3D 在内的大部分主流 3D 音频 API,此技术主要运用于 ESS、

YAMAHA 和 CMI 的声卡芯片上。而 Qsound 开发的 Q3D 主要包括 3 个部分：第一部分是 3D 音效和听觉环境模型，第二部分是立体音乐加强，第三部分是虚拟的环境音效，可以提供一个与 EAX 相仿的环境模拟功能，但效果还比较单一，与 Sensaura 大而全的性能指标相比稍逊一筹。此外，C-MEDIA 在 CMI8738 上则使用自己的 HRTF 算法，称为 C3DX，支持 EAX 和 DS3D，实际效果很不理想。

8. AC-3

AC-3 是完全数字式的编码信号，所以正式英文名为"Dolby Digital"，是由著名的美国杜比实验室(Dolby Laboratories)开发的一个环绕声标准。AC-3 规定了 6 个相互独立的声轨，分别是前置两声道、后置环绕两声道、一个中置声道和一个低音增强声道。其中，前置、环绕和中置 5 个声道建议为全频带扬声器，低音炮负责传送低于 80Hz 的超重低音。早期的 AC-3 最高只能支持 5.1 声道，经过不断的升级改进，目前 AC-3 的 6.1 EX 系统增加了后部环绕中置的设计，让用户可以体验到更加精准的定位。

对于 AC-3，目前通过硬件解码和软件解码这两种方式实现。硬件解码是通过支持 AC-3 信号传输声卡中的解码器将声音进行 5.1 声道分离后通过 5.1 音箱输出。软件解码就是通过软件来进行解码的，如 DVD 播放软件 WinDVD、PowerDVD 都可以支持 AC-3 解码，当然声卡也必须支持模拟六声道输出。不过，这种工作方式比较大的缺陷在于解码运算需要通过 CPU 来完成，会增加系统负担，而且软解码的定位能力依然较逊色，声场相对较散。

虽然软件模拟 AC-3 存在着缺陷，但其成本相对低廉，目前中低档的声卡大都使用这种方式。

2.6.3 笔记本电脑声卡

由于笔记本电脑的优势主要体现在移动性能上，而要获得更为良好的移动性能，就要在一定程度上牺牲机器的整体性能。为了使笔记本电脑能做得更小、更轻，以获得更好的移动性能，笔记本电脑通常不采用独立的声卡，而会将声卡整合到主板上，即使是 5.1 以上声道的也不例外，以减小其占用的空间和发热量。当然，这么做的另一个原因是笔记本电脑一般是用来移动办公，而非作为娱乐之用，其声音效果也不是很重要。还有一个原因，就是笔记本电脑不太可能像台式机那样配备两个以上的大音箱，因为如果这样做的话就失去了其移动性的意义，而不用音箱的话，独立声卡的优势就能完全体现出来。

为此，笔记本电脑的声卡一直以来都被大多数人忽视，随便配上板载声卡了事，直到宽屏笔记本电脑、游戏笔记本电脑等新型笔记本电脑出现，笔记本电脑的声音系统才引起某些用户的注意，因为这些用户对声音效果要求比较高，这促使笔记本电脑厂商生产出音质更好的笔记本电脑，5.1 以上声道的声卡也相继被用于笔记本电脑。

由于笔记本电脑本身的特性所限制，长期以来笔记本电脑所采用的声卡一般多为 AC'97 规范的 AC'97 Codec，因为它造价低廉、音质也基本上能满足人们的需求，其中应用最广的为 AD1885/1985 SoundMAX 系列。虽然 AD1885/1985 SoundMAX 系列的音响效果在同类的 AC'97 Codec 中算是不错的一款，但是它干涩、没有层次感的音质还是不能让人接受，而且使用 AC'97 Codec 后会使系统速度变慢。除了多数笔记本电脑所采用的 AC'97

Codec 外，也有一些比较高档的笔记本电脑采用其他系列的声卡，例如，富士、东芝分别采用 RealTek ALC202 和 YAMAHA YMF753。这两款声卡虽然和 AC'97 Codec 相比，效果稍好一些，但也会占用大量的 CPU 资源。

对于那些对音频系统要求较高的用户来说，笔记本电脑的板载声卡是很难满足要求的，于是就有了今天的外置笔记本电脑声卡产品。外置笔记本电脑声卡可以弥补那些先天不足的笔记本电脑音效。早期的 USB 声卡都是采用 USB 1.1 的接口规范，速度和带宽都十分有限，而且也会占用相当大的系统资源。后期推出的 Audigy2 NX 则采用了 USB 2.0，这样会降低 CPU 占用率以及提高传输速率。但其价格不菲，使得许多用户对 Audigy2 NX 也只是看看而已。可以简单地把外置 USB 声卡的工作原理理解为，它其实是采用优质音效芯片的硬声卡，现在将它做成了外置式，然后通过 USB 接口与笔记本电脑连接，把原来笔记本电脑中内置声卡的工作交给外置声卡的芯片来处理，从而获得更好的音质和减少被占用的系统资源。

笔记本电脑要发出声音，除了要有声卡外，音箱也是必不可少的硬件。笔记本电脑受体积限制，通常用两个小喇叭来代替音箱，不过，这两个小喇叭常常会因笔记本电脑品牌、型号的不同而被设计在不同的位置：有些设计在机器的底部，有些则设计在上面。设计在底部的好处是由于底部没有键盘，空余的地方比较多，可以将喇叭做得大些，这样音质就会好一些，但耳朵是长在头上而不是长在腿上，所以耳朵接收的效果较差。而设计在上面的好处是方便耳朵接收，缺点是笔记本电脑上面空余的地方比较少，只能放置面积较小的喇叭，这样会影响音质。此外，有些笔记本电脑厂商并不内置小喇叭，而是在机器两旁挂上两个小音箱，音箱的音质无疑比喇叭会好许多，只是成本要高些，携带也不方便。

2.6.4 声卡的选购

1. 总线类型

采用 PCI 接口的声卡应当成为首选。由于 PCI 声卡比 ISA 声卡的数据传输率高出十几倍，因而深受消费者的欢迎。除此之外，PCI 声卡有着较低的 CPU 占用率和较高的信噪比，这也使功能单一、占用系统资源过多的 ISA 声卡显得风光不再。PCI 声卡理所当然地成为用户的首选。

2. 按需选购

现在声卡市场的产品很多，不同品牌的声卡在性能和价格上的差异也十分巨大，所以一定要在购买之前想一想自己打算用声卡来做什么，要求有多高。一般说来，如果只是普通的应用，如听听 CD、看看影碟、玩一些简单的游戏等，所有的声卡都足以胜任，那么选购一款一般的廉价声卡就可以了；如果是用来玩大型的三维游戏，就一定要选购带三维音效功能的声卡，因为三维音效已经成为游戏发展的潮流，现在所有的新游戏都开始支持它了，不过这类声卡也有高、中、低档之分，大家可以综合考虑。如果对声卡的要求较高，如音乐发烧友或个人音乐工作室等，这些用户对声卡都有特殊要求，如信噪比高不高、失真度大不大等，甚至连输入输出接口是否镀金都斤斤计较，这时当然只有高端产品才能满足其要求。

3. 价格因素

一般而言，普通声卡的价格在 100～200 元。中高档声卡的价格差别就很大，从几百元到上千元不等，除了主芯片的差别以外，还和品牌有关，这就要根据预算和各品牌的特点来综合考虑了。如果对声卡的要求较高而预算又充足的话，建议不必过于考虑价格的问题，毕竟声卡在计算机的各种配件中是比较保值的，它绝不会像显卡更新换代那么快，价格变化大得不可思议。而且声卡的使用寿命也很长，颇有"一次投资，终身受益"的味道，因此还是选一款做工和性能都很出色的产品较好，毕竟一旦选定，很可能就要使用好几年。

4. 音效芯片

和显卡的显示芯片一样，在决定一块声卡性能的诸多因素中，音频处理芯片所起的作用是决定性的；不过与显卡不同的是，不仅是不同的声卡所采用的芯片不同，就是同一个品牌的声卡的音频处理芯片也不一定完全相同，这一点显得很复杂。所以，当大致确定要选购声卡的范围后，一定要了解一下有关产品所采用的音频处理芯片，它是决定一块声卡性能和功能的关键。

5. 兼容性

声卡与其他配件发生冲突的现象较为常见，不光是非主流声卡，就连名牌大厂的声卡都有这种情况发生，所以一定要在选购之前先了解自己机器的配置，以尽可能避免不兼容情况的发生。

6. 声卡的做工

声卡的设计和制造工艺都很重要，因为模拟信号对干扰相当敏感。在买声卡时看一看声卡上面的电容和 Codec 的牌子、型号，再对照其性能指标比较一下。如果有耳朵比较灵的音乐发烧友相陪就更好了，有些东西只能用耳朵去听，用眼睛是看不出来的。

不管选购声卡的经验有多少，其实最能决定一块声卡品质又能直观察觉出来的还是价格。只要是廉价的声卡，做工都不会好，而昂贵的声卡无论是用料还是做工都是无可挑剔的，这可是对声卡的音质影响很大的。此外，好的声卡也需要好的音箱来辅佐。

2.7　网　　卡

2.7.1　网卡概述

网卡(network interface card，NIC)，也称网络适配器，是局域网中连接计算机和传输介质的接口，不仅能实现与局域网传输介质之间的物理连接和电信号匹配，还涉及帧的发送与接收、帧的封装与拆封、介质访问控制、数据的编码与解码以及数据缓存的功能等。

1. 网卡的分类

网络有许多种不同的类型，如以太网、令牌环、FDDI、ATM、无线网络等，不同的网络必须采用与之相适应的网卡。然而，事实上接触的绝大多数局域网都是以太网，因此，接触到的网卡也基本上都是以太网网卡，所以在这里只讨论以太网网卡。

1) 根据总线分类

按总线类型，可以将网卡分为 ISA 网卡、PCI 网卡及专门应用于笔记本电脑的 PCMCIA 网卡和 USB 网卡。

(1) ISA 网卡。

随着 PC 架构的演化，ISA 总线存在速度缓慢、安装复杂等自身难以克服的问题，ISA 总线的网卡也随之消亡了。一般来讲，10Mb/s 网卡多为 ISA 总线，大多用于早期的电脑中。

(2) PCI 网卡。

PCI 总线在服务器和桌面机中有着不可替代的地位。32 位 33MHz 下的 PCI 总线数据传输率可达到 132Mb/s，当前的最大数据传输率可达到 1000Mb/s，从而适应了电脑高速 CPU 对数据处理的需求和多媒体应用的需求。

PCI 总线与 ISA 总线在电脑中可以很容易地进行区别。主板上较长且呈黑色的扩展槽就是 ISA 总线，而较短且呈白色的就是 PCI 总线。若欲购买 ISA 总线的网卡，应该首先检查一下电脑中是否拥有 ISA 扩展槽，因为现在的许多非商用电脑已经不再提供 ISA 扩展槽了。PCI 网卡如图 2.58 所示。

(3) PCI-E 网卡。

PCI-E 采用了目前业内主流的点对点串行连接，它的双单工连接能提供更高的传输速率和质量，目前最高可以达到 10GB/s，而 PCI-E 网卡的主流规格为 PCI-E ×1 和 PCI-E ×16，其中 PCI-E ×16 能够提供 5GB/s 的带宽，即使有编码上的损耗仍能提供 4GB/s 左右的实际带宽。

(4) PCI-X 网卡。

这是目前最新的一种在服务器上开始使用的网卡类型，这种总线类型的网卡在市面上还很少见，主要是由服务器生产厂商随机独家提供。PCI-X 总线接口的网卡一般是 32 位总线宽度，也有的是 64 位数据宽度。它将取代 PCI 和现行的 AGP 接口，最终实现内部总线接口的统一。

(5) PCMCIA 网卡。

PCMCIA 网卡是用于笔记本电脑的一种网卡，大小与扑克牌差不多，只是厚度厚一些，为 3～4mm，如图 2.59 所示。PCMCIA 是笔记本电脑使用的总线，PCMCIA 插槽是笔记本电脑用于扩展功能使用的扩展槽。PCMCIA 总线分为两类：一类为 16 位的 PCMCIA，另一类为 32 位的 CardBus。CardBus 是一种用于笔记本电脑的较新的高性能 PC 卡总线接口标准，不仅能提供更快的传输率，而且可以独立于主 CPU，与电脑内存直接交换数据，减轻了 CPU 的负担。

(6) USB 网卡。

USB 作为一种新型的总线技术，由于传输率远远大于传统的并行口和串行口，设备安装简单又支持热插拔，已被广泛应用于鼠标、键盘、打印机、扫描仪、Modem、音箱等各式设备，网络适配器自然也不例外。USB 网络适配器其实是一种外置式网卡，如图 2.60 所示。

2) 根据端口类型分类

按与传输介质连接端口的类型分，有 RJ-45 端口(双绞线)网卡、AUI 端口(粗缆)网卡、

BNC 端口(细缆)网卡、ATM 接口网卡和光纤端口网卡；按端口的数量分，有单端口网卡、双端口网卡甚至三端口网卡，如 RJ-45+BNC(如图 2.61 所示)、BNC+AUI、RJ-45+BNC+AUI，用以适应不同传输介质的网络。因此，在购买网卡之前应搞清楚网络使用的传输介质是什么，需要什么样端口的网卡，以免由于端口不匹配导致网线或网卡无法使用。

图2.58　PCI网卡

图2.59　PCMCIA网卡

图2.60　USB网卡

图2.61　RJ-45+BNC双口网卡

随着网络技术的发展，千兆以太网技术受到了大家的关注。Intel 公司还发布了几款千兆网卡的芯片。这类网卡采用光纤端口，适用于与多模光纤的连接。

3) 根据带宽分类

(1) 1000Mb/s 网卡。

1000Mb/s 网卡也称为千兆以太网网卡。目前主流的 PCI-E 接口的网卡都是千兆网卡，而且还有很多自带唤醒功能，普通的价格在 50 元左右。

(2) (10/100)Mb/s 自适应网卡。

(10/100)Mb/s 自适应网卡也称作快速以太网网卡。所谓(10/100)Mb/s 自适应网卡，是指该网卡具有一定的智能，可以与远端网络设备(集线器或交换机)自动协商，以确定当前可以使用的速率是 10Mb/s 还是 100Mb/s。

(3) 10Mb/s 网卡。

10Mb/s 网卡也称作(经典)以太网网卡。在比较老式的网络和对传输率没有较高要求的网络中还能见得到。

2. 网卡的基本结构

一块以太网网卡包括 OSI(开放系统互联)模型的两个层，分别是物理层和数据链路层。物理层定义了数据传送与接收所需要的电与光信号、线路状态、时钟基准、数据编码和电路等,并向数据链路层设备提供标准接口。数据链路层则提供寻址机构、数据帧的构建、数据差错检查、传送控制,向网络层提供标准的数据接口等功能。

以太网网卡中数据链路层的芯片一般简称为 MAC 控制器,物理层的芯片简称为 PHY。许多网卡的芯片把 MAC 和 PHY 的功能做到了一颗芯片中,比如 Intel 82559 网卡和 3COM 3C905 网卡,如图 2.62 所示。但是 MAC 和 PHY 的机制还是单独存在的,只是外观的表现形式是一颗芯片。当然也有很多网卡的 MAC 和 PHY 是分开做的,比如 D-Link 的 DFE 530TX 等, 如图 2.63 所示。

图2.62 MAC和PHY集成在一颗芯片的以太网网卡

图2.63 MAC和PHY分开的以太网网卡

网卡上还有一颗 EEPROM 芯片,通常是一颗 93C46,里面记录了网卡芯片的供应商 ID、子系统供应商 ID、网卡的 MAC 地址、网卡的一些配置,如 SMI 总线上 PHY 的地址、BootROM 的容量、是否启用 BootROM 引导系统等信息。

最后介绍一下电源部分,大多数网卡现在都使用 3.3V 或更低的电压。有的是双电压,因此需要电源转换电路。

而且网卡为了实现 Wake On Line 功能,必须保证全部的 PHY 和 MAC 的极少一部分始终处于有电的状态,这需要把主板上的 5V Standby 电压转换为 PHY 工作电压的电路。在主机开机后,PHY 的工作电压应该被从 5V 转出来的电压替代以节省 5V Standby 的消耗(许多劣质网卡没有这么设计)。

有 Wake On Line 功能的网卡一般还有一个 WOL 接口。那是因为 PCI 2.1 以前没有 PCI 设备唤醒主机的功能,所以需要配备一根线通过主板上的 WOL 接口连到南桥里面以实现 WOL 功能。

新的主板和网卡一般支持 PCI 2.2/2.3,扩展了 PME#信号功能,不需要 WOL 接口,而通过 PCI 总线就可以实现唤醒功能。

2.7.2 无线网卡

无线网卡是在无线局域网信号覆盖下连接网络的无线终端设备。具体来说,无线网卡就是使电脑可以通过无线方式上网的一个装置,但是有了无线网卡还需要一个可以连接的无线网络。如果在家里或者所在地有无线路由器或者无线 AP 的覆盖,就可以通过无线网卡以无线的方式连接无线网络上网。

1. 无线网卡的分类

无线网卡可分为内置无线网卡和外置无线网卡。

1) 内置无线网卡

内置无线网卡分为两种：一种是台式机专用的 PCI 接口无线网卡，如图 2.64 所示；另一种是笔记本电脑内置的 MINI-PCI 无线网卡，如图 2.65 所示。

图2.64　台式机专用的PCI接口无线网卡　　图2.65　笔记本电脑内置的MINI-PCI无线网卡

2) 外置无线网卡

外置无线网卡分为两种：一种是笔记本电脑专用的 PCMCIA 接口网卡，如图 2.66 所示；另一种为 USB 接口无线网卡，如图 2.67 所示。这种网卡不管是台式机用户还是笔记本电脑用户，只要安装了驱动程序，都可以使用。

在选择时要注意的是，只有采用 USB 2.0 以上标准接口的无线网卡才能满足 802.11g 或 802.11g+的需求。另外，还有笔记本电脑中应用比较广泛的 MINI-PCI 无线网卡。MINI-PCI 为内置型无线网卡，迅驰机型和非迅驰的标配机型均使用这种无线网卡。其优点是无须占用 PC 卡或 USB 插槽，并且免去了随身携带一张 PC 卡或 USB 卡的麻烦。目前这几种无线网卡在价格上差距不大，在性能/功能上也差不多，按需选择即可。

图2.66　笔记本电脑专用的PCMCIA接口网卡　　图2.67　USB接口无线网卡

2. 无线网卡通信标准

1997 年 IEEE(the Institute of Electrical and Electronics Engineers，电气与电子工程师协会)提出并制定了最早的无线标准 IEEE 802.11；在 1999 年 9 月又提出了 IEEE 802.11a 标准和 IEEE 802.11b 标准。随着 IEEE 802.11a、IEEE 802.11b 标准的出台以及 Wi-Fi 组织的成立，促进了无线局域网产品的兼容化、标准化以及市场化。现在常见的标准主要有如下四个。

- IEEE 802.11a：使用 5GHz 频段，传输速率为 54Mb/s，与 802.11b 不兼容；
- IEEE 802.11b：使用 2.4GHz 频段，传输速率为 11Mb/s；
- IEEE 802.11g：使用 2.4GHz 频段，传输速率为 54Mb/s，可向下兼容 802.11b；
- IEEE 802.11n(Draft 2.0)：用于 Intel 新的迅驰 2 笔记本电脑和高端路由，可向下兼容，传输速率为 300Mb/s。

新一代无线局域网标准 IEEE 802.11n 的制定完成令人期待，但巨大的市场潜力促使无线局域网厂商纷纷提前推出了 11n 草案产品。由于所采用标准的不统一，致使 11n 产品间的互联互通问题层出不穷。针对这一情况，Wi-Fi 联盟制定了 Wi-Fi 11n(草案 2.0)互操作测试方法，以确保 11n 草案产品之间良好的互操作性，也为今后准标准化产品向 802.11n 最终版本的升级奠定了基础。

3. 无线网卡与无线上网卡的区别

无线网卡和无线上网卡是两种不同的无线网络设备，无线网卡可以在无线局域网中实现无线上网，无线上网卡可以在无线广域网中实现无线上网。

在选购无线网卡的时候，很多消费者因为不知道概念，从外观上看大致相同，而且有的产品同样采用 PCMCIA 接口，所以很容易将无线网卡和无线上网卡混淆。

无线网卡和无线上网卡虽然都能实现无线上网，但是实现的方式和途径是完全不同的。无线网卡和普通网卡一样，完成信号的接收和发送；而无线上网卡相当于无线的 Modem，可以在拥有无线电话信号覆盖的任何地方，利用手机的 SIM 卡来连接 Internet。无线上网卡一般分为 GPRS、CDMA 以及 GPRS+WLAN 上网卡，GPRS+WLAN 无线上网卡既可以进行 GPRS 无线上网，又可以通过 WLAN(无线局域网)无线上网。无线上网卡适合于移动办公、商务人士使用。

2.7.3　网卡的选购

虽然每片网卡的价格并不贵，但其质量会在很大程度上影响电脑的性能、连接速率和通信质量，甚至影响网络的稳定性，所以对网卡的选择应当非常慎重。

1.普通网卡的选购

1) 端口类型

不同的传输介质，需要不同类型端口的网卡。如果网络中仅仅使用双绞线一种传输介质，只需要网卡有一个 RJ-45 端口就可以了。如果网络中既有双绞线又有细缆，则要考虑多购置一些 BNC+RJ-45 双接口的网卡，以适应部分电脑从双绞线移动到细缆或从细缆移动到双绞线接口的需要。

2) 传输率

作为电脑与网络的唯一接口，网卡将直接影响电脑与网络的连接速率，因此，只要资金允许，应该尽量选择 PCI-E 网卡。

3) 支持全双工

半双工的意思是指网卡在同一时间内只能发送或接收信息，而全双工网卡却可以在发送的同时进行接收。

4) 总线接口

对于现在普通的 100Mb/s 网络，32 位接口是充分使用所有带宽的必备条件，而 PCI-E 总线的理论带宽是 10Gb/s，完全可以满足 100Mb/s 网络的需求。PCI-E 总线网卡的特点是速度快且占用 CPU 资源少。

5) 支持远程唤醒

远程唤醒就是在一台电脑上通过网络启动另一台已经关闭电源的电脑，这种功能特别适合机房管理人员使用。

6) 支持远程引导

如果要组建无盘工作站，所购买的网卡必须具有远程引导芯片插槽，而且要配备专用的远程启动芯片。因为远程启动芯片在一般情况下是不能通用的，所以在购买时，必须购买与自己的网络操作系统相兼容的网卡。

2. 无线网卡的选购

1) 无线标准

目前市面上的无线局域网设备主要支持 IEEE 802.11g 和 IEEE 802.11n 两种标准。支持 IEEE 802.11g+标准的网卡，最高传输速率是 108Mb/s；支持 IEEE 802.11n 标准的网卡，最高传输速率是 300Mb/s；支持 IEEE 802.11b 标准的网卡，最高传输速率仅有 11Mb/s；支持 IEEE 802.11g 标准的网卡，最高传输速率是 54Mb/s。这些标准都是向下兼容的，消费者在选购的时候就要留意，不要买错。

2) 接口

USB 无线网卡接口主要分 USB 3.0、USB 2.0、USB 1.1、USB 1.0 四种，现在绝大部分 USB 接口的无线网卡都已经采用 USB 3.0 接口。USB 3.0 接口理论上能够提供 5Gb/s 的数据通信带宽，而 USB 1.0 的速度要慢得多。

3) 发射功率

只要是无线局域网设备都有一定的发射功率，USB 无线网卡的发射功率当然是越高越好，这样它的传输距离就越远，在选购的时候尽量选择发射功率较高的无线网卡。特别是带有天线技术的，它能够提高无线网卡信号的覆盖范围，让用户可以拥有高效稳定的无线网络。

4) 产品外形

USB 无线网卡可以分为盒型和 U 盘型两种外观形式。盒型的 USB 无线网卡标配带有一条数据延长线，大部分都是天线外露，这些设计是为了方便将它放置在桌面；而 U 盘型的 USB 无线网卡同样标配数据延长线，它的 USB 接口可以直接插入电脑的 USB 接口，因为它的天线是内置的，所以不方便调节天线的方向。两者在外形上相比，U 盘型的无线网卡更小巧、方便携带。

2.8　机箱与电源

2.8.1　机箱

机箱一般包括外壳、支架、面板上的各种开关、指示灯等。外壳用钢板和塑料结合制成，硬度高，主要起保护机箱内部元件的作用；支架主要用于固定主板、电源和各种驱动器。

1. 电脑机箱的作用

(1) 提供空间给电源、主机板、各种扩展板卡、软盘驱动器、光盘驱动器、硬盘驱动器等存储设备，并通过机箱内部的支撑、支架、各种螺丝或卡子、夹子等连接件将这些零配件牢固固定在机箱内部，形成一个集约型的整体。

(2) 坚实的外壳保护着板卡、电源及存储设备，能防压、防冲击、防尘，并且它还能发挥防电磁干扰、辐射的功能，起到屏蔽电磁辐射的作用。

(3) 提供了许多便于使用的面板开关指示灯等，让操作者更方便地操纵微机或观察微机的运行情况。

2. 机箱的发展

综观个人电脑的发展历史，机箱在整个硬件发展过程中一直在背后默默无闻地成长，虽然其发展速度与其他主要硬件相比要慢很多，但它也经历了几次大的变革，而每一次的变革都是为了适应新的体系架构，为了适应日新月异发展的主要硬件，如 CPU、主板、显卡等。个人电脑飞速发展的同时，也是电脑机箱的发展历程。从 AT 架构机箱到 ATX 架构机箱，再到 Intel 后来推出的 BTX 架构机箱，内部布局更加合理，散热效果更理想，再加上更多人性化的设计，无疑给个人电脑带来一个更好的平台。机箱架构的变化从侧面反映了个人电脑硬件系统发生的变化，而功能的变化则更加体现了消费者对个人电脑使用舒适性和人性化的要求。

近年来，各种实用的功能纷纷亮相在电脑机箱上，可发送/接收红外线的创导机箱、带触摸屏的数字机箱、集成负离子发生器的绿色机箱等，极大地扩展了机箱的功能，全折边、免螺丝设计(如图 2.68 所示)、防辐射弹片已经成为机箱的标准功能配置，同时也方便了消费者的使用。

图2.68 免螺丝设计机箱

机箱未来的发展趋势是更加追求个性和美学设计，2020 年 11 月分形工艺(Fractal Design)发布了一款新机箱，型号是 Meshify 2 Compact，前面板拥有锐利的不对称棱角，独特的设计风格让人很容易就能记住。如图 2.69 所示，这款机箱支持 ATX/mATX/Mini-ITX 规格的主板，CPU 散热器限高 169mm，可容纳 341mm(不安装前置风扇时可达 360mm)长度的显卡，顶部可安装 240mm 的散热器；前置可安装 360mm/280mm 的散热器，显卡最长不能超过 305mm；支持显卡双安装结构，除了正常的安装方式外，还可以使用 PCI-E 延长线，使其可以竖直安装。另外，最多支持 7 个 120mm 的散热风扇，或 4 个 140mm 的散热风扇；前置、顶部和底部都配有尼龙防尘网，都可以抽出进行清洁；机箱共配备了三个前置 USB 接口，包括一个 USB 3.1 Gen 2 Type-C，支持快速充电和拥有最高 10Gb/s 的速率；还支持两个 2.5 英寸或 3.5 英寸硬盘位，包括最多四个固态硬盘。Meshify 2 Compact 的整体尺寸为 424mm×210mm×475mm，净重 7.7kg，容积为 39.4L。

图2.69　Fractal Design机箱

3. 机箱的分类

1) 按照外形分类

标准箱式：外形像微波炉，大小为 50cm×40cm×30cm 左右，容易融入家居风格。

普通机箱：和通常看到的一样，是主流的方案。

HTPC 机箱：HTPC(home theater personal computer)，即家庭影院电脑机箱，主要用在客厅，有立式和卧式两种，主要用于连接电视收看视频和娱乐。

塔式机箱：比普通机箱要高 1/2，内部空间很大，散热性能很好，一般是发烧友才用。

2) 按照结构分类

AT：AT 机箱的全称是 BaBy AT，主要应用于只能支持安装 AT 主板的早期机器中。

ATX：ATX 机箱是目前最常见的机箱，支持现在绝大部分类型的主板。

Micro ATX：Micro ATX 机箱是在 ATX 机箱的基础上设计的，为了进一步节省桌面空间，因而比 ATX 机箱体积要小一些。各个类型的机箱只能安装其支持的类型的主板，一般是不能混用的，而且电源也有所差别。

BTX：BTX 是 balanced technology extended 的简称，是 Intel 定义并引导的桌面计算平台新规范。BTX 架构，可支持下一代电脑系统设计的新外形，使行业能够在散热管理、系统尺寸和形状，以及噪声方面实现最佳平衡。

3) 按照功能分类

从功能上分为普通机箱和服务器机箱。

普通机箱是最常见的机箱，其最基本的功能就是安装电脑主机中的各种配件。除此之外，还要求有良好的电磁兼容性，能有效屏蔽电磁辐射，使用户身心健康。与普通机箱相比，服务器机箱的材质、散热、抗碰击等性能均优于普通机箱。一般家庭和企业用普通的机箱就够。

4. 机箱的发展趋势

1) 人性化

个人电脑发展到今天,产品同质化越来越严重,同时,电脑已经不再只是简单的工具,随着各项新技术的发展,机箱除了安装电脑主机中的各种配件外,还要求有良好的电磁兼容性,能有效屏蔽电磁辐射,扩展性能良好,有足够数量的驱动器扩展仓位和板卡扩展槽数,以满足日后升级扩充的需要;通风散热设计合理,能满足电脑主机内部众多配件的散热需求。在易用性方面,有足够数量的各种前置接口,例如前置 USB 接口,前置 IEEE 1394 接口,前置音频接口、读卡器接口;并且现在许多机箱对驱动器、板卡等配件和机箱的自身紧固都采用了免螺丝设计以方便用户拆装;有些机箱还外置了 CPU、主板以及系统的温度显示功能,使用户对电脑的运行和散热情况一目了然。

2) 个性化

在外观方面,机箱也越来越美观新颖、色彩缤纷,以满足人们在审美和个性化方面的需求。今天的电脑机箱已经不仅仅是一个装载各种部件的铁盒子,更是一件点缀家居的装饰,这就对电脑的外观、面板要求越来越高。对于更多的个人用户而言,个性化则是一种趋势,这也与社会发展密不可分,现代人都崇尚个性,喜欢特立独行,当然希望所拥有的电脑与众不同。

3) 小型化

随着 Intel 酷睿 2 双核处理器的上市,以频率高低决定性能的时代结束了,随之而来的是效率为王的时代。酷睿 2 双核处理器的效率提高 40%而能耗却下降了 40%,这使得整机的功耗大为降低,这也迎合了目前节能的大趋势,散热变得不再是最重要的事情,而机箱的小型化、便携性将成为未来的主流趋势。最新 Intel 的 roadmap(产品路线图)显示,Intel 也将会大力推广 SFF(small form factor)小机箱,如图 2.70 所示。

可以想象,未来的机箱不仅便携,而且会更加人性化、个性化,机箱作为电脑硬件的载体最终将会和其他家用电器一样成为家居装饰的一部分。

5. 机箱的选购

1) 制作材料

好的机箱钢板厚度至少应在 1mm 以上,并且板材应该是经过特殊处理的镀锌钢板,它的优点是能够防静电。此外,镀锌钢板还有不易生锈等优点,这些都是普通的不锈钢板没有的特点。这里提供一个选购机箱的小窍门:在选择时用测试重量的方法来辨别机箱用料的好坏。用料实在的机箱因为采用的钢板更厚实,所以一般都比较重;而一些重量很轻的机箱大多是偷工减料、以次充好的产品。因此,大家在选购时一定要挑重的买。

在用料方面还有一点特别需要说明,就是在制造机箱时选用的塑料。目前市场上比较好的机箱面板普遍采用 ABS 材料注塑,这样的产品柔韧性好,不易老化变色,能够长期使用。而有一些厂家为了节省成本,用普通的塑料代替,这样的机箱在外观上与好的机箱区别不大,但是实际效果就不尽如人意了,所以选购的时候要格外小心。

还有就是一些小的细节。例如在机箱侧板接合处、后部电源位置设置了金属弹片(如图 2.71 所示),这些弹片会使机箱各个部件之间连接更为紧密,形成一个有效的金属体,包围着内部的配件，有效防止辐射泄漏。有些厂商生产的机箱上 5 英寸和 3.5 英寸槽位的挡板都使用了带有防辐射弹片与防辐射槽的钢片，可以更加有效地对电磁辐射进行屏蔽，这些细微处也可以多注意一下。

图2.70　SFF小机箱

图2.71　机箱金属弹片

2) 制作工艺

机箱的制作工艺同样很值得注意，一些看起来很细微的设计，往往对使用者有很大的帮助。以前拆卸机箱的时候，人人手里都少不了必备的螺丝刀。不过，这种时代也许不会长久了，现在的机箱全身上下也就几个螺丝，有的干脆就采用卡子的形式，彻底不用螺丝了。不仅仅是机箱外部没了螺丝的身影，连机箱内部也没了螺丝的身影。目前的高档机箱多数采用的都是镶嵌衔接式结构，告别了螺丝时代。一个好机箱不会出现机箱毛边、锐口、毛刺等现象。好机箱背后的挡板也比较结实，需要动手多弯折几次才可卸掉，不像劣质机箱后边的挡板拿手一抠就掉了。此外，优质机箱的驱动槽和插卡位定位准确，不会出现偏差或装不进去的现象。这种问题在有些低价机箱上很常见。

3) 布局

说到布局大家都觉得比较简单，其实涉及的范围相当广，如扩展卡插口、驱动器架的个数及使用方式、机箱面板的设计以及机箱内的散热问题。目前关于扩展卡插口，有些厂家采用了一些独特的设计，例如滑插式固定锁，它可以让扩展卡无须螺丝就能直接固定，取下扩展卡的时候也不必用改锥了，非常方便。另外一个重要的方面就是驱动器架，现在的驱动器越来越多，从软驱到 CD-ROM、CD-RW，还有 DVD-ROM 和活动硬盘托架等，都需要各占用一个驱动器架。而多数机箱也只有 3 个 5.25 英寸驱动器架，日后想添个活动硬盘、读卡器等设备也不易实现了，因此这时驱动器架就显得相当重要了。所以，在选购机箱时，驱动器架越多越好。

至于机箱面板的布局设计，主要还是启动(Power 键)和重启(Reset 键)的功能，但是已经增加了一些附加功能。在这方面比较实用的设计就是 USB 口前置、音频口前置以及机箱自带的状态监测显示等，如温控机箱，内部有温度探头，可以随时探测机箱内部件温度，甚至还有报警和控制风扇功率等功能。还有一些机箱，整合了红外线接口的功能，感觉比较新颖。它们都能在使用电脑的过程中带来很多的方便，这些也是选购时可以考虑的方面。

目前，由于硬件技术的进步，电脑的散热问题已经越来越被重视了。除了给芯片降温之外，机箱内散热的好坏也是相当重要的。购买机箱时可以注意一下是否有预留的机箱风扇位置，最好前后两个方向都有，这样才能有效地控制机箱内的温度；然后也应该看看机箱内的空间大小，钢板上有没有散热孔等。这些与CPU、显卡的风扇一样，直接影响着系统的稳定运行和配件的安全。

2.8.2 笔记本电脑的外壳

笔记本电脑的外壳既是保护机体最直接的方式，也是影响其散热效果、"体重"、美观度的重要因素。一般来说，预算固定，笔记本电脑采用的配置越高，外壳的材质就会越差。很大一部分消费者只看到了配置，而忽略了材质。其实，笔记本电脑外壳的材质对于日后笔记本电脑的使用有着比配置更重要的意义。因为笔记本电脑的外壳在日常使用中，会起到以下三方面的作用。

第一，保护笔记本电脑内部硬件。外壳作为笔记本电脑的皮肤，具有重要的保护作用，尤其是对屏幕的保护。合金、碳纤维比工程塑料的硬度更高，于是能够起到更好的保护作用。

第二，帮助笔记本电脑散热。人类的皮肤努力保护体内的热量缓慢散去，而对笔记本电脑皮肤的要求恰恰相反，需要外壳尽快传导内部硬件散发的热量，从而避免产生棉被效应。

第三，美观。通常采用合金、碳纤维等材料的笔记本电脑比工程塑料材质的笔记本电脑的外观看上去更高档。同时，笔记本电脑外壳的手感以及使用过程中的漆层脱落问题，也一样反映在外壳材质上。

1. 笔记本电脑外壳的材料

笔记本电脑常见的外壳用料：合金外壳有铝镁合金与钛合金，塑料外壳有碳纤维、聚碳酸酯PC和ABS工程塑料。

1) 铝镁合金

铝镁合金一般的主要元素是铝，再掺入少量的镁或其他金属材料来加强其硬度。因其本身就是金属，所以导热性能和强度尤为突出。铝镁合金质坚量轻、密度低、散热性较好、抗压性较强，能充分满足3C产品高度集成化、轻薄化、微型化、抗摔撞及电磁屏蔽和散热的要求。其硬度是传统塑料机壳的数倍，但重量仅为后者的三分之一，通常被用于制作中高档超薄型或尺寸较小的笔记本电脑的外壳。而且，银白色的铝镁合金外壳可使产品更豪华、美观，而且易于上色，可以通过表面处理工艺变成个性化的粉蓝色和粉红色，为笔记本电脑增色不少，这是工程塑料以及碳纤维所无法比拟的，如图2.72所示，因而铝镁合金成了便携型笔记本电脑的首选外壳材料。目前大部分厂商的笔记本电脑产品均采用了铝镁合金外壳技术。缺点：镁铝合金不是很耐磨，成本较高，比较昂贵，而且成型比ABS困难(需要用冲压或者压铸工艺)，所以笔记本电脑一般只在顶盖上使用铝镁合金，很少用铝镁合金来制造整个机壳。

2) 碳纤维

碳纤维材质既拥有铝镁合金高雅坚固的特性，又有ABS工程塑料的高可塑性。它的外观类似塑料，但是强度和导热能力优于普通的ABS塑料，而且碳纤维是一种导电材质，可以起到类似金属的屏蔽作用(ABS外壳需要另外镀一层金属膜来屏蔽)。因此，早在1998年4月IBM公司就率先推出采用碳纤维外壳的笔记本电脑，这也是IBM公司一直大力促销的主角，如图2.73所示。据IBM公司的资料显示，碳纤维的强韧性是铝镁合金的两倍，而且散热效果最好。若使用时间相同，碳纤维机壳摸起来最不烫手。碳纤维的缺点是成本较高，成型没有 ABS 外壳容易，因此碳纤维机壳的形状一般都比较简单、缺乏变化，着色也比较难。此外，碳纤维机壳还有一个缺点，就是如果接地不好，会有轻微的漏电感，因此 IBM 在碳纤维机壳上覆盖了一层绝缘涂层。

图2.72　铝镁合金外壳

图2.73　碳纤维外壳

3）钛合金

钛合金材质可以说是铝镁合金的加强版，钛合金与铝镁合金除了掺入金属的不同外，最大的区别之处，就是还掺入碳纤维材料，无论散热、强度还是表面质感都优于铝镁合金材质，而且加工性能更好，外形比铝镁合金更加复杂多变。其关键性的突破是强韧性更高，而且变得更薄。就强韧性看，钛合金是铝镁合金的三四倍。强韧性越高，能承受的压力越大，也越能够支持大尺寸的显示器。因此，钛合金机种即使配备 15 英寸的显示器，也不用在面板四周预留太宽的框架。至于厚度，钛合金的厚度只有 0.5mm，是铝镁合金的一半，厚度减半可以让笔记本电脑的体积更小巧。钛合金唯一的缺点就是必须通过焊接等复杂的加工程序，才能做出结构复杂的笔记本电脑外壳，这些生产过程衍生出可观成本，因此十分昂贵。目前没有在售笔记本电脑使用钛合金及其他钛复合材料，历史上只用于 IBM 的 ThinkPad 和 Apple 的 PowerBook 两大高端产品。

4）聚碳酸酯 PC

聚碳酸酯是笔记本电脑外壳采用的材料中的一种，它的原料是石油，经聚酯切片工厂加工后就成了聚酯切片颗粒物，再经塑料厂加工就成了成品。从实用的角度，其散热性能也比 ABS 塑料好，热量分散比较均匀，它的最大缺点是比较脆，一跌就破，常见的光盘就是用这种材料制成的。运用这种材料比较显著的就是富士通了，在很多型号中都是用这种材料，而且是全外壳都采用这种材料。不管从表面看还是从触摸的手感上，这种材料感觉都像是金属。如果笔记本电脑内没有标识的话，不仔细观察外表面，可能会以为是合金物。

5）ABS 工程塑料

ABS 工程塑料即 PC+ABS(工程塑料合金)，在化工业的中文名字叫塑料合金，之所以命名为 PC+ABS，是因为这种材料既具有 PC 树脂的优良耐热耐候性、尺寸稳定性和耐冲击性，又具有 ABS 树脂优良的加工流动性。所以应用于薄壁及复杂形状制品，能保持其优异的性能，以及保持塑料与树脂组成材料的成型性。ABS 工程塑料最大的缺点就是质量重、导热性能欠佳。一般来说，ABS 工程塑料由于成本低，被大多数笔记本电脑厂商采用，目前多数塑料外壳笔记本电脑都是采用 ABS 工程塑料做原料的。

上述的几种材料中，ABS 工程塑料最为常见，成本最低，且性能最差。而聚碳酸酯 PC 常常被一线大牌用在其中低端的产品上，例如富士通的低端产品线。而铝镁合金则常见于索尼、富士通、戴尔的高端型号上，让这些高端产品从各方面看上去都更加华丽。而碳纤维作为新兴的材料，前途最为看好，目前能够在宏碁和戴尔的一些机型上看到它的身影。而钛合金复合碳纤维则是 ThinkPad T 系列的专利，当然也出现在 ThinkPad 其他高端型号上。

另外，现在很多厂家推出了一些环保的自然材料外壳，例如华硕的笔记本电脑有一款就采用了天然竹子作为外壳材料。如图 2.74 所示，使用竹子材料作为外壳环保、个性、质量轻，但缺点就是耐磨性能比较差、加工比较复杂，在使用中要更加注意。

图2.74　竹子外壳

2. 笔记本电脑外壳如何保养

外壳是笔记本电脑的门面，虽然不直接影响笔记本电脑的运算性能，但陈旧的外壳给人一种对笔记本电脑失去信心的感觉。笔记本电脑外壳主要有磨损、划伤和污损等情况发生，下面说说怎样在这些方面维护好笔记本电脑的外壳。

1) 防止磨损、划伤

笔记本电脑外壳被划伤和磨损主要是在移动过程中，例如，用背包装着笔记本电脑奔走各处。一些非正式背包尺寸与笔记本电脑不匹配，导致笔记本电脑在包内晃动，外壳非常容易被背包内物件划伤和磨损。可以使用以下方法防止磨损和划伤。

(1) 采用原装笔记本电脑包来携带笔记本电脑，减少笔记本电脑在包内晃动的概率。

(2) 使用笔记本电脑背包内胆包装笔记本电脑，这些内胆采用柔软质地材料制造，并且大小与笔记本电脑相匹配，可以使笔记本电脑在内部相对稳定。

(3) 使用专用笔记本电脑外壳保护膜，类似手机屏幕贴膜，保护膜附着在笔记本电脑外壳，既不影响笔记本电脑外观，又可以起到保护作用。

如果你在意笔记本电脑外壳的手感，那么也可以采用透明胶带贴附外壳四角的方法来保护笔记本电脑外壳，因为外壳最容易磨损的就是四角。

2) 注意清洁

笔记本电脑外壳很容易聚集指纹、灰尘、汗渍、饮料痕迹、圆珠笔痕迹等，可以采用不同的手段来清理这些污渍。

普通污渍可以使用柔软纸巾加少量清水清洁。

指纹、汗渍、饮料痕迹、圆珠笔痕迹可以用专用清洁剂进行清洁，因为清洁剂可以有效地溶解油性和黏性污渍，而不需要反复用力擦拭外壳。其实，可以尝试使用一些蜡制清洁剂，如碧丽珠等进行外壳清洁，但是千万不要使用有腐蚀性的清洁剂，尤其是酒精。

注意，在清洁外壳时首先要关闭笔记本电脑电源，使用柔软的纸巾或布，尽量使用较少的水，一定不要将液体流入键盘，否则可能导致键盘失灵或主板损坏，尤其是轻薄型笔记本电脑更需要注意。

3. 笔记本电脑外壳用料的识别方法

现在的笔记本电脑外壳越来越漂亮，样式不断翻新。面对各式各样的笔记本电脑外壳，在购买时该如何来判断笔记本电脑外壳用的是什么材料呢？

1) 看说明书

如果笔记本电脑用料上乘，其说明书上可能会注明是用什么材料做的外壳。当然，这并不一定有，而且，如果用料比较差的话就肯定不会有。

2) 通过触感来判断

用手触摸笔记本电脑外壳，如果是塑料外壳，则除了磨砂的感觉外，几乎再体会不到什么了，特别是 PC+ABS。而如果是合金外壳，则除了本身有磨砂的感觉外，还有非常明显的透心那种冰凉，当然是在关机状态下了。如果开机很久，则可触摸屏盖的中央位置，因为那个地方通常没有热量到达，可以获得准确的感觉。

3) 通过声音来判断

用手敲打笔记本电脑外壳的表面，如果是塑料外壳，声音比较沉，而且会感觉到有弹性；如果是铝合金，则声音明显很脆，而且敲击边缘部分，会有明显的金属碰撞声，还能感觉到细微的对手指的反冲击力。

4) 到厂商网站去找资料

有些经销商为了提高自己销售的笔记本电脑的身价，在网上的报价资料中会打上"铝镁合金"外壳的字样，但如果是某些中低端笔记本电脑，就要注意了，因为这很可能是假的。这时，可到厂商网站去找资料，看看这款笔记本电脑的技术参数中有没有"铝镁合金"字样。一般来说，用这种材料做外壳的厂商都会以此为卖点而注明，否则要么就直接标称为塑料外壳，要么就不标称外壳的用料，但一般都不会做假。

5) 通过观察其边缘的情况来判断

通过对其边缘的观察，也可以看到一些线索。因为不管什么材料，表面都会进行喷漆，但喷漆只是对其外表面，而内表面当然不会啦。所以，观察其内表面的边缘部分可以进一步确定。那么，如何才能查看到其内表面呢？把电池拿出来，如果光驱可以抽出，把光驱抽出来，在这些组件的边缘处就可以看到外壳内表面的真实面目。如果是 PC+ABS 材料，会有明显的塑料质感。PC-GF 看上去表面很光滑，像是有金属层，而铝合金的话则金属质地，应该可以很容易区分。不过，这种方法并不适用所有的机型，有的笔记本电脑做工确实非常细致，在所有边缘露出内表面的地方都贴有很薄的锌铂纸，或是薄如纸的铝合金片。

2.8.3　电源

计算机属于弱电产品，也就是说，部件的工作电压比较低，一般在±12V 以内，并且是直流电。而普通的市电为 220V(有些国家为 110V)交流电，不能直接在计算机部件上使用。

因此，计算机和很多家电一样需要有一个电源部分，负责将普通市电转换为计算机可以使用的电压，一般安装在计算机内部。

计算机的核心部件工作电压非常低，并且由于计算机的工作频率非常高，因此对电源的要求比较高。目前计算机的电源为开关电路，将普通交流电转换为直流电，再通过斩波控制电压，将不同的电压分别输出给主板、硬盘、光驱等计算机部件。计算机电源的工作原理属于模拟电路，负载对电源输出质量有很大影响，因此计算机最重要的一个指标就是功率，这就是说足够功率的电源才能提供稳定的电压。

1. 计算机电源的分类

1) AT 电源

AT 电源安装在 AT 机箱内，其功率一般为 150～250W，共有 4 路输出(±5V，±12V)，另外向主板提供一个 PG(接地)信号。输出线为两个 6 芯插座和几个 4 芯插头，其中两个 6 芯插座为主板提供电力。AT 电源采用切断交流电网的方式关机，不能实现软件开关机。随着 ATX 电源的普及，AT 电源已渐渐淡出市场。

2) ATX 电源

ATX 电源和 AT 电源相比较，最明显的就是增加了±3.3V 和+5V Standby 两路输出和一个 PS-ON 信号，并将电源输出线改成一个 20 芯的电源线为主板供电，在外形规格和尺寸方面并没有发生太大的变化。

3) Micro ATX 电源

Micro ATX 电源是 Intel 公司在 ATX 电源的基础上改进的，其主要目的就是降低制作成本。其最显著的变化是体积减小、功率降低。

4) BTX 电源

BTX 电源是在 ATX 电源的基础上进行升级得到的，其工作原理与内部结构基本相同，包含 ATX12V、SFX12V、CFX12V 和 LFX12V 4 种电源类型。输出标准与 ATX12V 2.0 规范一样，也是像 ATX12V 规范一样采用 24pin 接头。BTX 并不是一个革新性的电源标准，虽然 Intel 公司大力推广，但因为支持的厂商太少，所以现在很少提及。

2. 电源的性能指标及选购

首先可以从电源的外部标识上对它有个大致的了解。每个电源都有一个铭牌，铭牌上记录了电源的具体参数以及安全认证标志。可以说，一个电源的大部分信息都可以直接由铭牌得到。一般可以在铭牌的右上角看到如下信息：型号、对电流的输入要求、序列号。而铭牌的中间一般还会有关于是否符合 PC 99 规范的字样以及一些具体的标识，大致有直流最大输出功率、标称提供的直流电压和在标称电压下的最大电流 3 种。最下面一般都是安全认证标志。如果一个电源通过的认证很多，那么它很可能就是一款比较可信的电源。

下面介绍选购电源时需要考虑的几个方面。

1) 电源功率

选购电源时，大家首先考虑的大概是产品的功率。在电源铭牌上常见到的有峰值(最大)功率和额定功率两种标称参数。其中，峰值功率是指当电压、电流在不断提高，直到电源保护起作用时的总输出功率，但它并不能作为选择电源的依据。用于有效衡量电源的参数是额定功率，额定功率是指电源在稳定、持续工作下的最大负载，它代表了一台电源真正的负载能力。比如，一台电源的额定功率是 300W，其含义是每天 24 小时、每年 365 天持续工作时，任意时刻负载之和不能超过 300W。但实际上，电源都有一定的冗余，比如额定功率 300W 的电源，在 310W 的时候还能稳定正常工作，但尽量不要超过额定功率使用，否则可能导致电源或其他电脑部件因为过流而烧毁。在市场零售电源产品的铭牌标签上一般能看出厂商为该产品标识的最大功率和额定功率，这有利于选购，但也有部分产品的电源在标签铭牌处不会标明其功率参数，这时候选购就必须注意了。不能单纯以电源的型号来辨别其额定功率，因为目前产品型号命名标准不一，有部分产品的型号中会包含其额定功率参数，但是更多的是以其最大功率命名，比如长城 BTX-500SP 电源，它就是以最大功率来作为型号命名的。

2) 电源接口

供电接口设计是 2.0 与 1.3 版电源所不同的地方之一。为了满足大功率供电需求，ATX12V 2.0 主供电接口在 1.3 版的 20pin 设计上进行了增强，采用的是 24pin 接口。但是为了照顾旧平台用户，市面上大部分 2.0 电源主供电接口都采用"分离式"设计或附送一条 24pin→20pin 的转换接头，这样设计非常体贴，购买时不妨留意一下。另外，主板副供电一般使用的都是 4pin 接口，但现在某些高端主板上已经采用了 8pin 接口，选购时也必须注意。2.0 版电源上一般都带有多个 IDE 设备供电接口(硬盘、光驱、AGP 显卡辅助供电等)和 2～4 个 SATA 硬盘供电接口，现在 SATA 规格已经成为硬盘主流。很多电源上依然保留了软驱供电接口，另外部分电源产品还配置有 6pin 显卡辅助供电接口，以方便用户在使用高端 PCI-E 显示时进行辅助供电。

3) 电源的转换效率

一般 PC 主机稳定运行的功率为 200W 左右，就算使用双核处理器+GeForce6800×2 SLI 的高端计算机，300W 的电源也已经可以应付，而 400W 的产品则面向各种 DIY 发烧玩家。现在功率大小已经没有以往所说的那么重要，随着技术的进步，电源厂商都把研发精力转移到提高电源的转换效率上来，而不是提高电源功率。首先必须明确电源转换效率的概念。转换效率就是输出功率除以输入功率的百分比，它是电源的一项非常重要的指标。由于电源在工作时有部分电量转换成热量损耗掉了，因此电源必须尽量减少热量也即电量的损耗。旧版 1.3 的电源要求满载下最小转换效率为 70%，而 2.0 版更是将推荐转换效率提高到 80%。

4) 电源散热设计及噪声

电源运行时，内部元件都会产生热量，电源的输出功率越大，发热量也越大。但随着电源技术的进步，电源转换效率提高了，也就是电量损耗有所减少，电源发热量也受到控制。基于散热效果和成本因素，一般市售电源产品都采用风冷散热设计，其中前排式和大风车散热形式最为常见。而直吹式形式是世纪之星电源产品的专利设计，它对于电源内部散热性能良好，工作噪声较低，且成本较低，但是在 350W 以上的高端电源上散热效果欠佳。

风冷散热设计，必然会产生一定噪声，PC 电源的主要噪声来源于电源的散热风扇。要想散热效果越佳，噪声就会越大，但是静音环境也是很多用户所重视的地方，所以为了使散热效能和静音之间得到平衡，一般较好的电源都带有智能温控电路，主要是通过热敏电阻实现的。当电源开始工作时，风扇供电电压为 7V，若电源内温度升高，热敏电阻阻值减小，电压逐渐增加，风扇转速也提高。这样就可以使机壳内温度保持一个较低的水平。在负载很轻的情况下，能够实现静音效果。负载很大时，能保证良好的散热。

目前电脑电源散热形式有前排风式、下吸前排风式、大风车式、后吹前排风式、后吹风式几种。

前排风式是最常见的电脑电源散热形式之一，它是利用位于电脑电源正面的 8cm 散热风扇将电源内部热量吸出排到机箱外。前排风式的优点是技术成熟、预留给电源内部其他元件的空间较大。缺点则为：噪声较大，风扇寿命较短，对于机箱内部散热帮助较小。

采用下吸前排风式设计的电源，通常会出现在一些"发烧级玩家"的电脑上。下吸前排风式散热设计是对于前排风式散热设计的一种改良结果。由于采用了两颗 8cm 散热风扇，噪声也会有所增加。这种电脑电源散热性能好，有利于机箱整体散热，可是噪声较大，电源内部设计复杂。

大风车式由于采用 12cm 低速或者更大尺寸的风扇，因此在保证良好散热性能的同时风扇噪声也能够得到大幅度的降低。大风车式噪声低，能够帮助机箱整体散热，但是为了应对大功率输出风扇转速仍需提高，对应的噪声也会有所增加。

后吹前排风式这种设计通常出现在强调稳定的工作站、服务器电源上。该种电脑电源散热形式的优点是电源内部散热性能良好，方便电源在功率上的提高。缺点则为：工作噪声较大，电源体积较其他散热结构电源要大一些。

后吹风式是电脑电源散热形式在各种产品中应用比较少的一种形式。其优势在于：很好地改善了电源内部的散热结构，工作噪声较小。缺点则为：对机箱内部整体散热效果作用不是很大。

5) 电磁干扰

由于开关电源的工作原理决定其内部具有较强的电磁振荡，具有类似无线电波的对外辐射特性，如果不加以屏蔽可能会对其他设备造成影响。将移动电话或无线通信设备置于电脑附近，如果通信质量下降就说明受到电磁干扰。所以，国内对这种有害的辐射量也有严格的限定，电源一般通过外面的铁盒和机箱加以屏蔽，但泄漏在所难免，只是量的多少问题。电磁对电网的干扰会对电子设备有不良影响，也会给人体健康带来危害。由于这种干扰看不见摸不着，而抗电磁干扰要花费较大的成本，所以劣质电源都忽略此项指标。

从电磁安全的角度上讲，电脑要符合电磁干扰标准。国际标准化组织和世界上绝大多数国家对电磁干扰和射频干扰制定了若干标准，标准要求电子设备的生产厂商对其产品的辐射和传导干扰降低到可接受程度。在国际上有 FCCA 和 FCCB 标准，在国内也有国标A(工业级)和国标 B 级(家用电器级)标准，优质的电源都可以通过 B 级标准。最著名的标准是 FCC Class B。它是美国对住宅环境所制定的电磁干扰标准，国内市场上通过此项测试认证了的电源有如下几种：航嘉牌、百盛牌、长城牌。

6) 安全规格

国内外业界在电源元件的选择，材料的绝缘性、阻燃性等方面都有严格规定的安全标准，如国外著名的有 UL、CSA、TUV、CCIB，而国内著名的就是 CCEE(中国电子产品质量认证)。如果电源上有这些标志，说明它通过了这些认证。由于安全规格申请时间较长，又有严格的限制和要求，所需费用颇多，并且又要接受定期和不定期的监督及检查，一旦申请以后，不可随意变更、替代或修改产品的元件及型式，若变更，则必须重新验证。所以，有安全规格的产品起点会比非安全规格产品高出许多。

7) 电源品牌

现在市场上产品品牌众多，以性价比而言，长城、航嘉、全汉(FSP)更值得推荐，当然酷冷至尊(CoolerMaster)、TT、台达、海盗船和康舒也不错，其他还有世纪之星、金河田、九州风神等品牌。

2.8.4　笔记本电脑的电池

使用可充电电池是笔记本电脑相对台式机的优势之一，它可以极大地方便在各种环境下使用。最早推出的电池是镍镉电池(NiCd)，但这种电池具有"记忆效应"，每次充电前必须放电，使用起来很不方便，不久就被镍氢电池(NiMH)所取代，NiMH 不仅没有"记忆效应"，而且每单位重量可提高 10%的电量。

目前笔记本电脑使用的电池主要分三种：镍镉电池、镍氢电池和锂电池。它们一般表示为：镍镉 NI-CD、镍氢 NI-MH、锂电 LI。

1. 笔记本电脑电池的构成

笔记本电脑电池一般由外壳、电芯组成。其中，电芯是笔记本电脑电池的主要组成部分，电芯的数量决定了笔记本电脑电池的续航能力。目前，笔记本电脑电池主要分为 3 芯、4 芯、6 芯、8 芯、9 芯、12 芯等。简单来说，4 芯电池可以续航 2 小时，6 芯则为 3 小时，依此类推。芯数越大，续航时间越长，当然价格也越高，但是稳定性会比电芯少的要差点。普通家庭用户建议使用与自己的电脑标配的芯数，如 3 芯、4 芯，因为主要是在家用，有稳定的电源。普通办公用户建议使用 6 芯和 8 芯电池，因为待机时间相对长点。如果有较高的移动办公要求，可以考虑 9 芯和 12 芯的电池，这种电池由于太重不便于携带，也没有6 芯和 8 芯稳定。

笔记本电脑电池还有一个重要参数即 mAh，mAh 是指笔记本电脑电池的容量。笔记本电脑电池的待机时间主要由 mAh 值来决定。一般情况下，电芯数越多，mAh 值越大，待机时间越长。笔记本电脑电池的寿命主要用充放电次数来衡量，品质合格的产品一般为500～600 次。所以，笔记本电脑电池有效使用期为 2 年以内，过期电池就会老化，待机时间急剧下降而影响笔记本电脑的移动性。

2. 笔记本电脑电池的选购

电池是笔记本电脑的"动力之源"，但笔记本电脑电池也是一种消耗品，一般使用一两年之后其性能会有明显下降，加上有些用户平时不注重电池的维护保养工作，电池性能急速衰减乃至提前报废的例子并不少见，选购一款合适的电池主要从以下四个方面入手。

1) 参数

由于笔记本电脑电池的不通用性，消费者购买前必须知道自己电脑能够接受的电池类型，同时为了避免受骗，在"看"的环节也不能放松对做工的查验！

目前除了个别低档笔记本电脑采用镍氢电池外，大多数采用的都是普通锂离子电池，锂聚合物电池只在部分高档超薄型笔记本电脑中使用。锂电池一般由电芯组、保护电路和容量监测及通信电路等几部分组成。从参数的角度看，电池容量是最需要关注的一个指标。目前一般为 2400～7800mAh，也有极少数配备 9400mAh 容量的。理论上，数值越高，在相同配置下的使用时间就越长。

2) 质量

很多时候电源的质量都与重量成正比，笔记本电脑电池也不例外。由于原装电池中监测保护电路都做得比较到位，电芯质量也比较好，所以重量比偷工减料的组装电池要大得多，购买时用手掂掂，要是比笔记本电脑的原装电池轻很多，这样的电池就需要谨慎了!

3) 性能

在电脑市场选购笔记本电脑电池时，对电池进行检测是必不可少的一个环节。测试的重点一是查看充电次数，二是看待机时间。

4) 服务

笔记本电脑电池也是商品，服务同样不可忽视，何况目前笔记本电脑电池的价格依然不菲!

从保修的角度来看，电池是笔记本电脑所有配件中保修期最短的配件，大多数只保修3个月到半年，甚至有的根本就不在保修之列，保修时间长达一年的电池少之又少。电池这样的待遇并没有因为单独购买而得到改善，一般来说，全新电池(包括兼容电池)只能享有3个月或6个月的质保期，如果是二手电池，大约会有7天到1个月不等的保修期。因此，消费者在交款前一定要问清楚电池的保修时间和条件，千万别忘了向商家索要购买凭证(如发票或盖章的收据)，并让商家注明电池质保期限。

2.9 本章实训

1. 观察主机的内部结构，了解计算机的主要部件及各部件之间的连接方法。
2. 了解机箱后面板上的插头和接口。
3. 熟悉常见的各种类型的内存。
4. 熟悉常见的不同品牌、类型的硬盘，对其标签标注的主要性能指标进行了解。
5. 查看机箱的结构。
6. 对给出的显卡能够指出其主要的组成结构。
7. 学会识别各种无线网卡。

2.10 本章习题

1. 简述 CPU 的主要技术参数。
2. CPU 选购注意事项有哪些?
3. 简述主板的分类。
4. 最新的主板技术有哪些?
5. 主板选购的注意事项有哪些?
6. 简述内存的发展历史。
7. 简述内存的性能指标。
8. 选购内存应该注意什么问题?

9. 简述硬盘的性能指标。

10. 硬盘选购的注意事项有哪些？

11. 简述显卡的性能指标。

12. 简述显卡的工作原理。

13. 简述显卡选购的注意事项。

14. 简述声卡的性能指标。

15. 简述声卡的工作原理。

16. 声卡选购的注意事项有哪些？

17. 机箱选购的注意事项有哪些？

18. 简述电源的工作原理。

19. 简述电源的性能指标。

第 3 章　计算机外设部件

学习目的与要求：

本章着重对微型计算机外设的基本原理、组成和主要性能指标进行详细的介绍，要求学习原理和性能时注意理论联系实际，并在理论指导下将选购技巧与实战经验融会贯通地运用。通过本章介绍的一些新产品和新技术，及时掌握适应市场发展的产品脉络。

3.1　外 设 概 述

外部设备简称"外设"，是指连在计算机主机以外的硬件设备，对数据和信息起着传输、转送和存储的作用，是计算机系统中的重要组成部分。主板部分包括中央处理器和主存，除去主板部分和各种驱动器、板卡之外的大多数设备都可以归为外设。很多时候外设可以简单地理解为输入设备和输出设备，例如显示器是用来显示电脑信息的输出设备，鼠标、键盘是用来输入信息的输入设备。

外部设备大致可分为 3 类。

第一类：人机交互设备，如鼠标、键盘、打印机、显示器、绘图仪、语言合成器等。

第二类：计算机信息的存储设备，如光盘、U 盘、移动硬盘。

第三类：机—机通信设备，如两台计算机之间进行通信，它们可以通过调制解调器等设备完成。

3.2　键盘与鼠标

3.2.1　键盘

键盘是电脑中最常用的输入设备之一，键盘的主要功能是把文字信息和控制信息输入电脑，其中文字信息的输入是最重要的功能，因为在 Windows 操作系统中鼠标已分担了大部分的控制信息输入任务。

1. 键盘的分类

一般台式机键盘可以根据击键数、按键工作原理、键盘外形进行分类。下面主要以按键工作原理进行介绍。

根据按键工作原理分类，主要有机械式键盘、塑料薄膜式键盘、导电橡胶式键盘、电容式键盘和无线键盘。

1) 机械式键盘

机械式键盘一般利用类似金属接触式开关的原理使触点导通或断开。在实际应用中，机械开关的结构形式很多，最常用的是交叉接触式，如图 3.1 所示。它的优点是结实耐用，缺点是不防水，敲击比较费力，打字速度快时容易漏字。不过，现在比较好的机械键盘都增加了 click 功能，click 功能实际上就是对机械结构进行了改进，加大了缓存，防止快速打字时漏掉字符。它的使用寿命是敲击 5000 万到一亿次，普通用户 10 年大约敲击键盘 20 万次左右，所以一款好的机械键盘够用一生了。

2）塑料薄膜式键盘

塑料薄膜式键盘内有 3 层，塑料薄膜一层有凸起的导电橡胶，中间一层为隔离层，上下两层有触点，如图 3.2 所示。通过按键使橡胶凸起按下，使其上下两层触点接触，输出编码。这种键盘无机械磨损，可靠性较高，目前在市场占相当大的比重，不过也有商家将这种成本相对较低的键盘当成电容式键盘。它最大的特点就是低价格、低噪声、低成本。

图3.1　机械式键盘的结构

图3.2　塑料薄膜式键盘的结构

3）导电橡胶式键盘

导电橡胶式键盘触点的接触是通过导电的橡胶接通。如图 3.3 所示，其结构是有一层带有凸起的导电橡胶，凸起部分导电，而这部分对准每个按键，互相连接的平面部分不导电，当键帽按下去时，由于凸起部分导电，把下面的触点接通，不按时，凸起部分会弹起。目前，这种键盘使用较多。

4）电容式键盘

电容式键盘根据一种类似电容式开关的原理，通过按键改变电极间的距离而产生电容量的变化，暂时形成震荡脉冲允许通过的条件。电容的容量是由介质、两极的距离及两极的面积来决定的。所以，当键帽按下时，两极的距离发生变化，这就引起电容容量发生改变。当参数设计合适时，按键就有输出，而不按键就无输出。这个输出再经过整形放大，送去驱动编码器。由于电容器无接触，所以这种键在工作过程中不存在磨损、接触不良等问题，耐久性、灵敏度和稳定性都比较好。为了避免电极间进入灰尘，电容式按键开关采用了密封组装。其拥有 1000 万～3000 万次按键寿命。目前市场上真正的电容式键盘并不多，大部分是前面两种键盘，一款真正的电容键盘价格是比较高的。

5）无线键盘

目前最时尚的就是无线键盘，如图 3.4 所示，顾名思义，这种键盘与电脑间没有直接的物理连线，通过红外线或无线电波将输入信息传送给特制的接收器。接收器的连接与普通键盘基本相同，也只需简单地连接到 PS/2 或 COM、USB 接口上。无线键盘需要使用干电池供电，对于红外线型的无线键盘具有较严格的方向性，尤其是水平位置的关系更为敏感。由于接收器接收角度有限(中心直线范围内 6m)，在键盘距离接收器太近时，会出现失灵的情况，同时灵敏度低时不能快速敲键，否则会漏字符。采用无线电的键盘要灵活得多，考虑到无线电是辐射状传播的，为了避免在近距离内有同类型(同频率)的键盘工作，导致互相干扰，一般都备有 4 个以上的频道，如遇干扰可以手动转频。

图3.3　导电橡胶式键盘的结构

图3.4　无线键盘

2. 键盘的结构

不管键盘形式如何变化，基本的按键排列还是保持不变，可以分为主键盘区、数字键区、功能键区、键盘指示灯区和编辑控制键区，对于多功能键盘还增添了快捷键区，如图 3.5 所示。

图3.5　常规键盘按键功能区

键盘电路板是整个键盘的控制核心，如图 3.6 所示，它位于键盘的内部，主要担任按键扫描识别、编码和传输接口的工作。

图3.6　键盘电路板

键盘的接口有早期的 AT 接口、PS/2 接口和 USB 接口，目前早期的 AT 接口已被淘汰。

3. 键盘的选购

键盘作为电脑的外部设备之一，市场正向两极化发展，一部分用户对键盘忽视，购买一款键盘花三四十元就觉得已经足够，殊不知键盘买回家后，不久就会出现键盘字漆脱落、按键不灵等问题。而一些游戏玩家则只盯着那些动辄四五百元的高端键盘不放，对普通一百多元的键盘不屑一顾。其实这两种观点都是比较片面的，配置键盘与配置电脑的原则一样，一定要按需所求，够用就好。下面就简单谈谈购买键盘的方法和原则，用户可参照以下方面选购。

1) 手感

选择一款键盘时，可用双手在键盘上敲打几下，由于各人的喜好不一样，有人喜欢弹性小一点的，有人则喜欢弹性大一点的。只有在键盘上操练几下，才知道键盘的手感，另外注意新买的键盘的弹性要强于以后多次使用后的弹性。

2) 按键数目

目前市面上最多的还是标准 108 键键盘，高档键盘会增加很多多媒体功能键，会在键盘的上方设计一整排。另外，如 Enter 键和空格键最好选择设计得大气点的为好，毕竟这是日常使用最多的按键。

3) 键帽

选择键帽第一看字迹，激光雕刻的字迹耐磨，印刷的字迹易脱落。将键盘放到眼前平视，会发现印刷的按键字符有凹凸感，而激光雕刻的键符则比较平整。

4) 键程

很多人喜欢键程长一点的，按键时很容易摸索到。也有人喜欢键程短一点的，认为这样打字时会快一些。

5) 键盘接口

目前大多数键盘使用 USB 接口，PS/2 接口的键盘已很少见。USB 接口键盘最大的特点就是支持即插即用。

6) 品牌、价格

最后一点就是看品牌和价格了，在挑选键盘时同等质量、同等价格下可挑选名牌大厂的键盘，大厂品牌信誉度高。

3.2.2 鼠标

1. 鼠标的分类

鼠标虽然很小，但也是 PC 上很重要的输入设备。鼠标按不同分类标准可以分为多种不同的类型，下面介绍一下常见的鼠标分类方法。

按鼠标的结构不同可以划分为机械鼠标、光机式鼠标(光电机械鼠标)和光电鼠标。光电鼠标以其精度高、可靠性好和使用免维护的优点占据了如今市场，而机械鼠标已经逐渐被人们所淘汰。

按鼠标的接口类型的不同可分为串口鼠标、PS/2 鼠标和 USB 鼠标。串口鼠标和 PS/2

鼠标已经成为历史,鼠标市场都已被 USB 鼠标所占据。

　　按鼠标的按键数量可分为双键鼠标、三键鼠标和多键鼠标。传统双键式鼠标只有左右两个按键,结构简单、应用广泛,此方式最早由微软公司推出。三键鼠标由 IBM 最早推出,又称 PC 鼠标,它比双键式多了个中键,使之在某些特殊程序中起到事半功倍的作用。现在的按键数已经从两键、三键,发展到了四键、八键乃至更多键,按键数越多所能实现的附加功能和扩展功能也就越多,能自己定义的按键数量也就越多,对用户而言使用起来也就越方便。例如罗技的 G700 就是多按键鼠标,如图 3.7 所示。这款鼠标拥有 13 个可编程控键;外形自然,贴合手型;无拘无束的全速无线技术,性能毫不受损;无论做什么设计,都可以随心操控,快速完成工作。

图3.7　罗技G700

2. 光电鼠标

　　IntelliMouse Explorer 鼠标是 1999 年微软与安捷伦公司合作,推出的第一款光电鼠标,从此揭开了光电鼠标时代的序幕,如图 3.8 所示。

图3.8　光电鼠标

　　其中,IntelliEye 定位引擎是世界上第一个光学成像式鼠标引擎,它的高适应能力和不需清洁的特点使其成为当时最为轰动的鼠标产品。

　　最初的光电鼠标必须和特殊垫板配合才能使用,造成诸多不便。随着技术的进步,光电鼠标最终抛弃了垫板,工作的时候通过发送一束红色的光照射到桌面上,然后通过桌面不同颜色或凹凸点的运动和反射来判断鼠标的运动。

　　光电鼠标的精度相对来说要高一些,再加上重量轻,不用定期清洁鼠标,因此以前常用于需要精确定位的设计领域。

　　光电鼠标主要由 4 部分核心组件构成,分别是发光二极管、透镜组件、光学传感器以及控制芯片,如图 3.9 所示。

在光电鼠标内部有一个发光二极管，通过该发光二极管发出的光，照亮光电鼠标底部表面(这就是为什么鼠标底部总会发光的原因)；然后将光电鼠标底部表面反射回的一部分光线，经过一组光学透镜(如图3.10所示)，传输到一个光感应器件(微成像器)内成像。这样，当光电鼠标移动时，其移动轨迹便会被记录为一组高速拍摄的连贯图像，最后利用光电鼠标内部的一块专用图像分析芯片(DSP，数字微处理器)对移动轨迹上摄取的一系列图像进行分析处理，通过对这些图像上特征点位置的变化进行分析，来判断鼠标的移动方向和移动距离，从而完成光标的定位。

图3.9 光电鼠标组件的结构

图3.10 光电鼠标的光学透镜

3. 无线鼠标

无线鼠标器是为了适应大屏幕显示器而生产的。所谓"无线"，即没有电线连接，而是采用两节七号电池无线遥控。鼠标器有自动休眠功能，电池可用上一年，一般接收范围在1.8m左右。

无线鼠标普及率越来越高，其发展由来已久。早在1984年，罗技的第一款无线鼠标就研制成功。不过，那时候的无线鼠标还依靠红外线作为信号的载体，虽然这款产品由于性能方面的诸多问题而告失败，但是罗技在无线方面的创新也给后来的产品提供了很多思路。

从原理上看，无线鼠标主要分为红外线式和无线电式。两种鼠标都需要使用干电池供电，对于红外线型的无线鼠标具有较严格的方向性，尤其是水平位置的关系更为敏感，因此目前采用这种方式的产品已经不多，大多数都是采用了更为先进的无线电发射方式。

无线电式鼠标的学名叫DRF(digital radio frequency，数字无线电频率)，这项技术能够对短距离通信提供充足的带宽，非常适合鼠标和键盘这样的外围设备使用。它的原理也非常简单，鼠标部分工作与传统鼠标相同，再用无线发射器把鼠标在 X 轴或 Y 轴上的移动、按键按下或抬起的信息转换成无线信号并发送出去，无线接收器收到信号后经过解码传递给主机，驱动程序告诉操作系统鼠标的动作，应该把鼠标指针移向哪个方向或是执行何种指令。

采用无线电技术的好处是，只要在限定距离内，就可以在任何位置使用，几乎不受障碍物的影响。一般传输的距离达10~20m，已经足够用户使用。

无线电的最大特点是可以进行360°全方位无线射频遥控，而且耗电量较低，具有触发工作待机休眠的功能。无线设备的接收端已经内置接收器，发射器装在主机的设备口上，均不会影响产品外观。

无线电接收器本身所具有的接口是 USB 或 PS/2 的,可以从计算机的 PS/2 接口取电,不需要另加电池。它具有双波段或多波段,如果有多个无线设备,均可以通过这一个接收器进行管理。键盘工作频率一般占用通道 1(如 27.185MHz 和 27.035MHz),鼠标工作频率占用通道 2(如 27.085MHz 和 27.135MHz),工作时鼠标和键盘或多个鼠标之间干扰性较低,而且不会影响无线电话等数字无线设备。

现在很多厂商还推出了蓝牙鼠标,蓝牙鼠标是采用最新蓝牙技术制造的高精度无线光学鼠标。因为使用蓝牙规范的设备非常广泛,不需要专门的适配器就可以与其他蓝牙设备包括现在标配蓝牙的笔记本电脑连接,更适合笔记本电脑用户使用。

目前,生产无线鼠标比较知名的厂商有微软、罗技、明基等。例如,微软的 ARC TOUCH 鼠标,出身名门,手感极佳,如图 3.11 所示。这款鼠标采用突破性的设计,鼠标的弯曲可带来舒适的操作体验,展平后十分方便携带;弯曲后电源即开,展平自动断开,无须电源开关按钮;采用 BlueTrack Technology 蓝影技术,可在几乎所有常用生活用品表面如桌面、沙发上尽情使用。

图3.11　ARC TOUCH鼠标

4. 鼠标的选购

目前在市场上主流的鼠标是光电鼠标,下面就简单谈谈光电鼠标的选购常识。

1) 解析度

鼠标的内在性能跟解析度有着密切的关系,常看见鼠标的说明书上标注着 800dpi 或 1000dpi,这就是鼠标的解析度。通常可以这样理解,1 个 800dpi 解析度的鼠标实际就意味着每移动 1 英寸就传回 800 次坐标的高解析度,解析度越低的鼠标被拖曳时越会令人明显感觉比较迟钝。一般鼠标的解析度越高,鼠标越敏感,但稳定性稍差一些。目前市面的鼠标大都提供 1000dpi 的解析度,Razer 和罗技的高端鼠标则采用 16 000dpi 的解析度。

2) 刷新率

刷新率也是鼠标的一个重要参数,即鼠标每一秒能够采集到的图像数据,一般以"fps/s" (帧/秒)为单位。刷新率在一定程度上甚至比解析度更重要。刷新率越高的鼠标每秒所能传回的成像次数越多,所形成的图像也就越精准。第一代的光学鼠标刷新率在 1500 帧/秒。高端鼠标可达到 9000 帧/秒的刷新率。

3) 是否符合人体工程学

大家或许看惯了普通的鼠标设备,对人体工程学的概念比较模糊。除了注重鼠标的内在性能之外,选购鼠标比较关键的一点就是看是否符合人体工程学设计。一款鼠标拿到手里，手感是第一位的，鼠标的轻重、大小以及手指按键的设计等都是很关键的，它决定了一个用户对鼠标的喜爱程度。一般而言，符合人体工程学设计的鼠标握起来非常舒服，在工作、学习、娱乐中不容易疲劳。

4) 外观

可以根据个人喜好挑选适合自己的鼠标，鼠标颜色最好与机箱、键盘、显示器的搭配和谐。当然，也可以根据个人喜好选择一些个性化外观的鼠标，如图 3.12 所示。这款 BenQ 鼠标是由美国加州的 BMW 设计团队设计的。鼠标的样子本身就很有个性，而这个接收器就更有特色了。接收器银色和黑色相间，第一感觉就让人想起汽车轮子。雾银色的表面光泽引人入胜，靠近边缘的一颗联结按钮下还藏着一颗橙色的 LED 灯，实在是经典的设计。接收器的侧面有一条狭缝，这里是外壳上下两部分的结合线。按钮兼具工作指示灯的作用，内部的橙色 LED 会在鼠标动作期间闪烁，只要鼠标和接收器之间有信号传送它就会闪烁，包括鼠标移动、滚动滚轮、按键动作。

图3.12　BMW团队设计的BenQ鼠标

5) 接口

鼠标的接口和键盘类似，目前市面上主流是 USB 和蓝牙接口的鼠标。

3.2.3　笔记本电脑的键盘

笔记本电脑键盘的种类也日益丰富。诸如 X 型结构、弧面键帽、全尺寸键盘等新词逐渐出现在广告中。孤岛式、浮萍式都代表着什么样的键盘呢？下面来详细了解一下。

1. 笔记本电脑键盘的结构

笔记本电脑键盘由于厚度和尺寸所限，大多键程较短。为了能够弥补键帽回弹力弱、受力不均匀容易卡键的问题，大都采用了 X 型支架结构，如图 3.13 所示。这样即使按到了键帽的边缘，X 型结构也能把力道均匀地分散到另一边上，最终键帽会平稳地推动橡皮碗，使触点下面的电极顺利接通。

2. 笔记本电脑键盘的分类

笔记本电脑键盘根据其外观、设计原理的不同，分为孤岛式、浮萍式、宽触丽落式等，下面逐一介绍。

1) 平面孤岛式键盘

孤岛式键盘并非新生事物，早在 2004 年，索尼 VAIO X505 就使用了这样的键盘结构，如图 3.14 所示。索尼将其称为独立式键盘(isolation keyboard)，而后，苹果笔记本电脑全线采用了这种设计。孤岛式键盘有整体厚度低的优势，这样，其在超薄机型和小屏幕上网本上优势明显。而键帽间存在明显间隙，显得美观，清洁时也方便很多。所以，孤岛式键盘已经成为时尚本和超薄本的一个标志物了。

图3.13　X型支架结构

图3.14　平面孤岛式键盘

2) 弧面孤岛式键盘

弧面孤岛式键盘是平面孤岛式键盘的后续产品，如图 3.15 所示，弧形的键帽使手感更佳，极大地缓解了一些使用者尤其是 ThinkPad 老用户难以适应巧克力键盘平面键帽的困扰，增加了孤岛式键盘的适用范围。

3) 平面浮萍式键盘

宏碁的 Timeline 系列轻薄本率先提出了浮萍式键盘这一概念。这种键盘拥有悬浮的结构、巧克力式的键帽，如图 3.16 所示。浮萍式键盘键面只是一平面的片状结构，而中心的支撑点掩盖在键帽下方，这样，令人感觉到键盘就是一片片浮萍支撑在笔记本电脑的 C 面上，这种特殊的结构也令浮萍式键盘的手感比较特殊，触发力度小，键帽反应迅速。

图3.15　弧面孤岛式键盘

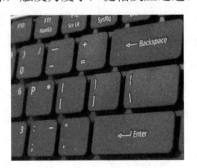

图3.16　平面浮萍式键盘

浮萍式键盘也存在一些问题，由于键帽与键盘底面存在较大的间隙，加之两个键之间的缝隙也较大，容易进入杂物，同时由于无键帽与卡槽的限位作用，在使用时键盘还有左右摇晃的感觉；还有，过分密集地按键，也使得手指的边缘容易误碰到其他按键。

4) 阶梯浮萍式键盘

笔记本电脑市场还有另外一种浮萍式键盘。与传统的平面浮萍式键盘不同，这种浮萍式键盘可算改进型。以图 3.17 中这款产品为例，它的键盘部分更像是在传统键盘基础上，对键帽进行了改进，以方正的阶梯形状巧克力造型，来替代传统笔记本电脑上那种平面键盘，将以往笔记本电脑键面上的弧面改为平面设计。

这样设计的好处是，不仅会令键盘显示出一种平面的整洁感，而且按键与按键之间的缝隙很小，不容易进灰；而且这种阶梯浮萍式键盘可以将键程做得更大，手感会更好。

5) 弧面浮萍式键盘

惠普也带来了一类改良型的浮萍式键盘，如惠普 2140 上使用的键盘。与传统平面浮萍式键盘一样，它也没有 C 面基板，但它的键帽呈现出弧面弯曲状态，如图 3.18 所示。

图3.17　阶梯浮萍式键盘

图3.18　弧面浮萍式键盘

这种键盘设计的优点是，它既保证了键盘的密度，避免了灰尘的进入，又依靠弧形表面，将手指的触压点集中在了键帽的中心位置，不至于让按键在按压时"东倒西歪"。总体来说，这种弧面浮萍式设计的优势在于较多贴合手指、触压感稳定，且造型非常漂亮。

6) 宽触丽落键盘

经过演化后，东芝公司为自己的笔记本电脑键盘起了一个不错的名字——宽触丽落键盘，如图 3.19 所示。针对笔记本电脑键盘容易误触的缺陷，东芝公司先将按键设计得较宽，然后在左右两边划上一条细槽，这样一来，宽度仍然能完全支持手指的发力，保持稳度，而旁边的细槽因为不如中间那样平整，每一次触碰后会提醒手指在离位时都下意识地自觉调整，下一次误击的概率就大大减小了。

图3.19　宽触丽落键盘

3. 笔记本电脑键盘的选购

- 键位布局合理。有人喜欢 Fn 键在左下方,有人却习惯了玩游戏按左下 Ctrl 键,因此键位顺手很重要。
- 全尺寸键盘。所谓全尺寸,就是每个键之间的距离是否合适。
- 键程合理。键程就是按下去的距离,较长的键程会带来更好的感受。
- 便于清洁。孤岛式键盘都比较好清洁,脏物不易卡键。
- 手感好。买笔记本电脑之前尽量多试试,尤其是要多摸摸高端本。

3.3 外部存储设备

3.3.1 光驱

光驱曾经是台式机里比较常见的一个配件,如图 3.20 所示。随着移动硬盘、U 盘和固态硬盘的出现,普通光驱正在慢慢淡出市场,小巧便携的上网本的热销,使得外置式光驱仍有市场。

图3.20 外置光驱

1. 光盘驱动器的基本工作原理

光盘驱动器(光驱)是一个结合光学、机械及电子技术的产品。在光学和电子结合方面,激光光源来自于一个激光二极管,它可以产生波长为 $0.54\sim0.68\mu m$ 的光束,经过处理后光束更集中且能精确控制。光束首先打在光盘上,再由光盘反射回来,经过光检测器捕获信号。光盘上有两种状态,即凹点和空白,它们的反射信号相反,很容易经过光检测器识别。检测器所得到的信息只是光盘上凹凸点的排列方式,驱动器中有专门的部件将它转换并进行校验,然后得到实际数据。光盘在光驱中高速地转动,激光头在伺服电机的控制下前后移动读取数据。

2. 光盘驱动器的选购

对于光盘驱动器的选购可以从下面几个方面考虑。

1) 接口类型

CD-ROM 驱动器接口有 IDE、EIDE 和 SCSI、SATA、USB 几种,其中 IDE、EIDE 和

SCSI 接口的光驱已淡出市场。SATA 以连续串行的方式传送数据,可以在较少的位宽下使用较高的工作频率来提高数据传输的带宽。现在主机均带有 USB 接口,因此 USB 接口光驱也极其常见。

2) 数据传输速率

数据传输速率(data transfer rate)是光驱最基本的性能指标,该指标直接决定了光驱的数据传输速度,通常以 KB/s 来计算。最早出现的 CD-ROM 的数据传输速率只有 150KB/s,当时有关国际组织将该速率定为单速,光驱的数据传输速率越高越好。

3) 数据缓冲区和格式支持

这里指的是驱动器内部的缓冲区。足够大的数据缓冲区才能保证数据从驱动器到计算机上的持续传递。缓冲区大小直接影响数据的正确性和多媒体处理的速度,缓冲区越大,CD-ROM 驱动器工作得越快、越连续。随着可擦写光盘驱动器的普及,对包括 CD-R/RW 盘片在内的多种光碟类型的支持也显得非常重要,这无疑扩大了光驱作为多媒体部件的使用范围。

4) 容错能力

任何光驱的性能指标中都没有标出容错能力参数,但这却是一个实在的光驱评判标准。在高倍速光驱设计中,高速旋转的马达使激光头在读取数据的准确定位性上相对于低倍速光驱要逊色许多,同时劣质的光碟更加剧了对光驱容错能力的需求,因而许多厂家都加强了对容错能力的设计。必须注意的是,为了保证数据读取的严密性,光驱产品不可能具有同 DVD 影碟机一样的超强纠错能力,两者设计的出发点和使用目的都不相同。

5) 品牌

在很多人眼里,品牌似乎标志着一个产品的质量好坏,在市场上 Acer、华硕、源兴、飞利浦、索尼等都属知名品牌。这些名牌产品的质量一般都有保障。但光驱结构简单,从而使得假冒产品从很多渠道进入了零售市场。

6) 售后服务

售后服务就是质量保证期长短的问题,现在光驱产品保修期按不同品牌有几个月到 3 年不等,保修期的长短在一定程度上体现了厂家对自身产品的信心。

3.3.2　刻录机

刻录机的工作原理就是借助光驱内的激光束,读取存储在光盘片上的数据,而光盘片上的数据是通过光盘片上不同的凹凸面,由激光照射后产生反射平面(land)与凹洞(pit)两种不同的信号差异,这两种不同的信号差异可以仿真成 0 或 1 的数据形态,从而将数据存储于光盘片内。

光驱和 DVD 都是由于存储数据的需要而产生,而刻录机的产生则源于人们对数据存储的要求。从初始的 CD 刻录机到现在的 DVD 刻录机虽经历不长时间,但在刻录机早期发展的年代,由于刻录机的规格不统一,以及出于对 CD-ROM 盘片格式的兼容性考虑,衍生出多种刻录光盘数据格式。

1. 刻录机的基本工作原理

CD-RW 驱动器与 CD-R 驱动器在技术上所不同的是,CD-RW 驱动器采用先进的相变

(phase change)技术。CD-RW 光盘片内部镀上一层 200～500 埃(1Å=10^{-8}cm)的薄膜，而此种薄膜的材质多为银、铟、硒或碲的结晶层，这个结晶层的特色是能呈现出结晶与非结晶的状态。因此在刻录数据时，高功率的激光束反射到 CD-RW 光盘片的介质层时，会产生结晶(crystalline)和非结晶(amorphous)两种状态，并通过激光束的照射，介质层可以在这两种状态中相互转换，从而达到重复擦写的目的。

2. 刻录机相关技术简介

1) 安全装置

早期的刻录机刻录成功率并不高，经常出现刻录错误的提示，随着刻录技术的不断提升，使得刻录成功率和准确性大大提高了。刻录速度的提升是刻录机成功率提升的关键，因为随着速度提升，刻录所需时间大大降低，时间越短，不稳定的可能性也越低。同时，在机械结构方面刻录机也出现了一些改良，其主要原理是通过调整两层橡胶垫的软硬度，将光驱内部的震动传导到内部的一层配重上，从而使激光读取头和光盘达到一种稳定的状态，增加光驱读盘的稳定性。在现阶段，一些优秀的刻录机中也采用了 DDS(动态减震系统)的设计，增加了其对不平衡盘片的容忍度，从而提高了刻录盘片和读盘的成功率。准确说来，这项技术几乎每一个大厂都采用。还有精确的基座设计：刻录盘片时要求激光头可以非常精确地定位，各个厂商所推出的"防刻死"的技术就是有利于激光头的精确定位。光驱生产车间的激光头准焦过程因为流水作业速度相当快，标准仅仅是控制误差，所以人为的偏差对于刻录机的影响很大，而精确的基座设计可以有效地减少这种误差带来的损失。

2) 防欠载设计

为了杜绝刻死盘的情况发生，目前比较流行防欠载技术，像三洋的 Burn Proof 和 NEC、理光采用的 Just Link 技术以及 Just Speed。MAG(美格)的 CRR 5224D 刻录机就采用了后两种技术，Just Link 技术可以预测数据错误的发生，并通过智能缓冲技术自动纠错。Just Speed 技术使得产品在具备良好的光盘数据纠错及数据还原能力的情况下，确保可靠的高速率刻录操作。在安全性和稳定性方面，针对 650MB 容量的普通盘片，美格 CRR 5224D 刻录机几乎完全不会面临欠载，速度上的优势也令美格 CRR 5224D 刻录机不太可能遇到使用时间过长造成的损害。

3. 刻录机的选购

对于刻录机的选购可以从下面几个方面考虑。

1) 刻录速度

这是标志光盘刻录机性能的主要技术指标之一，包括数据的读取传输率和数据的写入速度。刻录光驱一般标示的速度都是类似"52X24X52"，其中第一个数字 52 表示刻录速度最大为 52 速，第二个数字 24 表示擦写速度最大为 24 速，第三个数字 52 表示普通读取速度最大为 52 速。而 X 表示刻录机是以"倍速"方式标记速度的，传输速度以 150KB/s 为基准单位，即每秒钟能进行 150KB 大小的数据读或写称为一个倍速。基于刻录期间要求高度的稳定性，刻录机的写入需要在恒定速度下才能保证写入的正确性，因此刻录机上面标示的速度均为恒定线速度。理论上速度越快，性能就越好。

2) 接口方式

光盘刻录机按接口方式分，内置的多为 SATA 接口，外置的有 USB 和 SATA 接口。

3) 缓存容量

缓存的大小也是衡量光盘刻录机性能的重要技术指标之一，前面谈到过刻录时数据必须先写入缓存，因而一般来说缓存的容量越大，刻录的成功率就越高。建议选择缓存容量较大的产品。增加高速缓存既有利于刻录机的稳定工作，又有利于降低 CPU 的占用率。

4) 刻录保护技术

随着刻录速度越来越高，单纯采用增大缓存的方法不能完全解决刻坏盘的问题，于是厂商又通过采用防欠载技术来确保刻录的安全性和稳定性。

5) 兼容性

刻录机的兼容性有几个概念，一是对刻录格式的兼容，支持的格式越多越好，主流刻录机一般都支持 CD-ROM、CD-R/RW、CD Audio、CD-ROM XA、CD-I、CD-Extra、Mixed Mode、Photo CD、Video CD、CD Text 等多种数据格式。二是盘片兼容性，反映了刻录机对各种盘片的读写操控能力。现在市面上主要为 DVD-R/DVD-RW 以及 DVD+R/DVD+RW 等不同格式的盘片。三是刻录机本身的软硬件兼容性，并不是所有的刻录机都能兼容所有的刻录软件，一般名牌大厂生产的刻录机，支持的刻录软件会多一些，软件兼容性就较好，因此在选择刻录机软硬件产品的时候，应尽量选择名牌产品，以保持良好的兼容性。另外，有些杂牌的外置产品还可能存在硬件兼容性方面的问题，在某些电脑上出现安装困难，大家选购时也要注意。

6) 超刻的支持

所谓超刻即"超长时间刻录(over burning)"，是指在一张可刻录光盘上，写入比标准的容量更多的数据。大多数刻录机都能非常安全地多刻 2min 的音乐或者 20MB 的数据。这里的"超刻"指是否还能存放超过标准的更多数据，比如超过 80min 甚至 90min 等。在某些极端的情况下，一些刻录机与特殊刻录盘配合，甚至能完整地刻下 99min 的数据。

7) 避震设计

光存储产品的避震设计是很多消费者在选购时容易忽略的因素。目前市场上能见到的光存储产品的避震设计原理各异，效果差别明显，主要有以下几类：钢索悬挂式减震机构 WSS(wire suspension system)，利用钢索连接被动吸震器与机芯，得到极低的变异量与稳定的避震效果，但设计工艺复杂，成本较高。此外还有悬浮承载减震机构 FDS(floating damper suspension)和双悬浮式悬挂减震机构 DFS(double floating suspension)，都存在小机芯上震动大、伺服系统难设计等缺陷。目前最先进的当属集震器减震机构 VAS(vibration absorber system)，它利用传导共振的原理，将机芯上的震动导引到内部独立的集震器，并配以适当的避震器，无论在高低速下皆有极佳的避震效果。

8) 防尘及散热

和电脑中任何一种配件一样，刻录机的防尘和散热设计也应该注意，它对光存储设备的稳定性、可靠性的作用是重要的。灰尘的侵入会严重影响光头等重要部件的灵敏度和使用寿命，而且有可能造成漏电、短路等故障；过高的温度会影响电子元件的工作效率，缩短这些元件的使用寿命。不过，防尘和散热似乎是一对矛盾体，为了防尘，密封似乎是最好的办法，但是密封最直接的副作用就是不利于散热。而与之对应，散热的最好办法似乎就是增加通风口，并设置风扇，但是通风口与风扇都对防尘不利。为消除防尘与散热这对难以解决的矛盾，目前一些高速刻录机采用设置内膜防尘技术和硅胶散热等方式来解决。

9) 附件及售后服务

在附件方面，标准配置是说明书、软件光盘、音频线、几张空白盘片等，有的刻录机甚至还非常贴心地提供了一根紧急出盘针。在配套软件方面，目前的"标配"主要有 Adaptec Easy CD Creator、Direct CD、Nero Burning Rom 等，注意应尽快把它们升级到最新版本。

刻录机的使用寿命通常用平均故障间隔时间来衡量，一般都号称在 10 万小时以上，但实际上，刻录机的故障率比较高，寿命也并不太长，因此刻录机的售后服务是很重要的问题。另外，由于刻录机可能存在与刻录软件及某些硬件的兼容问题，最好能与商家商量好一个包换的时间。一些刻录机产品虽然价格特别便宜，但由于售后服务态度不佳，或者根本没有完善的售后服务，一旦出现故障就会很被动，大家购买时应小心，最好选择名牌大厂的产品。

3.3.3 笔记本电脑的光驱

由于笔记本电脑讲究小巧，而光驱又并非非用不可和经常使用的硬件，为了减轻整机的重量和缩减机器体积，不少笔记本电脑采用了光驱外置，有些笔记本电脑为了顾及性能而采用光软驱互换或全内置等方法。具体来说，笔记本电脑光驱在笔记本电脑中的状态有三种，用专用术语 Spindle 区别。Spindle 是指能够旋转的轴或锥，在笔记本电脑中，Spindle 代表硬盘、软驱和光驱等。

第一种：1－Spindle。这是指笔记本电脑机器内部只有一个 Spindle，这个 Spindle 当然是指硬盘，因为没有硬盘基本上是不能开机工作的。这时，该类型的笔记本电脑要么软驱和光驱全外置，或者没有配备光驱和软驱。

第二种：2－Spindle，3－Spindle。这是指笔记本电脑内部只有两个 Spindle，除硬盘之外还有一个光驱或者软驱。如果内置光驱，没有标配软驱或者软驱外置、光软驱互换等都属于此列。

第三种：3－Spindle。这是指硬盘、光驱、软驱全部内置于机器，就是常说的全内置机种。

1. 笔记本电脑光驱的种类

笔记本电脑光驱大致可分为 CD-ROM 驱动器、DVD 光驱(DVD-ROM)、康宝(COMBO)和刻录机等。

(1) CD-ROM 光驱：又称为致密盘只读存储器，是一种只读的光存储介质。它是利用原本用于音频 CD 的 CD-DA(digital audio)格式发展起来的。这种光驱一般除了能读 CD 格式的碟片外，还可读取 VCD、MP3 等格式的碟片内的文件，当然也可读取电脑的各种应用软件的文件。

(2) DVD 光驱：是一种可以读取 DVD 碟片的光驱，除了兼容 DVD-ROM、DVD-VIDEO、DVD-R、CD-ROM 等常见的格式外，对于 CD-R/RW、CD-I、VIDEO-CD、CD-G 等都能很好地支持。简单地说，DVD 光驱除了可读取 CD-ROM 光驱能读取的格式文件外，还能读取 DVD 格式的文件(碟片)。

(3) COMBO 光驱："康宝"光驱是人们对 COMBO 光驱的俗称，而 COMBO 光驱是一种集 CD 刻录、CD-ROM 和 DVD-ROM 为一体的多功能光存储产品。

(4) 刻录光驱：包括 CD-R、CD-RW 和 DVD 刻录机等，其中 DVD 刻录机又分 DVD+R、DVD-R、DVD+RW、DVD-RW(W 代表可反复擦写)和 DVD-RAM。刻录机的外观和普通光驱差不多，只是其前置面板上通常都清楚地标识着写入、复写和读取三种速度。

2. 笔记本电脑光驱的相关指标

衡量光驱好坏的指标主要为转速、防震能力和纠错能力等。

笔记本电脑由于受体积和散热能力限制，转速一般略落后于台式机光驱，现在的笔记本电脑 CD-ROM 转速一般都在 24X 左右，DVD-ROM 则在 8X 左右，前 COMBO 笔记本电脑光驱通常的读写速度为 24XCD-R、16XCD-RW、24XCD-ROM、8XDVD。

纠错能力一般为厂商标称，光凭文字介绍很难准确地判断其真实情况，比较有效的判断方法是在购机前带上一张在好的光驱上能读取的质量低劣的盘，然后放进欲买的笔记本电脑光驱里，如果能正常读取的话证明该光驱质量较好，如果不能正常读取则不买为佳。

至于防震能力就很难测试了，只有通过厂商介绍的文字进行分析，或者结合互联网上的信息、该产品厂商的口碑等综合来分析判断。

3.3.4　移动硬盘

移动硬盘(mobile hard disk)，顾名思义，是以硬盘为存储介质、计算机之间交换大容量数据、强调便携性的存储产品。市场上绝大多数的移动硬盘都是以标准硬盘为基础的，而只有很少部分用的是微型硬盘(1.8 英寸硬盘等)，但价格因素决定着主流移动硬盘还是以标准笔记本电脑硬盘为基础，因此移动硬盘在数据的读写模式与标准 IDE 硬盘是相同的。移动硬盘多采用 USB、IEEE 1394 等传输速度较快的接口，可以较高的速度与系统进行数据传输。

1. 移动硬盘的特点

1) 体积小，容量大

近几年来，移动硬盘发展迅速，"体积最小化，容量最大化"是整个移动存储设备的发展趋势。市面上移动硬盘主要有 1.8 英寸、2.5 英寸和 3.5 英寸三种规格。1.8 英寸硬盘虽然进入移动存储市场的时间较晚，但却完美地调和了体积与容量之间的矛盾。1.8 英寸硬盘的容量为 2.5 英寸硬盘的 50%～75%，最大存储容量可以达到 2TB，但是与 2.5 英寸硬盘相比，厚度更薄、体积更小、重量更轻。IBM 在 1999 年发布了容量为 340MB 的首个 1 英寸微型硬盘，到 2000 年容量增加到 1GB。截至 2017 年 3 月，西部数据推出的 My Book Pro 系列的 3.5 英寸移动硬盘的最大存储容量已达 16TB。

2) 传输速度高

移动硬盘大多采用 USB、IEEE 1394、eSATA 接口，能提供较高的数据传输速度。不过，移动硬盘的数据传输速度在一定程度上受到接口速度的限制，尤其在 USB 1.1 接口规范的产品上，在传输较大数据量时，将考验用户的耐心。而 USB 2.0、IEEE 1394、eSATA 接口就相对好很多。USB 3.0 接口传输速率是 5Gb/s，IEEE 1394 接口传输速率是 400～800Mb/s，而 eSATA 达到 1.5～3Gb/s，在与主机交换数据时，读一个几个 GB 的大文件只需几分钟，特别适合视频与音频数据的存储和交换。

3) 使用方便

移动硬盘大多使用 USB 接口，具有真正的"即插即用"特性，使用起来灵活方便。部分大容量硬盘由于转速高达 7200 转每分钟，需要外接电源(USB 供电不足)，这在一定程度上限制了硬盘的便携性。

2009 年，国内移动存储的厂商开始提倡多媒体移动硬盘，逐渐整合适合大众消费者的功能，比如可以播放高清电影的多媒体移动硬盘、连上网线可直接下载电影的高清播放器等。

无线硬盘壳体内设有 USB 芯片，还设有与 USB 芯片分别连接的蓝牙模块以及红外传输模块，壳体的上部设有蓝牙与红外切换旋钮。U 盘可通过红外传输或者蓝牙传输的方式与电脑等设备进行数据传输，免去物理拔插的过程，因而能大大延长移动硬盘的使用寿命；同时，由于蓝牙模块的存在，可使移动硬盘同时供多台电脑使用，大大提高其利用效率。

4) 可靠性提升

数据安全一直是移动存储用户最为关心的问题，也是人们衡量该类产品性能好坏的一个重要标准。移动硬盘以高速、大容量、轻巧便捷等优点赢得许多用户的青睐，而更大的优点还在于其存储数据的安全可靠性。这类硬盘与笔记本电脑硬盘的结构类似，多采用硅氧盘片。这是一种比铝、磁更为坚固耐用的盘片材质，并且具有更大的存储量和更好的可靠性，提高了数据的完整性。

虽然与闪存相比，移动硬盘在防震、安全等性能上暂时处于劣势，但移动硬盘厂商们对于防震、抗摔等安全技术上的探索从来没有停止过。以矽霸电子为例，其在百事灵 1.8 英寸移动硬盘上应用的许多技术使得这个产品在安全存储上具有独特的优势。其自动平衡滚轴系统，能保护硬盘在恶劣环境下或突发震动中依然能够正常运转，最大限度地保护硬盘和数据的安全。同时，在市场上，也有越来越多的产品在往硬件加密方向上发展。

2. 移动硬盘的选购

1) 读写速度

高速地读写数据至关重要。如果速度过慢，在复制大型视频或音频文件时，会耗时相当长，降低工作效率。另外，当使用笔记本电脑连接移动硬盘时，如果传输速度太慢，会加快缩短笔记本电脑电池的使用时间。通常 2.5 英寸品牌移动硬盘的读写速度由硬盘、读写控制芯片、USB 端口类型三种关键因素决定。目前主流 2.5 英寸品牌移动硬盘的读写速度为 60~140MB/s，固态硬盘可以达到 400MB/s 甚至更高。2.5 英寸笔记本电脑硬盘根据转速快慢分为 7200 转和 5400 转两种类型，此外为了加快硬盘的读写速度，不少硬盘厂商将硬盘的读写缓存从 2MB 加大到 8MB。目前市面上较为常见的 2.5 英寸笔记本电脑硬盘品牌有日立、希捷、西部数据、三星等，它们之间的速度差异相对来说不是太明显，在选购品牌移动硬盘时不必对里面的硬盘型号过多考虑。

2) 供电

有不少劣质台式电脑主板的机箱前置 USB 端口容易出现供电不足的情况，这样就会造成移动硬盘无法被 Windows 系统正常发现的故障。在供电不足的情况下就需要给移动硬盘进行独立供电，因此大部分移动硬盘都设计了 DC-IN 直流电插口以解决这个问题。

对于笔记本电脑来说，2.5 英寸 USB 移动硬盘工作时，硬盘和数据接口由 USB 接口供电。USB 接口可提供 0.5A 电流，而笔记本电脑硬盘的工作电流为 0.7~1A，一般的数据复制不会出现问题。但如果硬盘容量较大或移动文件较大时很容易出现供电不足,而且若 USB 接口同时给多个 USB 设备供电也容易出现供电不足的现象,造成数据丢失甚至硬盘损坏。为加强供电,2.5 英寸 USB 移动硬盘一般会提供从 PS/2 接口或者 USB 接口取电的电源线,所以在移动较大文件的时候就需要接上 PS/2 电源线。

3) 品质

市面上有不少所谓的品牌移动硬盘其实是由经销商自己组装的,也就是说,厂商提供给经销商的只是移动硬盘盒,经销商拿到盒子后再把硬盘装进去。这种品牌移动硬盘的品质是无法得到保证的,所以购买移动硬盘时最好是选购有一定市场知名度、口碑好的产品。

此外,PCB 的做工也对移动硬盘的品质有很大影响。作为普通消费者,是无法拆开机器仔细检查 PCB 的,此时最好的方法就是在网上搜索一下,看看能否找到权威媒体的拆机评测报告和网友试用后的评价。

4) 厚度

现在的移动硬盘售价越来越便宜,外形越来越薄。不能一味追求低成本和漂亮外观,很多产品都不具备防震措施,有些甚至连最基本的防震填充物都没有,其存储数据的可靠性也就可想而知了。

一般来说,机身外壳越薄的移动硬盘其抗震能力越差。为了防止意外摔落对移动硬盘的损坏,有一些厂商推出了超强抗震移动硬盘。其中不少厂商宣称自己是 2 米防摔落,其实高度根本就不是应该关注的重点,而应该关注这个产品是否通过了专业实验室不同角度数百次以上的摔落测试。

3.4 音 频 外 设

3.4.1 音箱

顾名思义,音箱乃装有喇叭的箱子。好的音箱应该尽量能够真实完整地再现乐器和声音原本的属性和特色。也许有时最重要的表现体现在精确的音调平衡性能上面。声音听上去应该给人一种平滑而且毫无润色修饰的感觉,而没有十分明显的音染和高低音描述失真现象;中音和高音没有太"空旷"或者"压抑"的特殊感觉。

1. 音箱的分类

音箱的外形五花八门,常见的大多是长方形,箱体结构主要有密闭箱、反射箱、传输线、无源辐射器、耦合腔和号筒等几类。

密闭式音箱(closed enclosure)是结构最简单的扬声器系统,于 1923 年由 Frederick 提出,是将扬声器单元装在一个全密封箱体内构成。它能将扬声器的前向辐射声波和后向辐射声波完全隔离,但由于密闭式箱体的存在,增加了扬声器振动产生共振的刚性,使扬声器的最低共振频率上升。密闭式音箱的声色有些深沉,但低音分析力好;使用普通硬折环扬声器时,为了得到满意的低音重放,需要采用容积大的大型箱体。新式的密闭音箱利用封闭在箱体中的压缩空气的弹性作用。尽管扬声器装在较小的箱体中,锥盆后面的气垫会对锥盆施加反驱动力,所以这种小型密闭音箱也称气垫式音箱。

低音反射式音箱(bass-reflex enclosure)也称倒相式音箱(acoustical phase inverter)，于1930年由Thuras发明。在它的负载中有一个出声口开孔在箱体一个面板上，开孔位置和形状有多种，但大多数在孔内还装有声导管。箱体的内容积和声导管孔的关系，根据亥姆霍兹共振原理，在某特定频率产生共振，称反共振频率。扬声器后向辐射的声波经导管倒相后，由出声口辐射到前方，与扬声器前向辐射声波进行同相叠加。它能提供比密闭式音箱更宽的带宽，具有更高的灵敏度、较小的失真。理想状态下，低频重放频率的下限可比扬声器共振频率低20%之多。这种音箱用较小箱体就能重放出丰富的低音，是目前应用最为广泛的类型。

声阻式音箱(acoustic resistance enclosure)实质上是一种倒相式音箱的变形，它以吸声材料或结构填充在出声口导管内，作为半密闭箱控制倒相作用，以降低反共振频率来展宽低音重放频段。

传输线式音箱(labyrinth enclosure)是以古典电气理论的传输线命名的，在扬声器背后设有用吸声性壁板做成的声导管，其长度是所需提升低频声音波长的四分之一或八分之一。理论上它衰减由锥盆后面传来的声波，防止其反射到开口端而影响低音扬声器的声辐射。但实际上传输线式音箱具有轻度阻尼和调谐作用，增加了扬声器在共振频率附近或以下的声输出，并在增强低音输出的同时减小冲程量。通常这种音箱的声导管大多折叠呈迷宫状，所以也称迷宫式或曲径式。

无源辐射式音箱(drone cone enclosure)是低音反射式音箱的分支，又称空纸盆式音箱，是在1954年由美国的Olson及Preston发明。它的开孔出声口由一个没有磁路和音圈的空纸盆(无源锥盆)取代，无源锥盆振动产生的辐射声与扬声器前向辐射声处于同相工作状态，利用箱体内空气和无源锥盆支撑元件共同构成的复合声顺和无源锥盆振动形成谐振，增强低音。这种音箱的主要优点是避免了反射出声孔产生的不稳定的声音，即使容积不大也能获得良好的声辐射效果，所以灵敏度高，可有效减小扬声器工作幅度，驻波影响小，声音清晰透明。

耦合腔式音箱是介于密闭式和低音反射式间的一种箱体结构，于1953年由美国的Henry Lang发明。它的输出由锥盆一边所驱动的出声孔输出，锥盆另一边则与一闭箱耦合。这种音箱的优点为低频时扬声器所推动的空气量大大增加，由于耦合腔是个调谐系统，在锥盆运动受限制时，出声口输出不超过单独锥盆的声输出，展阔了低频重放范围，所以失真减小，承受功率增大。1969年日本Lo-D的河岛幸彦发表的超级低音声学扬声器ASW(acoustic super woofer)音箱就是一种耦合腔式音箱，适于用小口径长冲程扬声器不失真重放低音。

号筒式音箱(horn type enclosure)对家用型来讲，多采用折叠号筒(folded horn)形式。它的号筒喇叭口在口部与较大空气负载耦合，驱动端直径很小。这种音箱的背面是全密封，箱腔内的压力都多传至扬声器锥盆的背面。为使锥盆前后压力保持平衡，倒相号筒装置于扬声器前面。折叠号筒音箱是倒相式音箱的派生，其音响效果优于密闭式音箱和一般低音反射式音箱。

2. 音箱的结构

1) 磁钢大小

磁钢(如图3.21所示)的磁强度影响振膜控制力的好坏，磁强度和磁钢大小以及磁密度大小有关，这点在音箱的低音单元中体现得很明显。在磁密度相同的情况下，磁钢大小决定了磁强度以及控制力高低。磁密度和充磁时间以及充磁材质有关，一些稀有金属合金往往可以在相同的磁体大小条件提供大得多的磁强度。有人说，音箱重量过轻不予考虑，因为磁钢的大小很大程度上影响了音箱净重大小。在非使用特殊磁体材料的情况下，过小的磁钢往往是低音不好的症结所在。而过于庞大的磁钢存在另外一个弊端，即运输途中容易摔坏，让盆架变形，这正是木质箱体的一个突出优势。

图3.21　音箱磁钢

2) 低音单元口径与冲程

低音单元(如图 3.22 所示)口径往往决定了低音下潜深度与量感，因为低音量感的大小和推动的空气的体积有关，推动的体积越大，低音量感也就越强。在冲程相当的情况下，面积较大的振膜可以推动更大体积的空气，这就是口径与量感的关系。为了在有限的口径内提高量感，一个有效办法是加大运动冲程；音箱上为了体现低音量感，长冲程低音单元非常必要。长冲程提高低音量感的好处是十分明显的，但是过长的冲程运动往往会使得一个冲程的动作周期变长，在表现节奏过快的音乐的时候，不少低音单元无法完全完成一个动作就进入到下一个冲程，导致低音变得混乱，而且速度较慢。

3) 倒相式与密闭式

音箱的声学结构主要分为倒相式和密闭式。在大部分的低音炮或者 2.0 的音箱上，都会看到一个孔，有些朋友称其为"散热孔"或者"气孔"，其实它叫作倒相孔，如图 3.23 所示。而倒相孔上往往还插着一根管子，这根管子叫作倒相管。而密闭式的设计是完全密封的。密闭箱的扬声器在做对外推动空气的动作时，箱体内的容积实际在变大，密闭的箱体导致箱体内与箱体外的气压不同，扬声器振膜会被外界气压迅速压回，这样扬声器的冲程距离变得较短，因此密闭箱的低音下潜相对较差，但它的低音表现往往会比倒相式的干净快速。倒相式设计的箱体与外界大气相连接，扬声器做冲程运动的时候，箱体内的气压与箱外的气压差不会像密闭式的那么大，这种设计往往能推动更大的空气体积，因此往往低音量感较好。目前，大部分多媒体音箱都采用了倒相式设计。在倒相音箱中，根据倒相孔的位置分为前倒相与后倒相两种，倒相孔位于音箱前面板的即前倒相，反之亦然。一般情况下，前倒相结构能够提供更好的低音量感。

4) 箱体体积

箱体体积也决定了低音量感的大小，最直接的好处就是大箱体可以安装大口径的扬声器，大口径扬声器可以直接带来低音量感的提升。箱体容积的增大也会改变扬声器冲程运动带来的箱体内外气压差的变化，大的箱体内容积可以让低音变得更有弹性和具有量感。在评测 X.1 音箱的时候，必须目测它的卫星箱的大小，过小的卫星箱无法实现足够的低频下限，从而和低音炮的低频衔接存在断层，使得一段频率凹陷导致听感变差。

图3.22　音箱低音单元

图3.23　音箱倒相孔

5) 低频的方向感

一般音箱都会给出一个频率响应范围的参数，例如 20Hz～20kHz，这个 20Hz 就是其低频下限。X.1 音箱的低频下限一般都会达到较低的频率，那么它们的卫星箱呢？考虑到用户桌面使用面积有限的实际情况，大部分 X.1 音箱的卫星箱都尽量小型化，但受扬声器口径限制和箱体容积限制，卫星箱的低频不可能达到一个较为理想的值。小于 150Hz 的低频难以听出方向，一个完美的设计要求卫星箱的低频下限达到 150Hz 甚至更低，而小型化的卫星箱是很难做到的。音箱设计妥协现状就是让这个断层事实存在，例如卫星箱下潜到 250Hz，而低音炮的上限设置为 150Hz，这样低音炮就可以较为随意地摆放了，但存在一个 151～249Hz 段的凹陷，听某些音乐会显得没味道。还有一种方式就是提高低音炮的上限频率到卫星箱的低频下限频率，让低音炮发出大于 150Hz 的频率，这样衔接是解决了，但是摆位成了一件麻烦事，因为低音很容易被听出方向来。通常情况下，只有 4 寸口径的卫星箱才可以达到较为理想的低频下限，但是这样的卫星箱体积过大，并不常见。

6) 低音炮的摆放

既然某些低音炮为了妥协卫星箱的低频下限而被迫提高上限造成低音炮能被听出方向来，那么可通过摆位来尽量缓解这种情况。在测试的 X.1 系统中，甚至可以在某些低音炮中提到人声部，这更加需要靠摆位解决了。正确的摆放方法是，将低音炮尽量摆放在卫星箱的中间。低音箱一般都是倒相箱，低音澎湃的时候，这个倒相孔可以推出强大的气流。如果这个倒相孔被设计在低音箱的后面板上，那么这个低音炮的后面板不应该紧紧挨着墙，而需要保持一定的距离。低音箱不要紧紧地靠着其他物体，否则低音经过反射后会变得混浊，因此低音箱摆在一个相对空荡稳固的地方是比较合理的。如果低音炮过分追求超重低音效果，会导致低音变得很混浊，可以找一块棉布卷得紧紧的，然后堵住低音箱上的倒相孔，低音会立刻干净很多。

7) 卫星箱或 2.0 音箱的摆放

2.0 音箱基本都是为听音乐准备的，因此摆放上要求更多一些。大部分 2.0 音箱下都安装了 4 个小小的橡胶垫子，为的就是让音箱底部尽量少接触桌面。在播放某些劲爆的曲子的时候，音箱可能会有些震动，建议在音箱上方压些重物，这样可以明显改善音质。和低音炮一样，如果觉得音箱的低音混浊了，在一些改善措施都无太好效果的情况下也可以尝试堵住倒相孔。

X.1 系统的前置和后置卫星箱应该尽量摆放于同一个水平面上，这样有利于听声定位。在摆放 4.1 系统的时候，后置也许很难做到和前置等高，解决办法就是挂在墙上。卫星箱主要负责发出中高频的信号，很容易被听出方向来，因此，挂在墙上的时候尽量将卫星箱单元的延长线和卫星箱到人的连线保持平行，当卫星箱高于人耳的时候，尽量保持向下的倾角，反之亦然。卫星箱到人的距离要做到尽量等长，这段距离之间不要有阻碍物，中高频被反射后，方向会乱掉，从而影响定位。

8) 箱体的造型、吸音棉、板材厚度

箱体造型表面上是为了外观好看，如图 3.24 所示，但更多的时候是为了声学设计的需要，和水波一样，声波一样具有叠加、衍射等波的特征。叠加后的声波会改变频率，达到一定的能量时威力巨大。虽然箱体内的声波无论如何叠加都不会让音箱出现故障，但它强大到可以足够让箱体振动起来，箱体一旦振动，也会发出声音，从而破坏音质。在音箱箱体设计中，等边的设计是应该被忌讳的，例如正立方体状的造型，等边的立方体容易让波叠加，有些音箱必须设计成正方体造型，那么就只有在内部去改变造型了。音箱箱体的设计原则是尽量减少这些驻波，让这些驻波尽量失去威力，解决的办法就是让箱体变得非等边，著名的例子就是倒三角设计的惠威 T200A。另外，还有一些手段可以帮助消除驻波，例如在箱体内填充吸音棉，也有一些音箱可在箱体内壁粘贴波浪状的海绵达到同样的效果。不管怎样设计，驻波不可能完全消除，让箱体变得难以振动是最后的办法，最直接的手段就是加厚箱体板材，让其难以振动，在对音质讲究的设计当中，都会用到厚实的木质板材，这也是为什么高档音箱异常沉重的原因。

图3.24　箱体造型

为了做出漂亮的音箱外观，可把外形设计得很有曲线感，这往往使得音箱的面板用更多的网格来雕塑造型。在经典的立方体设计中，音箱的网罩是很简单的，例如，一个边框加一层黑纱(也可以是别的颜色)，而如果要把这个网罩做成曲线造型的，就不能靠一个边框来实现了，需要加入更多的网格来改变造型，为了达到一定的强度，网格一般会比较粗，这会严重影响声音的质量，低音单元发出声音遇到这些网格就会散射开来。使用的时候，可把这些面罩摘除。另外，有些音箱使用金属丝网面罩来装饰，但它在大音量下会振动，破坏音质，因此也建议摘除。

9) 双分频与全频带

在许多 X.1 系统的卫星箱上，只有一只扬声器，那么这只扬声器通常就是全频带扬声器。全频带扬声器，顾名思义就是能发出全部频率的扬声器，但事实上并非如此，除非顶级的全频带扬声器，它们都很难发出较高的高频信号与较低的低频信号，只不过它们比一般的低音单元频带更宽一点。全频带扬声器不单被大量应用到多媒体 X.1 音箱，大部分的汽车音响也有采用。为了让频段响应更宽，讲究的设计中使用了双分频设计，就是使用一只高音扬声器和一只低音扬声器来实现更宽频段的响应，双分频设计的音箱往往会显得更加洪亮，解析力也更好，但并不表示频率衔接就正确。

10) 分频器

双分频设计就是使用一只高音扬声器和一只低音扬声器来合作工作，但是两个扬声器的上下限并不是天然吻合的，高音扬声器的频率下限可以达到 3kHz 左右，而低音扬声器的上限可以达到 5～8kHz，有一段较长的重合，必须让两只扬声器在一个较小的频率段截止组合，否则波的叠加会让声音完全变味。在低端的设计中，往往采用电容分频的方式，这种设计的最大好处就是成本低廉，但分频效果一般。而高级的设计当中，则使用分频器来分频，如图 3.25 所示，正确设计的分频器可以完美控制中高频的衔接。分频器的作用十分重要，它是音箱的真正灵魂。分频器的作用不只是分频，还有控制音色等重要功能。分频器的外观十分好认，它有一组信号输入，然后两组信号输出，分别将处理过的信号传输到两只扬声器。分频器一般都会使用一只或者多只大电感，即大铜线圈。电子分频技术和传统的分频器工作原理不同，但实现相同的效果，电子分频器没有显著外观特征。

图3.25　音箱分频器

3. 音箱的主要性能指标

在选购音箱时，用熟悉的音乐来试听，就容易听出音箱的好坏。音箱的主要性能有以下几个方面。

1) 频率响应

试听不同频率范围的声音。低音听上去应该紧凑、连接有力并且有纵深感，而不是缓慢、局促和杂乱。中音是最重要的部分，几乎所有乐曲的核心部分皆为中音，一个音箱如果连这个都不能表现的话，肯定不是合格的音箱。中音的人声和乐器声应该清晰自然，没有过于高亢、激奋的感觉。高音部分应显得开阔、轻快而有纵深感，不应该出现任何刺耳、急促的声音或爆音声。

2) 瞬态响应

好的音箱应该能够很好地反映瞬态表现，例如进行曲中急促的鼓点和弹吉他时"抢指"的效果，都能够精确且快速地表现出来，而没有缓慢和杂糅的感觉。此外，声调缓减和铙钹消退的余音都应该是富有层次的，而不是平板的。

3) 音质和音场、多声道环绕效果

这是很重要的参考数据，用于测试是否能够在相当广阔的音场里正确地辨认出乐器的来源和方向感。

4) 散射模式

可以在不同的地方站着或者坐着来聆听同一个音箱的表现效果。有些音箱要求必须在正确的视听点上才能够获得满意的效果，这是因为，它将声音都集中在一定区域内表现，不过有的音箱可以在较大范围内都表现出良好的效果。

5) 动态范围

可以细心聆听感受一下低音部分和高音部分的差别，质量过关的音箱能够持续地表现出从最柔和的声音到最嘹亮的高音之间广阔的音域，而没有阻绕、停顿。

3.4.2 耳机

1. 耳机的分类

耳机、耳麦可分为封闭式、开放式和半开放式，如图 3.26 所示。封闭式耳机就是通过其自带的软音垫来包裹耳朵，使其被完全覆盖起来。此类耳机因为有大的音垫，所以个头也较大，但有了音垫就可以在噪声较大的环境下使用而不受影响。开放式耳机是目前比较流行的耳机样式，此类机种的特点是通过采用海绵状的微孔发泡塑料制作透声耳垫。它的体积小巧，佩戴舒适，不再使用厚重的染音垫，也没有了与外界的隔绝感，但它的低频损失较大，在听音方面，这类耳机还是不错的。半开放式耳机是综合了封闭式和开放式两种耳机优点的新型耳机，融合了前两种耳机的优点，改进了不足之处。此类耳机采用了多振膜结构，除了有一个主动有源振膜之外，还有多个无源从动振膜。它不仅具有低频描述的丰满浑厚，还具有高频描述的明亮自然、层次清晰等多个特点。如今许多较高档次的耳机就是这种耳机。

图3.26　耳机(左—封闭式；中—开放式；右—半开放式)

目前，耳机的知名生产厂家有很多，例如欧洲的 AKG，美国的 GRADO 和 KOSS。GRADO 的外观简洁古朴，声音富有活力，中频艳丽透彻，低频强悍。它的经典产品有 HP1000、SR60(如图 3.27 所示)、SR325、RS1。KOSS 的产品主要照顾中低端市场，声音富于力度和动感。它的经典产品有专业耳机 PRO4，HIFI 耳机 KSC35(如图 3.28 所示)、A250 等，当然这些知名品牌的耳机价格较高，与普通耳机相比有的甚至高出上百倍。

图3.27　SR60

图3.28　KSC35

2. 耳机的主要性能指标

1) 灵敏度

灵敏度是指在同样响度的情况下，音源需要的输入功率的大小，也就是说，用户在听起来声音一样的情况下，耳机的灵敏度越高，音源所需要输入的功率就越小。对于随身听等便携设备来说，灵敏度越高，耳机就越容易驱动。

2) 频响范围

频响范围是指耳机能够放送出的频带的宽度。国际电工委员会 IEC 581.10 标准中规定高保真耳机的频响范围不能小于 50～12 500Hz。优秀耳机的频响宽度可达 5～40 000Hz，而人耳的听觉范围仅在 20～20 000Hz。值得注意的是，限定频响宽度的标准是不同的，例如以低于平均输出幅度的 1/2 为标准或低于 1/4 为标准，这显然是不同的。一般的生产商是以输出幅度降低 1/2 为标准测出频响宽度，也就是说以-3dB 为标准，但是由于所采用的测试标准不同，有些产品是以-10dB 为标准测量的，因此频响宽度大大地拓宽了。用户在选购时应注意不同品牌耳机的频响宽度可能有不同的测试标准。

3) 耳机阻抗

耳机阻抗是耳机交流阻抗的简称。不同阻抗的耳机用于不同的场合，在台式机或功放、VCD、DVD、电视等设备上，常用到的是高阻抗耳机。有些专业耳机阻抗甚至会在 200Ω 以上，这是为了与专业机上的耳机插口匹配。而对于各种便携式随身听，例如 CD、MD 或 MP3，一般使用低阻抗耳机，这是因为低阻抗耳机比较容易驱动。

4) 谐波失真

谐波失真是一种波形失真，在耳机指标中有标示，失真越小，音质也就越好。例如在标准测量条件下得到的总谐波失真值小于 0.5% 即表示总谐波失真较小。

5) 换能方式

耳机的换能方式分为电动式、电容式和双分频式。电动式最为普遍，具有结构简单、音质音色稳定、承受功率大、灵敏度高等特点。电容式也称静电式，具有音质好、频带宽的优点。但是结构很复杂，制造难度大，使得很少有厂家来做此类耳机。现在市面上也很少见到采用这种机型的立体声耳机。双分频耳机是在半开放式耳机的基础上整合了电动式和电容式两者各自的优点的双段分频耳机。它把电动式、电容式、封闭式和开放式 4 种耳机的优点集于一身，此类耳机不仅在动态范围、瞬态响应、放音质量、音色厚度等方面都是十分出众的，而且它的声音解析准确，是音乐发烧友的最佳选择。

3.5　显　示　器

3.5.1　显示器概述

显示器通常也被称为监视器。显示器是电脑的 I/O 设备，即输入输出设备。它可以分为 CRT、LCD、LED、PDP、OLED 等多种。它是将一定的电子文件通过特定的传输设备显示到屏幕上再反射到人眼的显示工具。

CRT 显示器是一种使用阴极射线管(cathode ray tube)的显示器。阴极射线管主要由五部分组成：电子枪(electron gun)、偏转线圈(deflection coils)、荫罩(shadow mask)、荧光粉层(phosphor)及玻璃外壳。它是应用最广泛的显示器之一。CRT 纯平显示器具有可视角度大、无坏点、色彩还原度高、色度均匀、可调节的多分辨率模式、响应时间极短的优点，在早期的计算机市场上应用广泛。由于 CRT 显示器物理结构的限制和电磁辐射的弱点，现在已经被 LCD、LED 等新型显示器取代。

液晶显示器与比较笨重的 CRT 显示器相比，只占后者三分之一的空间。液晶显示器属于低耗电产品，可以做到完全不发热，而且辐射远低于 CRT 显示器，这对于整天在电脑前工作的人来说是一个福音。液晶显示器画面不会闪烁，画面柔和不伤眼，可以减少显示器对眼睛的伤害，眼睛不容易疲劳。以光源分为 LCD 显示器和 LED 显示器，LED 显示器为目前主流液晶显示器，是一种通过控制半导体发光二极管的显示方式，用来显示文字、图形、图像、动画、视频、录像信号等各种信息的显示屏幕。

OLED 即有机电激发光二极管。因其同时具备自发光、不需背光源、对比度高、厚度薄、视角广、反应速度快、可用于挠曲性面板、使用温度范围广、构造及制程较简单等优异特性，被认为是下一代的平面显示器新兴应用技术。对于有机电激发光器件，可按发光材料将其分为两种：小分子 OLED 和高分子 OLED(也可称为 PLED)。它们的差异主要表现在器件的制备工艺不同：小分子器件主要采用真空热蒸发工艺，高分子器件则采用旋转涂覆或喷墨工艺。

3.5.2　液晶显示器

液晶显示器是一种采用液晶为材料的显示器。液晶是介于固态和液态的有机化合物。将其加热会变成透明液态，冷却后会变成结晶的混浊固态。在电场作用下，液晶分子会发生排列上的变化，从而影响通过其的光线变化，这种光线的变化通过偏光片的作用可以表现为明暗的变化。就这样，人们通过对电场的控制最终控制了光线的明暗变化，从而达到显示图像的目的。

对于液晶显示器来说，最重要的是其液晶面板和背光类型。LCD 和 LED 显示器采用的液晶面板大都是一样的，而它们的背光类型不一样，LED 显示器采用的是 LED 背光，LCD 显示器采用的是 CCFL 背光。相比较而言，LED 更好一些，不仅省电，而且色彩的鲜艳度和饱和度都要优于 LCD，不过价格相对也要高一些。

常见的液晶显示器按物理结构分为四种：

(1) 扭曲向列型(TN-Twisted Nematic)；

(2) 超扭曲向列型(STN-Super TN)；

(3) 双层超扭曲向列型(DSTN-Dual Scan Tortuosity Nomograph)；

(4) 薄膜晶体管型(TFT-Thin Film Transistor)。

1. 液晶显示器的工作原理

下面简单介绍两种液晶显示器的工作原理。

1) 扭曲向列型液晶显示器的工作原理

简称 TN 型液晶显示器(twisted nematic liquid crystal display)。这种显示器的液晶组件构造如图 3.29 所示。向列型液晶夹在两片玻璃中间。这种玻璃的表面上镀有一层透明而导电的薄膜以作电极之用。这种薄膜通常是一种铟(Indium)和锡(Tin)的氧化物(Oxide)，玻璃上镀表面配向剂，以使液晶顺着一个特定且平行于玻璃表面的方向排列。如图 3.29(a)中左边玻璃使液晶排成上下的方向，右边玻璃则使液晶排成垂直于图面的方向。此组件中液晶的自然状态具有从左到右共 90°的扭曲，这也是为什么被称为扭曲型液晶显示器的原因。利用电场可使液晶旋转的原理，在两电极加上电压则会使液晶偏振化方向转向与电场方向平行，因为液晶的折射率随液晶的方向而改变，其结果是光经过 TN 型液晶盒以后其偏振性会发生变化。可以选择适当的厚度使光的偏振化方向刚好改变 90°，那么，就可利用两个平行偏振片使得光完全不能通过，如图 3.29(b)所示。若外加足够大的电压，使得液晶方向转成与电场方向平行，光的偏振性就不会改变，因此光可顺利通过第二个偏光器。于是，可利用电的开关达到控制光的明暗。这样会形成透光时为白、不透光时为黑，字符就可以显示在屏幕上了。

图3.29　TN型液晶显示器的工作原理

2) TFT 型液晶显示器的工作原理

TFT 型液晶显示器也采用了两夹层间填充液晶分子的设计。它只不过是把左边夹层的电极改为 FET 晶体管，而右边夹层的电极改为共通电极。在光源设计上，TFT 的显示采用

"背透式"照射方式，即假想的光源路径不是像 TN 液晶那样从左至右，而是从右向左，这样的做法是在液晶的背部设置类似日光灯的光管。光源照射时先通过右偏振片向左透出，借助液晶分子来传导光线，如图 3.30 所示。由于左右夹层的电极改成 FET 电极和共通电极，在 FET 电极导通时，液晶分子的表现如 TN 液晶的排列状态一样会发生改变，也通过遮光和透光来达到显示的目的。但不同的是，由于 FET 晶体管具有电容效应，能够保持电位状态，先前透光的液晶分子会一直保持这种状态，直到 FET 电极下一次再加电改变其排列方式为止。相对而言，TN 就没有这个特性，液晶分子一旦没有被施压，立刻就返回原始状态，这是 TFT 液晶和 TN 液晶显示原理的最大不同。

图3.30　TFT型液晶显示器的工作原理

2. 液晶显示器的性能指标

1) 点距和可视面积

所谓点距就是指同一像素中两个颜色相近的磷光体之间的距离。液晶显示器的点距和可视面积有直接的对应关系，例如，一台 14 英寸的液晶显示器的可视面积一般为 285.7mm×214.3mm，最大分辨率为 1024 像素×768 像素，说明液晶显示板在水平方向上有 1024 个像素，垂直方向有 768 个像素，很容易计算出此液晶显示器的点距是 285.7÷1024=0.279mm，一般这个技术参数在产品说明书中都有标注。同样，可以在得知液晶显示器的点距和最大分辨率的情况下计算出该液晶显示器的最大可视面积。

2) 最佳分辨率和刷新率

液晶显示器的显示原理是直接把显卡输出的模拟信号处理为带具体"地址"信息的显示信号。任何一个像素的色彩和亮度信息都是与屏幕上的像素点直接对应的，所以液晶显示器不能支持多个显示模式，它只有在显示与该液晶显示板的分辨率完全一样的画面时才能达到最佳效果。液晶显示器的最佳分辨率即其最大分辨率，而在显示小于最佳分辨率的画面时，则采用两种方式来显示。一种是居中显示，画面清晰，但画面太小。另外一种则是扩大方式，画面大但比较模糊。在使用液晶显示器时要将显卡的输出信号设定为最佳分辨率状态，15 英寸的液晶显示器的最佳分辨率为 1024 像素×768 像素，17 英寸液晶显示器的最佳分辨率则是 1280 像素×1024 像素。

液晶显示器的特点是显示字符锐利，画面稳定不闪烁。它的显示原理决定了其屏幕上各个像素发光均匀，而且红绿蓝三基色像素紧密排列，视频信号直接送到像素背后以驱动像素发光，普通情况下刷新率设定在 60Hz 即可。

3) 亮度

液晶分子自己本身并不发光,它是靠外界光源即采用在液晶的背部设置发光管提供背透式发光。这一指标是相当重要的,它决定了抗干扰能力的大小。液晶显示器亮度以平方米烛光 cd/m^2(流明)或者 nits(尼特)为单位表示,其亮度普遍在 150～250nits,在 200cd/m^2 的亮度下,画面较艳丽明亮。

4) 对比度

对比度是指最亮区域和最暗区域之间的比值,它是直接体现该液晶显示器能否体现丰富的色阶的参数。对比度越高,还原的画面层次感就越好,即使在观看亮度很高的照片时,黑暗部位的细节也可以清晰体现。液晶显示器的对比度普遍在 150∶1 到 500∶1。如果对比度小于 250∶1,看屏幕时就会产生模糊感。

5) 响应时间

响应时间是指液晶显示器对于输入信号的反应时间。组成整块液晶显示板的最基本的像素单元"液晶盒",在接收到驱动信号后从最亮到最暗的转换是需要一段时间的,而且液晶显示器从接收到显卡输出信号后,处理信号并把驱动信息加到晶体驱动管也需要一段时间,在大屏幕液晶显示器上尤为明显。液晶显示器的这项指标直接影响到对动态画面的还原,响应时间越短越好。液晶显示器由于过长的响应时间导致其在还原动态画面时有比较明显的拖尾现象,15 英寸液晶显示器的响应时间一般在 16～40ms。要注意的是,响应时间包括上升时间和下降时间。

6) 可视角度

液晶显示器的可视角度就是指能观看到可接收失真值的视线与屏幕法线的角度。这个数值越大越好。液晶显示器属背光型显示器件,由液晶模块背后的背光灯发光。而液晶主要靠控制液晶体的偏转角度来"开关"画面,导致液晶显示器只有一个最佳的欣赏角度即正视。当从其他角度观看时,由于背光穿透旁边的像素而进入人眼可造成颜色的失真。15 英寸液晶显示器的水平可视角度一般在 120°或以上,并且是左右对称;而垂直可视角度则比水平可视角度小得多。普遍产品是上下不对称可视角度共 95°或以上;高端的液晶显示器可做到水平和垂直可视角度都是 170°。

7) 最大显示色彩数

液晶显示器的色彩表现能力是一个重要指标,15 英寸的液晶显示器分辨率一般是 1024 像素×768 像素,每个像素由 RGB 三基色组成。低端的液晶显示板,各个基色只能表现 6 位色,即 2 的 6 次方为 64 种颜色。每个独立像素可以表现的最大颜色数是 64×64×64=262 144 种颜色。高端液晶显示板利用 FRC 技术使每个基色可以表现 8 位色,即 2 的 8 次方为 256 种颜色,则像素能表现的最大颜色数为 256×256×256=16 777 216 种颜色。这种显示板显示的画面色彩更丰富,层次感也更好。

8) 点缺陷

液晶面板上不可修复的物理像素点就是坏点。液晶显示器的点缺陷分为亮点、暗点和色点。

在黑屏的情况下呈现的 R、G、B 的点叫作亮点。亮点的出现分为两种情况,在黑屏的情况下单纯地呈现 R、G 或者 B 色彩的点;在切换至红、绿、蓝三色显示模式下,只有在 R、G 或者 B 中的一种显示模式下有白色点,同时在另外两种模式下均有其他色点的情况,这种情况是在同一像素中存在两个亮点。

在白屏的情况下出现非单纯 R、G、B 的色点叫作暗点。暗点的出现分为两种情况，在切换至红、绿、蓝三色显示模式下，在同一位置只有在 R、G 或者 B 一种显示模式下有黑点的情况，这种情况表明此像素内只有一个暗点；在切换至红、绿、蓝三色显示模式下，在同一位置上在 R、G 或者 B 中的两种显示模式下都有黑点的情况，这种情况表明此像素内有两个暗点。

所谓色点，就是在液晶显示器制造过程中不可避免的液晶缺陷。由于目前工艺的局限性，在液晶显示器生产过程中很容易造成硬性故障，即色点的产生。这种缺陷表现为无论在何种情况下都只显示为一种颜色的一个小点。要注意的是，挑色点时不能只看纯黑和纯白两个画面，而要将屏幕调成各种不同的颜色来查看，在各种颜色下捕捉色点，如果色点多于两个，最好不要购买。按照行业标准，3 个色点以内都是合格的。

3. 液晶显示器的选购

1) 屏幕尺寸与比例

以往的液晶显示器以 17 英寸和 19 英寸为主，随着大尺寸液晶显示器价格不断下调，19 英寸、21 英寸以及 24 英寸的液晶显示器已经成为市场主流。

由于每个人的用眼习惯不同，以及用户使用目的不同，选购的液晶屏幕比例也不尽相同。4：3 普屏液晶由于发展时间较长，生产成本较低，在一段时间里，应用十分广泛；由于 16：10 宽屏液晶在文字处理、上网学习、游戏、HDTV 影音、图形处理等用途上的优势，其成为时下最热销的显示器产品。

2) 响应时间

响应时间是指液晶显示器各像素点对输入信号反应的速度，此值越小越好。目前，液晶显示器的最大卖点就是不断提升的响应时间，从最开始的 25ms 到如今的灰阶 2ms，甚至 1ms 响应时间液晶显示器也已经出现，速度提升之快让人惊叹不已。响应时间决定了液晶显示画面的连贯性，人眼会将快速变换的画面视为连续画面。

一般的液晶显示器的响应时间为 5~10ms，而如华硕、三星、LG 等一线品牌的产品，普遍达到了 5ms 以下的响应时间，基本避免了尾影拖曳问题产生，而优派的新产品可以达到 1ms。

3) 亮度和对比度

一般来说，亮度最好在 $250cd/m^2$。低档液晶显示器存在严重的亮度不均匀的现象，中心的亮度和靠近边框部分区域的亮度差别比较大。如果亮度过低，显示出来的颜色会偏暗，画面效果严重失真，这也影响到液晶显示器的对比度。

对比度是亮度的比值，也就是在暗室中，白色画面下的亮度除以黑色画面下的亮度。白色越亮、黑色越暗，对比度就越高，显示的画面就越清晰亮丽，色彩的层次感就越强。对一般用户而言，对比度能够达到 350：1 就足够了，而在专业领域对比度已达 500：1 甚至更高。

当然也并不是亮度、对比度越高就越好，长时间观看高亮度的液晶屏，眼睛同样很容易疲劳，高亮度的液晶显示器还会造成灯管的过度损耗，影响使用寿命。

4) 可视角度

由于液晶显示器采用的面板不同，光线透过液晶射出的角度也不尽相同，在一些极限情况下会看到明显的色彩失真,这就是可视角度太小所造成的。

具体来说,可视角度分为水平可视角度和垂直可视角度。在选择液晶显示器时,应尽量选择可视角度大的产品。目前,采用普通 TN 面板的液晶显示器水平可视角度基本上在 140°以上,这可以满足普通用户的需求。由于人的视力范围不同,如果没有站在最佳的可视角度,所看到的颜色和亮度将会有误差。各种广视角技术应运而生:IPS(in plane switching)、MVA(multidomain vertical alignment)、TN+FILM。这些技术都能把液晶显示器的可视角度增加到 160°,甚至更多。而采用 PVA、MVA 等广视角面板的产品,可视角度均在 170°以上,几乎可以和传统 CRT 显示器相媲美。

5) 色彩还原能力

液晶显示器的色彩一直都备受关注,目前市售绝大多数液晶显示器都是 16.7M 色。

实际上,16.7M 色彩的含义是指液晶显示器可以还原出 166 777 216 种色彩,而 16.2M 则为 16 194 277 种色彩,看上去它们二者相差无几,但其中也大有差别。对于 16.7M 色彩的液晶显示器,它们都采用了广视角面板,提供了更高的对比度与可视角度(对比度大于 700∶1,水平/垂直可视角度大于 170°/170°),因而在画质方面也就更加出色。

6) 坏点和亮点

在选购液晶显示器时,"坏点"和"亮点"同样是必不可少需要注意的一点。它们的存在会影响到画面的显示效果,所以坏点越少就越好。

现在已经有很多商家提出"无亮点""无坏点"的承诺。"无亮点"和"无坏点"是不一样的,前者允许存在 3 个以下暗点,而后者则要求既没有亮点也没有暗点。有些商家会以此来蒙蔽消费者,更有甚者,还用特殊技术将坏点进行处理,消费者很难察觉。

在选购时,可以借助 Nokia Monitor Test、DISPLAYX 这类软件进行检测。

7) 接口类型

目前液晶显示器接口主要有 HDMI、MHL、DisplayPort、D-Sub(VGA)、DVI、Thunderbolt 六种,如图 3.31 所示。其中,D-Sub 接口需要经过数/模转换、模/数转换信号。HDMI 是一种数字化视频/音频接口技术,是适合影像传输的专用型数字化接口,其可同时传送音频和影像信号,最高数据传输速度为 4.5Gb/s。而 DVI 接口则是全数字无损失的传输信号接口。MHL 接口显示设备需要有专门的芯片才能使用,如图 3.32 所示,可通过单电缆与低引脚数接口来实现输出高达 1080p 高清晰度(HD)视频和数字音频,同时为设备充电。DisplayPort 最大支持 10.8Gb/s 的传输带宽,可以同时传输音频与视频,真正意义上实现高清一线通解决方案。Thunderbolt 研发的初衷是替代并统一目前电脑上数量繁多、性能参差不齐的扩展接口,理论上最高传输速率可达 50Gb/s。

图3.31 DisplayPort、DVI和HDMI接口

图3.32 MHL接口

HDMI、MHL、DisplayPort 都是高清数字化接口。和 HDMI 一样，DisplayPort 也允许音频与视频信号共用一条线缆传输，支持多种高质量数字音频。但比 HDMI 更先进的是，DisplayPort 在一条线缆上还可实现更多的功能，可以实现对周边设备最大程度的整合、控制。MHL 接口需要专门的芯片，但其优势在于可以连接手机和平板电脑，外接显示器、键盘鼠标后就可以进行上网娱乐、聊天、处理图片文档、观看电影、玩游戏等最基本的应用了。Thunderbolt 的优势在于它可以同时在多个设备之间交换视频，并兼容大量设备，既支持相对较新的 DisplayPort 显示器接口，也支持硬盘等设备所使用的 PCI Express 接口。

8) 认证标准

在液晶显示器认证标准中，人们最关心的就是安全认证。在 3C 认证已经成为电脑产品必备的"身份证"后，是否通过 TCO 认证对于显示器来说尤为重要。

为了有效避免显示器边框产生视觉差，只有白色和银色的液晶显示器才能通过 TCO'03 认证。而一部分黑色边框液晶显示器最高只能通过 TCO'99 认证，甚至有些采用镜面反射材料的液晶显示器连 TCO 认证都没有通过，这其实并不影响销售，但对长时间使用则会产生不必要的视觉干扰。

9) 售后服务

每样产品都有三包制度，液晶显示器也不例外，质保时间是由厂商自行制定的。目前市场中一般都提供 3 年的质保服务，但是在 3 年之中全免费却不是每个厂商都能做到的，所以，在选购时还要详细了解质保期限。

像优派、飞利浦、BenQ(明基)等一线品牌厂商，做得就比较出色，在宣传彩页上都标明了保修规定。而且目前已经有越来越多的厂商开始了 3 年全免费质保承诺，这无疑给使用带来更大的保障，为此尽量选择质保期长的产品。

3.5.3　笔记本电脑的显示屏

在买笔记本电脑的时候您都考虑哪些因素？当面对这个问题的时候，大多数人都会脱口而出"CPU、硬盘、内存、机身尺寸、重量、价格"等许多因素，根据需求的不同考虑的方面也不尽相同。但是，少有人会提到笔记本电脑的显示屏。显示屏是笔记本电脑最主要的输出硬件，可以说是笔记本电脑的"灵魂之窗"。其实，诸如机身尺寸、重量等因素都是受笔记本电脑的显示屏影响的，所以，显示屏应该是考量一款笔记本电脑的重要因素。

1. 笔记本电脑显示屏的种类

在目前的笔记本电脑市场中，常见的笔记本电脑显示屏有两种——镜面屏和雾面屏，如图 3.33 和图 3.34 所示。

1) 镜面屏

镜面屏，顾名思义，就是表面"光可鉴人"的显示屏。最早的镜面屏出现在 SONY 的 VAIO 笔记本电脑上。镜面屏在外表面上不做任何防眩处理，而使用一种能够提高透光率的薄膜覆盖。镜面屏给人的印象就是亮度高、对比度高、锐度高，它是目前主流液晶显示器中比较流行的高对比度、高亮度的显示屏。由于面板的镜面技术使得光线的散射减少，从而大大提高了产品的对比度和色彩还原度。

图3.33　镜面屏

图3.34　雾面屏

2) 雾面屏

雾面屏是一种液晶显示屏,适合商用。相比镜面屏,在光线强烈时不会产生反光现象。雾面屏表面是粗糙的,于是光线射到上面就发生了漫反射,从哪个角度看都不会刺眼,都能够看到光线反射过来。雾面屏在有反光的情况下依然可以看清屏幕上的图像,这是由雾面屏表面雾化、光线发生漫反射导致的。其透光率相对而言不如镜面屏高。

2. 笔记本电脑屏幕的特色技术

笔记本电脑液晶屏的面板技术有时无法得到更好的效果,而笔记本电脑厂商又不得不利用各种新技术来吸引用户,因而在笔记本电脑的屏幕技术竞争上,品牌厂商纷纷在液晶屏中加入了各自的特色技术,目的是提升显示效果或实现更好的节能。这些技术可以增加屏幕的显示效果,对于普通笔记本电脑用户而言,特色技术的加入在日常应用上是显而易见的,其中包括惠普的 BrightView 亮屏技术、富士通的高亮 SuperFine 屏技术、SONY 的 Clear Bright LCD 液晶显示屏技术、东芝的 CSV 超亮炫彩屏技术、三星的 WiseView 技术、东芝的低温多晶硅技术等。下面简单介绍几种常见的屏幕增强技术。

(1) 惠普的 BrightView 技术。惠普的 BrightView 技术是去掉了传统 LCD 液晶屏上的反光,使得图像比一般的液晶屏更加亮丽和生动,看起来更像液晶电视和等离子电视的显示效果。BrightView 技术采用特殊工艺抛弃了遮光图层,取而代之的是抗划痕图层;液晶屏的亮度和清晰度都相当高,而且屏幕可以提高 18%的对比度,无论是文字还是图像,都可以获得清晰的显示效果。

(2) 东芝的 Clear Super View 技术。东芝的 Clear Super View 技术拥有硬涂层和低反射涂层两个层面,而“低反射双涂层”技术有效地解决了内光散射与外光反射的问题。当屏幕背光穿过液晶板的时候会先经过硬涂层,涂层此时起到了抑制光线散射的作用,从而使图像更鲜亮。

(3) SONY 的 Clear Bright 贵丽屏技术。SONY 的 Clear Bright 贵丽屏技术采用了双灯管照明,一套双重反相器,一块高效能闪点过滤膜以及抗反射(AR)涂层,不论在什么样的光线条件下,也不论处于什么样的角度,显示屏都能产生宜人的视觉效果,同时画面对比度有着明显的区别特征,而色彩也显得更富于动感。

(4) 三星的 WiseView 技术。三星的 WiseView 技术对屏幕可提供高流明,左右可视角度增大,上下角度也如此,最大限度地降低了液晶屏偏色的问题。

(5) NEC 超级广角炫丽屏技术。该技术具有 Glare 和 AR 低反射涂层，在不增加灯管、不增加耗能的同时提升屏幕的亮度，并提高色彩的明暗对比度，而且加入了 IPS 技术，不仅提高了屏幕的观赏角度，而且可以达到省电功能。

3. 笔记本电脑显示屏的尺寸与分辨率

笔记本电脑显示屏的分辨率取决于显示屏的类型。在厂商的宣传中，往往会看到 LCD 屏幕中有 10 英寸 LED、12.1 XGA、14.1 TFT、14.2 WXGA+等之类的参数介绍，对于 LTPS、SXGA、WXGA 等这些字母，大多数人都不知道它的具体意思，为什么要了解笔记本电脑屏幕类型？这归根结底都要从分辨率说起。购买笔记本电脑时，最为关注的还是 LCD 屏幕分辨率，分辨率的高低直接影响视觉感受，如电影或游戏的清晰度等。然而不同类别的 LCD 屏幕，其分辨率也不同，从 640 像素×480 像素到 1600 像素×1200 像素的分辨率级别，经常在笔记本电脑上看到类似的参数。

其实对于笔记本电脑而言，由于 LCD 屏幕传来的物理像素要与显卡输出的逻辑点相对应，因此 LCD 液晶屏往往只有一个最佳显示分辨率，而这一最佳分辨率一般就是该 LCD 面板的最大分辨率。例如，12.1 英寸宽屏笔记本电脑的最大(推荐)分辨率为 1280 像素×800 像素，而 14.1 英寸普通笔记本电脑则一般为 1280 像素×1024 像素，如果用户强行使用小于最佳分辨率来显示，会出现居中显示、扩展显示两种现象，这样必然会给使用带来不利，甚至让图像以及文字的显示模糊不清。因此，如果购买的笔记本电脑所选择的屏幕类型不理想，就会出现一些问题。

购买笔记本电脑时，需要特别关注屏幕的类型。笔记本电脑屏幕按尺寸分为普屏和宽屏两种，普屏笔记本电脑已经慢慢退出市场，而宽屏笔记本电脑是主流机型。如果需要对 LCD 屏幕进行现场检测，应按照 LCD 屏幕的真实分辨率来显示(产品说明书中的介绍)。

普屏笔记本电脑的屏幕类型有 VGA、SVGA、XGA、SXGA+以及 UVGA 几种。其中，VGA(video graphics array)是最早笔记本电脑使用的屏幕，由于最大分辨率只支持 640 像素×480 像素，因此，目前 VGA 屏幕在笔记本电脑上已经绝迹了，如果关注二手笔记本电脑，可以在二手笔记本电脑市场依稀看到它们的身影。当然，由于成本的原因，一些对分辨率要求不高的小型便携设备还在使用 VGA 屏幕。

SVGA(super video graphics array)是 VGA 屏幕的下一代产品，其技术的改进不大，最大支持 800 像素×600 像素的分辨率，屏幕大小仅为 12.1 英寸；由于分辨率无法摆脱性能瓶颈，对于游戏、视频播放等都无法完美胜任，因此采用 SVGA 屏幕的笔记本电脑也非常少。不过市场上仍有部分低端笔记本电脑使用这类屏幕。

XGA(extended graphics array)支持最大 1024 像素×768 像素的分辨率，并且屏幕大小支持 10.4 英寸、12.1 英寸、13.3 英寸、14.1 英寸、15.1 英寸等。不管从技术或从成本来看，XGA 屏幕无疑是厂商选择的主要对象，所以市场上有 80%的普通笔记本电脑采用了 XGA 屏幕。为了追求更高的性能，韩国 BOE-Hydis 专门设计了一种 10.4 英寸 XGA 液晶面板，其采用了 DRIM 技术和 AFFS 技术，可以将显示亮度提高 30%，而功耗却下降了 20%，同时可以使水平、垂直两个方向达到 180°的视角。

SXGA+(super extended graphics array)是 SXGA 的一种扩展产品，其最大分辨率为 1280 像素×1024 像素。SXGA+是专为笔记本电脑而设计的屏幕，其分辨率可支持 1400 像素×1050 像素。由于笔记本电脑 LCD 屏幕的水平与垂直点距不同于桌面 LCD 显示器,其显示精度比普通桌面 LCD 显示器高。

UVGA(ultra video graphics array)一般被应用在 15 英寸屏幕的笔记本电脑上,其支持最大 1600 像素×1200 像素的分辨率。由于 UVGA 对制造工艺要求较高,所以成本比较大,导致生产出来的产品价格也比较昂贵,加上目前很少有游戏或图形设计软件需要 1600 像素×1200 像素的分辨率,因此市场上几乎很难找到这类屏幕的笔记本电脑。

对于宽屏笔记本电脑而言,其屏幕类型一般有 WXGA、WXGA+、WSXGA、WUXGA 以及 LED 几种。其中,WXGA(wide extended graphics array)是普通 XGA 屏幕的宽屏版本,采用了 16:10 的横宽比例来扩大屏幕的尺寸,其最大显示分辨率为 1280 像素×800 像素。一般而言,市场上采用这类屏幕的笔记本电脑以 15.4 英寸居多,其次 12.1 英寸、17 英寸的笔记本电脑也会采用这种屏幕。

WXGA+(wide extended graphics array)是 WXGA 屏幕的扩展产品,其最大显示分辨率为 1280 像素×854 像素。WXGA+屏幕的横宽比例改为了 15:10 规格,而非标准宽屏的 16:10,所以 15.2 英寸的笔记本电脑很少采用这类屏幕,但在 17 英寸笔记本电脑上却可以经常看到采用这类屏幕。

WSXGA(wide super extended graphics array)采用了 16:10 标准宽屏比例,支持 12.1 英寸、14 英寸、15.4 英寸以及 17 英寸等,在亮度、分辨率、可视角度以及响应时间上都比较不错,其最大支持 1680 像素×1050 像素的分辨率,使用时可以平铺几个窗口同时操作,十分方便办公用户使用。

与普通 4:3 屏幕的 UVGA 一样,WUXGA(wide ultra extended graphics array)由于成本太高,价格昂贵,市场上很少见到采用这类屏幕的笔记本电脑,但其分辨率可以达到 1920 像素×1200 像素,支持 16:10 标准宽屏比例,也只能在移动工作站中见到少量的类似产品。另外还有 QSXGA 屏幕,它最大可支持 2560 像素×2048 像素的分辨率,成为大屏高端笔记本电脑的新宠。

为了节能,不少宽屏笔记本电脑都采用了 LED 屏幕,例如富士通 S6510、索尼 SZ77、华硕 U2E、HP 2710P、联想 ThinkPad X300 等机型,特别是 11 英寸以下超便携笔记本电脑,基本上都采用了 LED 屏幕。与普通 LCD 屏幕相比,LED 背光可以轻松实现超过 100%的 NTSC 色彩区域,在色彩表现力和色阶过渡方面有显著的优势,而且没有采用对环境有害的汞元素,非常环保、有利健康。LED 背光只需 40V 电压,比采用 CCFL 背光光源要省电 48%,这意味着可以延长笔记本电脑电池的续航时间,这对于需要经常移动使用的商务用户非常方便。

3.6 多功能一体机

多功能一体机,就是一种具备打印、传真、复印、扫描等几种功能的机器设备,并且它的多项功能可以同时工作,各司其职,互不影响,如图 3.35 所示。从专业角度讲,多功能一体机并不是实现多种功能的设备的简单合成,而是内在技术的合成,即通过把多种功能的硬件、软件和固件集于一体,固化于一体机内,提供统一的设备接口,从而使不同功能之间实现无障碍的数据传输和转换,在提高设备整体运行速度的同时,设备的可靠性也有了更高的保障。

图3.35　多功能一体机

3.6.1　多功能一体机概述

随着信息化和数字化的快速发展，办公自动化设备的种类也越来越多。在个人办公领域，传真机、打印机、扫描仪等各种独立的办公自动化设备不仅占用了大量个人桌面办公空间，而且总体拥有成本高，还可能因连接等问题引起诸多不便。人们渴望有一种完全不同于过去的全新的办公设备。多功能一体机正是在这样的大背景下应运而生。

1. 多功能一体机的诞生

1986 年佳能推出世界首创兼备传真机功能的多媒体电话"MMP-10"，这是一体机最早的雏形，但是"一体机"这个概念在当时完全没有，而且技术上也仅限于传真和电话的一体化，远没有达到多功能一体化的程度。到了 20 世纪 90 年代初期，惠普公司曾经在全球范围内做了一项调研，调研人员根据所收集到的信息，建议惠普公司的工程师设计一种能把打印、传真、扫描和复印等功能集中起来的机器，既能节省办公空间又能节约办公费用。于是，1994 年世界上第一台真正意义上的多功能一体机在惠普公司诞生了，用英语表达是"Multifunction"，从此开始了多功能一体机的历史。

经过多年的发展，多功能一体机在打印机市场已经得到了充分的认可。三星、惠普等主流打印机厂商都推出了针对不同目标市场的多功能一体机，并得到用户的认可。目前，多功能一体机已经在办公领域得到了大量的应用，无论性能还是服务方面都在稳步提升，早已不再是多个设备的简单叠加，而是将各种独立的功能更加完善地集成在一起，同时使功能之间的协调性更加自然，操作更加方便快捷。

2. 多功能一体机的特点

(1) 综合成本的降低。采用集成一体化设计，传真、打印和复印共用相同的打印输出和扫描部件，控制电路简化，这对于厂商而言可避免重复性生产；而对于用户而言，则避免了重复性投资。

(2) 功能丰富。不言而喻，多功能一体机胜在功能丰富上，除了打印功能，它还扩展出了复印、扫描、传真及其他功能。

(3) 安装方便，占用空间小。从设备连接讲，作为一台集成的设备，无论它具有多少功能，只需要安装一次就可以了。

(4) 结构灵活。多功能一体机往往是一种组合设备，即打印机、传真机、复印机和扫描仪及电脑等设备形成一个有机组合体系，各设备既彼此独立，可单独使用，又可部分组合应用，或组合后形成新的办公应用设备。

3. 多功能一体机的种类

多功能外设的设计原理是将尽可能多的功能集成在一个产品上，使功能相同或相似的部件通用，在便捷办公的同时大大降低用户的总体拥有成本，保修和维护也更加简单了。目前较为常见的产品一般有两种类型。一种涵盖了三种功能，即打印、扫描、复印；另一种则涵盖了四种功能，即打印、复印、扫描、传真。如果从打印技术来划分一体机的分类，那么一体机可以划分为激光一体机和喷墨一体机。

除了可以根据打印技术进行分类之外，多功能一体机还可以根据产品的功能进行分类。虽然都是集打印、复印、扫描、传真为一体的产品(有的产品可能没有传真功能)，有的用户觉得只要功能一样，产品也就没有什么差别，但是事实却不是这样。绝大多数的产品在各个功能上是有强弱之分的，是以某一个功能为主导的，因此它的这个功能便特别出色。一般情况下可以分为打印主导型、复印主导型、传真主导型，而扫描主导型的产品还不多见。当然也有些全能的产品，它的各个功能都非常强，不过价格也相对贵一些。

4. 多功能一体机的发展趋势

多功能一体机凭借其体积小、功能全、操作简便、节省开支等良好性能，给办公市场增添了几许新的活力。业内人士预言：在不久的将来，多功能一体机必将成为办公自动化设备的消费热点。其发展趋势主要有如下四个方面。

1) 网络打印

目前，多功能一体机市场每年都以接近 50%的速度增长，在这一增长趋势下，市场结构势必产生变化。办公用户逐步由使用简单的桌面打印机，发展到使用带有网络功能的单功能打印机及多功能桌面一体机，多功能一体机向网络方向发展已经成为不可阻挡的趋势。

2) 文印管理优势突出

文印管理关系到企业的运营流程，小到一个普通员工的日常使用，中到企业流程运营的顺利，大到企业成本管理和发展，都与文印有密切的关联。

一台具备网络连接的多功能一体机能够大幅度提高企业的文印效率，而如何控制来自各个员工的文印作业，有效节约成本、减少不必要的费用支出？这成为企业和厂商共同关注的问题。不少厂商都推出了针对企业的文档管理软件解决方案，帮助企业实现科学的文档管理，例如，富士施乐推出的 DocuWorks 7.0 文档管理软件解决方案，在提高工作效率的同时最大限度地发挥信息的价值，同时也大大提高了多功能一体机产品的性能。

3) 做好差异化服务

企业用户需要的是既高效又经济的产品和解决方案，用户需求的差异化成为未来多功能一体机发展的重要趋势。为了应对这一趋势，很多多功能一体机厂商通过研发增值功能为客户带来更多的附加价值，丰富的文件管理流程服务、信息安全服务、移动办公服务、文件管理服务以及个性化服务在为用户带来便利的同时，也带来了一定的应用难度。由于多功能一体机具有易消耗和易损耗的特点，很多企业被维护、保养、更换零配件等后期工作搞得焦头烂额，办公效率受到影响，也导致后期成本居高不下。这严重影响了多功能一体机的推广，不过近几年已经有厂商提出了诸如"全包服务"的口号，在外包服务方面加大了技术支持的力度，以期为用户打造一站式的简便实用流程，在未来突破这一影响多功能一体机市场发展的瓶颈。

4) 倡导绿色节能办公

多功能一体机市场发展的另一个重要趋势就是环保，这主要体现在节能、减排以及环保材料的应用等几个方面。

随着"节能减排，绿色发展"被越来越多中国企业所认同，绿色节能等技术也越来越多地出现在多功能一体机厂商的产品宣传中。大量以节能环保为主要卖点的一体机产品进入中国市场，选择适当的设备实施绿色文印，不仅能够改善环境，更能对企业自身产生积极的影响。

办公输出设备大约 90%的时间都处于休眠状态，因此休眠状态的能耗指标非常重要。爱普生公司在多功能一体机产品中使用了环保健康的 DURABriteUltra 颜料墨水，与激光打印机相比，这种墨水不会产生粉尘和臭氧排放，为用户营造一个健康的打印环境。此外，爱普生公司正努力构筑废旧商品的回收、再生利用系统，将回收来的废旧商品进行最大限度的资源再生利用，目前已经在中国开展了商品的回收、再生利用活动。

3.6.2 多功能一体机的技术指标

由于多功能一体机是集众多功能于一身，因此有许多技术参数都近似，比如分辨率就有打印分辨率、扫描分辨率、传真分辨率、复印分辨率等。这些技术参数绝对不是可以等同的。对于了解一体机的性能，认清这些技术参数是非常有必要的。

1．分辨率

分辨率是许多产品都具有的一个技术指标，如打印机、复印机、多功能一体机等。分辨率的单位是 dpi(dot per inch)，即指在每一个平方英寸可以表现出多少个点，它直接关系到产品输出图像和文字质量的好坏。分辨率一般用垂直分辨率和水平分辨率相乘表示。如产品的分辨率为 600dpi×600dpi，就是表示此产品在一平方英寸的区域的表现力为水平 600个点，垂直 600 个点，总共 360 000 个点。分辨率越高，数值越大，就意味着产品输出的质量越高。由于多功能一体机是集众多功能于一身，有打印分辨率、扫描分辨率、传真分辨率、复印分辨率等，在购买时要侧重自己平时工作中最需要的功能去购买。通常大家比较关心的是打印分辨率和扫描分辨率，目前打印分辨率最高已达 5760dpi×1440dpi，扫描分辨率最高已达 2400dpi×1800dpi。

2．传送速度

1) 打印速度(页/分)

即 papers per minute，每分钟打印的页数，这是衡量打印机打印速度的重要参数，是指连续打印时的平均速度。

2) 复印速度(页/分)

单位时间内连续复印张数,是复印机最主要的性能参数。速度越快表明复印机性能越好。

3) 传送速度(秒/页)

传送速度是指传真机发送 1 页国际标准样张所需要的时间。发送时间一般在 3~13 秒。发送时间的长短,取决于多功能一体机所采用的调制解调器速度、电路形式及软件编程。从 2016 年至今,市面上的多功能一体机的调制解调器的最高速度为 33.6Kb/s,发送时间最快可达 3 秒。发送时间越短,传送效率就越高,而且如果每次发送的文件越多,所花费的电信费用也越低。

4) 调制解调器速度(b/s)

Modem 的实际传输速度又称 DCE(data circuit-terminal equipment)速率,单位是 b/s(bps),常见速率有 14.4Kb/s、33.6~2.4Kb/s 自适应、33.6Kb/s。

3. 复印尺寸

复印尺寸指的是多功能一体机能够复印输出的最大尺寸。一般来说,产品的最大复印尺寸是大于或等于最大原稿尺寸的。由于多功能一体机的复印输出是通过打印部件来实现的,因此多功能一体机的复印尺寸不可能超出产品的打印尺寸,一般多是和产品的打印尺寸一样。

4. 适用平台

适用平台指的是产品可以在哪些操作系统下运行工作。任何乃至与电脑相关的产品,在没有操作系统的支持下都是没有办法工作的,多功能一体机也是如此。能够适用的操作系统越多,多功能一体机的适用性也就越强,能够应用的范围也就越广泛。

众所周知,Windows 操作系统是目前电脑主流的操作系统,因此能够在 Windows 操作系统下运行多功能一体机是最起码的要求。同时,多功能一体机是与图形图像打印息息相关的。而在图形图像处理的领域中,许多用户使用的是 Apple 的产品,因此多功能一体机还应该支持 Apple 的产品使用的 Mac OS 操作系统,目前较为常见的 Mac OS 操作系统的版本有 Mac OS 9.1、Mac OS 9.2x、Mac OS X v10.2x。

3.6.3　多功能一体机的选购

可以通过以下几个步骤完成对多功能一体机的选择。

1. 分辨率

前面已经分析过,分辨率是多功能一体机比较重要的一个参数,根据功能不同,分为打印分辨率、复印分辨率等。分辨率越高,数值越大,就意味着产品输出的质量越高。在预算允许的情况下,尽可能选择分辨率高的产品。

2. 速度方面

根据前面的描述,多功能一体机的速度也分为打印速度、复印速度、传送速度和调制解调器的速度。一般在选择的时候，肯定会选择速度快的。但是，如果这几种速度不能兼得，应如何选择呢？

　　根据前面的描述，对于大多数多功能一体机来说，并不是每一个功能都很优秀，而是以某一个功能为主导的，因此它的这个功能便特别出色，据此可以将多功能一体机分为打印主导型、复印主导型、传真主导型和扫描主导型。鉴于此，如果在选购时碰到各种速度不能兼得的情况，要根据自己的常用功能来选择其主导类型。例如，如果需要以打印业务为主，则选择打印主导型。

3. 色彩方面

　　办公业务以输出彩色文档为主的，考察喷墨一体机和彩色激光一体机，而预算较少的前提下，就从喷墨一体机中选择，主要包括惠普、佳能、爱普生三大品牌。如果办公业务以输出黑白文档为主，则考虑激光一体机。另外，在选择喷墨还是激光产品时，还需要考虑月打印量，如果月打印量在 3000 页以上，建议选择激光产品，打印量较小的可以选择喷墨设备。

4. 功能方面

　　如今的多功能一体机已经不仅仅局限在打印、复印、扫描、传真四大基本功能上了，双面打印、光盘打印、插卡打印、网络打印、U 盘打印等越来越丰富的应用功能体现在多功能一体机上，所以消费者选择时一定要选择恰好能满足需求的功能，以及对提升办公效率有帮助的功能，毕竟增加一项功能，在采购成本上会有体现的。

5. 实用性

　　选择多功能一体机还需要考察实用性和易用性，例如，后期耗材是否容易买到，兼容耗材与原装耗材的使用效果和使用成本，多功能一体机是否支持中文显示，传真功能有无电话手柄等也需要用户考虑在内，以便维护简单、维修方便、操作容易。

6. 多任务

　　购买多功能一体机自然希望它的多项功能可以同时进行，比如在打印的同时可以进行扫描，还可以接收传真。要达到这个要求，就需要多功能一体机配置功能强大的处理器和足够的内存，并可以根据今后业务的扩充方便地进行内存升级。

7. 维修和服务

　　用户在选择多功能产品时最担心的问题就是维修是否方便。多功能一体机集成功能多，单靠个人维修很难解决所有问题，所以在选购时最好选择保修期长的产品。目前市场上各种主流多功能产品的保修期也在一年以上。另外，在服务方面，用户在购买产品的同时是否购买了周到全面的服务，特别是厂商是否具备快速反应能力很重要。主流厂商因其产品在市场上有广泛的应用，因此对于用户的难题一般会具有迅速及时地响应和解决问题的能力。

3.7 本章实训

1. 熟悉常用光驱及刻录机的使用方法。
2. 掌握移动硬盘的使用方法。
3. 练习常见液晶显示器的屏幕调整。
4. 了解不同类型的多功能一体机。
5. 掌握音箱的连接及使用方法。

3.8 本章习题

1. 简述键盘的分类。
2. 简述外部设备的分类。
3. 简述键盘、鼠标的选购注意事项。
4. 笔记本电脑键盘有哪几种?
5. 光驱的基本工作原理是什么?
6. 简述刻录机的基本工作原理。
7. 简述光驱选购的注意事项。
8. 笔记本电脑光驱有哪几种?
9. 简述刻录机的相关技术。
10. 简述刻录机选购的注意事项。
11. 简述音箱的性能指标。
12. 简述耳机的主要性能指标。
13. 音频外设的选购注意事项是什么?
14. LCD 显示器的工作原理是什么?
15. LCD 显示器的性能指标是什么?
16. 液晶显示器有哪几种?
17. 显示器的选购注意事项是什么?
18. 多功能一体机的特点有哪些?
19. 多功能一体机的技术指标有哪些?

第4章 计算机组装与调试

第 4 章.ppt

学习目的与要求：

本章首先介绍台式计算机的组装，涉及装机准备工作、装机流程，然后介绍了笔记本电脑的拆装步骤。组装内容是对硬件基础部分的综合应用，对加深对计算机硬件的认识、提高动手能力起着至关重要的作用。要求熟练掌握装机的流程以及注意事项。

计算机调试相关内容涉及装机测试，BIOS 的设置升级，硬盘分区及格式化，软件系统的安装与设置，以及对电脑系统进行检测的各种方法。调试是从组装硬件到能够正常使用之前的重要必备环节，要求掌握调试各方面的基本方法，重点掌握对系统进行检测的操作，为后续章节优化和维护维修的学习做好铺垫。

4.1 准 备 工 作

通过对电脑硬件结构的了解和学习，已经初步掌握了计算机安装的基础知识，接下来就可以开始动手组装电脑了。

4.1.1 安装前的准备

在开始组装电脑之前，要进行如下几项准备工作。

1. 准备工作台

安装电脑前要找一个摆放计算机配件和工具的宽阔平台，最好是电脑桌，如果没有电脑桌，其他桌子或者茶几之类的都可以作为替代品。

2. 准备工具

组装电脑的过程中用到的工具主要有十字螺丝刀和尖嘴钳。为了安装方便，最好能再准备一些常用的工具，如镊子、电工刀(或刀片)、电笔和一个能盛小东西的器皿等备用。如果有条件的话，可以再准备一块万用表，以备不时之需。

电脑中的大部分配件都是用十字螺丝来固定的，所以，十字螺丝刀是必不可少的工具。而且最好使用带磁性的螺丝刀，这样可以吸住螺丝使安装方便，而且螺丝落入狭小的空间后也容易取出来。

尖嘴钳可以用来折断一些材质较硬的机箱后挡板，也可以用来夹一些细小的螺丝、螺丝帽、跳线帽等小零件。此外，组装计算机时遇到不易插拔的设备将会用到尖嘴钳，如组装计算机时会经常遇到的设置跳线问题，就要用到尖嘴钳，当然也可以使用镊子来代替。

防静电手镯，也叫防静电腕带，用于释放人体携带的静电，使用它可以保护安装过程中的设备。

在安装高频率 CPU 时导热硅胶(硅脂)必不可少，在安装前务必准备一支以备不时之需。

由于计算机系统不止一个设备需要供电，所以一定要准备一个多孔型插座，以便测试机器时使用。

3. 准备电脑配件

在取出电脑配件之前，先要找一些硬纸板、报纸或者纯棉布等铺在工作台上，不要用化纤布或者塑料布，以防产生静电损坏配件。然后，将电脑配件、产品说明书及随机光盘分别取出，去掉配件上的残留胶带、泡沫后，整齐地摆放在工作台的一端，如图4.1所示。检查硬件产品中随机赠送的零配件是否齐全，有些硬件安装过程中需要的辅助材料是否配齐(如 CPU 安装过程中用到的导热硅胶，这是安装过程中的必需品，注意不要丢失)。

图4.1　摆放整齐的电脑配件

4. 准备启动盘

现在 Windows 系统的安装已非常便捷,光盘安装已被弃用,大多采用 U 盘安装的方式,多数安装盘都能直接引导系统。如果准备的安装盘不能直接引导,那么就要自行创建一张启动盘。

5. 注意事项

1) 安装要正确到位

一般情况下，电脑的线缆连接和板卡连接都有防误插设施，如缺口或倒角等，只要留意它们，就会避免出错。如果有些线缆插头或板卡插不进去，应该想到是不是插错了，千万不要硬来，以防损坏电脑配件。

在连接正常的情况下，一般线缆和板卡都与相应的插座和插槽连接得比较吻合、牢固，如果出现不牢固的现象，如轻轻一拽就能把插件卡拽下来，就要考虑是不是安装不到位，应该详细地阅读说明书，重新进行安装，以免安装完成后，出现许多不必要的麻烦。

2) 不要带电插拔

带电插拔是指在电脑处于加电状态下进行插拔元器件及插头等操作，这种操作对元器件损害很大。因为元器件带电时，突然断电会在器件内部产生瞬间的大电流，容易击穿元器件，所以在安装过程中应注意先关掉电源，把设备的电源插头拔下，然后再进行插拔操作。

3) 细心操作，用力适度

在安装过程中，要认真仔细，不要把线头、螺钉等遗留在电脑主机箱内。如果不慎落入，应及时用镊子或尖嘴钳取出，防止因此引起短路烧坏主板。

在拧紧螺栓或螺母时，要适度用力，并且在遇到阻力时应及时停止，检查原因。过度拧紧螺栓或螺母可能会损坏主板或其他塑料组件。

4.1.2　组装步骤简介

要组装电脑，首先要对电脑的各个配件有一个比较全面的认识，并且要了解组装的基本过程，然后才能根据不同的装机要求，设计出相应的配置方案，最后按照一定的步骤完成电脑的组装。具体组装步骤如下。

(1) 做好准备工作，备齐配件和工具，消除身上的静电。

(2) 电源的安装，主要是将机箱打开，并且将电源安装在里面。

(3) CPU 的安装，在主板处理器插座上插入安装所需的 CPU，并且安装上散热风扇。

(4) 内存条的安装，将内存条插入主板内存插槽中。

(5) 主板的安装，将主板安装在机箱底板上，并根据实际情况设置好相应的跳线。

(6) 显卡的安装，根据显卡总线选择合适的插槽。

(7) 声卡的安装，现在市场主流声卡多为 PCI 和 PCI-E 插槽的声卡，如果是集成声卡可跳过该步骤。

(8) 驱动器的安装，主要针对硬盘、光驱进行安装。

(9) 机箱与主板间的连线，即各种指示灯、电源开关线都连接好。

(10) 输入设备的安装，连接键盘、鼠标与主机一体化。

(11) 输出设备的安装，即显示器的安装。

(12) 再重新检查各个接线，并清理机箱内部，准备进行测试。

(13) 检查完毕后，确认机箱内没有金属异物后，盖上机箱盖。

(14) 给机器加电，若显示器能够正常显示，表明初装已经正确，此时进入 BIOS 进行系统初始设置。

(15) 保存新的配置，并重新启动系统。

其实组装电脑并没有什么具体的步骤要求，只要按照安全和便于安装的原则，哪个在前哪个在后没有什么大的影响，可以根据不同的主板、机箱结构来决定组装的步骤。

4.2 组装计算机

4.2.1 安装 CPU

以经典 Intel 处理器接口 LGA1150 和 LGA1151 为例，如图 4.2 所示。

图4.2 LGA1150、LGA1151处理器外观

Intel 平台的针脚都长在主板上而不是 CPU 上，因此对应也有三种 CPU 护盖用来保护主板的 CPU 插槽。目前 8 系列以及大部分 7 系列主板都采用了外扣的护盖，这种护盖可以兼容所有 Core i 系列主板(LGA1156/LGA1155/LGA1150)。

CPU 安装步骤如图 4.3 所示。

(a) 打开 CPU 底座的金属卡子，将拉杆向下推，轻压拉杆并向外侧拉开。

(b) 安装 CPU 时，用大拇指和食指捏住处理器。确保插槽的定位点与处理器的缺口对齐(图中小圆圈处有标记，同 CPU 上的三角形标记是对应的)。将处理器垂直放入插槽，切勿倾斜或滑动。然后轻轻地放开处理器，确保其在插槽中正确就位。

(c) 去掉主板的保护盖。

(d) 左手轻压 CPU，右手拉下拉杆。

注意：Intel 主板都有护盖来保护 CPU 插槽，如图 4.4 所示，因此安装 CPU 的第一步就是拆除护盖。对于外扣 CPU 护盖，首先要掀起扣具，然后用大拇指顶一下即可把护盖拆下。如果是内嵌 CPU 护盖，掀起扣具后，食指按住护盖上部，用大拇指从护盖突出部分把护盖掀起，然后两指捏住轻轻一拔就可以拆下。

在安装处理器时，需要特别小心。大家可以仔细观察，在 CPU 处理器的一角上有一个三角形的标识(图 4.3(b)中)，另外，仔细观察主板上的 CPU 插座，同样会发现一个三角形的标识。在安装时，处理器上印有三角形标识的那个角要与主板上印有三角形标识的那个角对齐，然后慢慢地将处理器轻压到位。这不仅适用于 Intel 的处理器，而且适用于目前所

有的处理器，特别是对于采用针脚设计的处理器而言，如果方向不对则无法将 CPU 安装到位，大家在安装时要特别注意。

(a)　　　　　　　　　　　　　(b)

(c)　　　　　　　　　　　　　(d)

图4.3　CPU的安装示意图

图4.4　CPU的两种护盖

4.2.2　安装散热器

　　CPU 的发热量是相当惊人的，65W 和 91W 的产品在运行时的发热量相当惊人。因此，选择一款散热性能出色的散热器特别关键。如果散热器安装不当，散热的效果也会大打折扣。图 4.5 所示是 Intel LGA115X 接口处理器的散热器，与之前的 478 针接口散热器相比，做了很大的改进：由以前的扣具设计改成了如今的四角固定设计，散热效果也得到了很大的提高。安装散热器前，先要在 CPU 表面均匀地涂上一层导热硅胶(很多散热器在购买时已经在底部与 CPU 接触的部分涂上了导热硅胶，这时就没有必要再在处理器上涂了)。

图4.5　CPU散热器外观

安装时，将散热器的四角对准主板上的四个 CPU 风扇固定孔，然后用力压下四角扣具即可，如图 4.6 所示。有些散热器采用了螺丝设计，因此散热器上会提供适当的垫角，只需要使四颗螺丝受力均衡即可。

图4.6　固定散热器

固定好散热器后，还要将散热风扇接到主板的供电接口上，如图 4.7 所示。找到主板上安装风扇的接口(主板上的标识字符为 CPU_FANz 或 CFNA)，将风扇插头插上即可(注意：目前有四针与三针等几种不同的风扇接口，在安装时需注意)。由于主板的风扇电源插头采用了防误插的设计，反方向无法插入，因此安装起来相当方便。

图4.7　连接风扇供电接口

高职高专立体化教材　计算机系列

4.2.3 安装内存条

在内存成为影响系统整体性能的最大瓶颈时,双通道的内存设计大大解决了这一问题。提供 Intel 64 位处理器支持的主板目前均提供双通道功能,因此建议大家在选购内存时尽量选择两根同规格的内存来搭建双通道。

主板上的内存插槽一般都采用两种不同的颜色来区分双通道与单通道。将两根规格相同的内存条插入相同颜色的插槽中,即打开了双通道功能。支持 DDR4 内存的主板通常有四通道或者八通道插槽设计,如图 4.8 所示。

图4.8 四通道DDR4内存条插槽

安装内存时,先用手将内存插槽两端的扣具打开,然后将内存平行放入内存插槽中(内存插槽也使用了防误插设计,反方向无法插入。大家在安装时可以对应一下内存与插槽上的缺口),用两个大拇指按住内存两端轻微向下压,听到“啪”的一声响后,即说明内存安装到位,如图 4.9 所示。一些主板的内存插口只有一边扣具是可以抬起的,另一边则是固定死的,安装时要仔细观察,避免用力过大伤及内存或主板。

图4.9 安装内存条

4.2.4 安装主板

在安装主板之前,先将机箱提供的主板垫脚螺母安放到机箱主板托架的对应位置(有些机箱在购买时就已经安装),如图 4.10 所示。

图4.10　安装主板垫脚螺母

双手平行托住主板,将主板放入机箱中并安放到位,如图4.11所示,可以通过机箱背部的主板挡板来确定(注意,不同主板的背部I/O接口是不同的,在主板的包装中均提供一块背挡板,因此在安装主板之前先要将挡板安装到机箱上)。

图4.11　将主板平放到机箱中

安装到位后,接下来就是要固定主板,如图4.12所示,拧紧螺丝,固定好主板,安装好的主板在机箱中的位置如图4.13所示(在装螺丝时,注意每颗螺丝不要一次性拧紧,等全部螺丝安装到位后,再将每颗螺丝拧紧,这样做的好处是随时可以对主板的位置进行调整)。

图4.12　固定主板　　　　　　　　图4.13　安装好的主板

4.2.5　安装硬盘

在安装好CPU、内存、主板之后,需要将硬盘固定在机箱的3.5英寸硬盘托架上。对于普通的机箱，只需要将硬盘放入机箱的硬盘托架上，拧紧螺丝使其固定即可。很多用户使用了可拆卸的 3.5 英寸机箱托架，这样安装硬盘就更加简单了。

如图 4.14 所示，右手所持为固定 3.5 英寸托架的扳手，拉动此扳手即可固定或取下 3.5 英寸硬盘托架。取出托架后，就可以安装并固定硬盘了。将硬盘放到托架当中，从托架两边安装固定螺丝并拧紧，如图 4.15 所示。

图4.14 可拆卸3.5英寸硬盘托架

图4.15 将硬盘装入硬盘托架

固定好硬盘后，将托架重新装入机箱，并将固定扳手拉回原位固定好硬盘托架，然后检查硬盘托架是否安装牢固。安装好的硬盘及硬盘托架如图 4.16 所示。SATA 硬盘上有两个电缆插口，分别是 7 针的数据线插口和 SATA 专用的 15 针电源线插口，它们都是扁平形状的，只需要将数据线与电源线分别插入各自相应的位置即可，如图 4.17 所示。接下来将连接 SATA 硬盘数据线的另一端连接到主板上标有"SATA1"的接口上并将电源线连接到电源上即可完成硬盘的安装。

图4.16 安装好的硬盘及硬盘托架

图4.17 SATA硬盘的电缆插口

4.2.6 安装光驱、电源

安装光驱的方法与安装硬盘的方法大致相同，对于普通的机箱，只需要将机箱 4.25 英寸的托架前的面板拆除，并将光驱放入对应的位置，拧紧螺丝即可。但还有一种抽拉式设计的光驱托架，安装方式与安装硬盘不一样。这种光驱安装比较方便，在安装前先要将类似于抽屉设计的托架安装到光驱上，如图 4.18 所示。

安装好托架后，这种光驱的安装就变得非常简单，就像推拉抽屉一样，可以将光驱轻松地推入机箱的托架中。

SATA 光驱接口如图 4.19 所示，可参考 4.2.5 节 SATA 硬盘的安装。

图4.18　安装好托架的光驱

图4.19　SATA光驱接口

当需要取下光驱时，如图 4.20 所示，只要用手按住光驱两边的弹簧片，即可拉出。

机箱电源的安装方法比较简单，只要按图 4.21 中电源所在位置放入到位后，拧紧螺丝即可。

图4.20　托架式光驱

图4.21　安装电源

4.2.7　安装显卡

目前，PCI-E 显卡已是市场主力军，AGP 规格的显卡基本上退出市场了，因此 PCI-E 绝对是必选产品，如图 4.22 所示。

显卡的安装十分简单，用手轻握显卡两端，垂直对准主板上的显卡插槽，向下轻压到位后，再用螺丝固定即可完成显卡的安装，如图 4.23 所示。

图4.22　主板上的PCI-E显卡插槽

图4.23　安装显卡

4.2.8　连接各种线缆

安装完上述主要部件之后，剩下的工作就是安装所有的线缆接口了，下面进行简单介绍。

1. 安装硬盘电源线与数据线

以 SATA 硬盘为例，图 4.24(a)中红色的线为数据线，黑黄红交叉的线是电源线，安装时将其接入即可。接口全部采用防误插设计，反方向无法插入，操作十分简单方便。然后将数据线的另外一端接到主板的 SATA 接口上即可。

(a)

(b)

图4.24　连接硬盘数据线和电源线

2. 安装光驱数据线

光驱数据线均采用防误插设计，安装数据线时可以看到 IDE 数据线的一侧有一条蓝色或红色的线，这条线一端连在光驱 IDE 接口，另一端接到主板的 IDE 接口上，如图 4.25 所示。

图4.25　连接光驱数据线

3. 连接主板供电电源

如图 4.26 所示，为主板供电的接口也采用了防误插的设计，只有按正确的方法才能够插入。通过仔细观察会发现在主板供电的接口上的一面有一个凸起的槽，而在电源的供电接口上的一面也采用了卡扣式的设计，这样设计的好处一方面是防止用户反插，另一方面可以使两个接口更加牢固地安装在一起。另外，需要说明一下，目前大部分主板采用了 24pin 的供电电源设计，但仍有些主板为 20pin，大家在购买主板时要重点看一下，以便购买适合的电源。

4. 连接 CPU 供电接口

无论采用四针的加强供电接口设计，还是使用更高端的 8pin 设计，如图 4.27 所示，目的都是向 CPU 提供稳定的电压。类似前述主板电源连接，主要注意安装到位，使卡扣锁紧。

图4.26　连接主板供电电源　　　　　　图4.27　连接CPU供电接口

5. USB 及机箱开关、重启、前置报警喇叭等接口的安装

目前，USB 成为日常使用最多的接口，大部分主板提供了高达 8 个 USB 接口，但一般在背部的面板中仅提供 4 个，剩余的 4 个需要安装到机箱前置的 USB 接口上，以方便使用。现在流行的主板上均提供前置的 USB 接口，不过一般情况下机箱仅接两个前置的 USB 接口，因此只要接好一组即可。

图 4.28 中的 9 个 USB 插针即为主板上提供的前置 USB 接口，安装的时候首先根据主板说明书上的连接示意图将 USB 数据线分好，通常每 4 根信号线连接一个 USB 口，如图 4.29 所示。

图4.28　主板上的前置USB接口

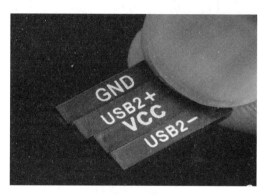

图4.29　USB数据线

其中，VCC 用来供电，USB2-与 USB2+分别是 USB 的负、正极接口，GND 为接地线。主板与 USB 接口的详细连接方法如图 4.30 所示。

另外，有的机箱内有两组前置 USB 接口，每一组可以外接两个 USB 接口，分别是 USB45 与 USB67 接口，可以在机箱的前面板上扩展 4 个 USB 接口(当然需要机箱的支持)，如图 4.31 所示。

图4.30　USB连接示意图

图4.31　两组USB前置接口

具体的连接方法跟一组的相似，可以根据说明书的详细说明来安装，而且现在为了方便用户的安装，很多主板的 USB 接口的设置相当人性化，如图 4.32 所示。

可以看到，图 4.32 中的 USB 接口类似于 PATA 接口的设计，采用了防误插的设计方法。大家只有按正确的方向操作才能够插入 USB 接口，方向不正确是无法接入的，这大大地提高了工作效率，同时也可避免出现因接法不正确而烧毁主板的现象。

注意，在接线时应严格按照说明书的要求仔细安装，如果安装错误，有可能烧毁主板或者 USB 设备。

连接机箱上的电源键、重启键等是安装电脑的最后一步，也是比较麻烦的一步，一般在说明书中都有详细的说明。主板不同，连接方式也不一样。下面根据现在流行的主板形式，详细介绍电源键、重启键等的安装方法。图 4.33 中的一组插槽便是机箱电源、重新启动等键的插槽；图 4.34 所示为机箱中电源、重启、硬盘指示灯和机箱前置报警喇叭的接口。

图4.32　USB接口的人性化设计

图4.33　电源键、重启键等的插槽

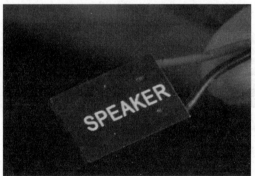
图4.34　电源、重启、硬盘指示灯和机箱前置报警喇叭的接口

具体任务是将图 4.34 中的 4 个接口插到合适位置，具体连接方法如图 4.35 所示。其中，PWRSW 是电源接口，对应主板上的 PWRSW 接口；RESET 为重启键的接口，对应主板上的 RESET 插孔；SPEAKER 为机箱的前置报警喇叭接口，可以看到是四针的结构，其中红色的那条线为+5V 供电线，与主板上的+5V 接口相对应，其他 3 针也就很容易插入了；IDE_LED 为机箱面板上的硬盘工作指示灯，对应主板上的 IDE_LED 接口；剩下的 PLED 为电脑工作的指示灯，对应插入主板即可。需要注意的是，硬盘工作指示灯与电源指示灯分正负极，在安装时需要注意，一般情况下红色代表正极。

对机箱内的各种线缆进行简单整理，以提供良好的散热空间。至此，完成了计算机的硬件组装，如图 4.36 所示，可以进行下面的测试和软件安装工作了。

图4.35　接口与插槽连接示意图　　　图4.36　安装完好的机箱内部结构

4.3　笔记本电脑的拆装

说起笔记本电脑的安装与拆机，人们往往认为是多困难、多复杂的程序。其实目前来讲大部分笔记本电脑的内存、硬盘和 CPU 等大多数硬件都采用了"模块化"设计，因此笔记本电脑的硬盘、内存等都非常好拆装，甚至大部分笔记本电脑的处理器也可以很方便地拆下来，只需要利用简单的工具就可以进行。其过程相比台式机更简单容易，不过需要拆卸者掌握一定的技巧和一些简单的常识，并且在操作时要细心一点。下面详细介绍笔记本电脑主要部件的安装与拆卸过程。

4.3.1　笔记本电脑的组装

许多人对台式机准系统都已经比较熟悉了，但是对于笔记本电脑准系统 Barebone 知道的人还不是太多。这是一款只提供了笔记本电脑最主要框架部分的产品，像基座、液晶显示屏、主板等，其他部分诸如 CPU、硬盘、光驱等就需要用户自己来选购并且安装了。甚至对处于框架位置的显示屏、主板用户如果还不满意的话，厂家也会提供相应的候选产品供用户选择。目前华硕、微星、精英等厂商都已经发布了多款这样的产品。这里介绍的笔记本电脑是以微星笔记本电脑的一款 Barebone 为基础的。

本节以一款微星笔记本电脑准系统为 DIY 的对象，这是一款基于 AMD 平台的笔记本电脑，主板使用了 ATI 芯片组 chipset，配备了 ATI Mobility Radeon X700 显卡、双层 DVD 刻录机和 15.4 Inch WXGA 宽屏 LCD。下面所要做的就是为笔记本电脑准系统选择合适的处理器、散热器、Mini PCI WLAN 无线网卡和内存等，如图 4.37 所示。选好设备后，就开始组装笔记本电脑了。

1. 安装笔记本电脑 CPU 及其散热系统

首先来认识一下处理器、热管散热器和 CPU 风扇，如图 4.38 所示。接下来将笔记本电脑反置，使笔记本电脑的 D 面朝上，找一把合适的螺丝刀，将 CPU 部分的挡板卸下来，这一步非常简单，可以轻松完成。卸下挡板就可以看到里面的庐山真面目了，如图 4.39 所示。中间是 CPU 插槽，CPU 上侧和左侧凹下去的部分是安装热管散热器和风扇的位置。而 CPU 的右侧和下侧则分别是 Mini PCI 无线网卡和内存的空间。

图4.37　笔记本电脑全部组件

图4.38　热管散热器、处理器和CPU风扇

图4.39　卸下挡板的笔记本电脑D面

接下来开始安装 CPU，首先要将 CPU 插座右侧的杠杆拉起上推到垂直的位置，取出 CPU，将 CPU 上的针脚与插座上的缺口对准轻压就可以将 CPU 安装好了，如图 4.40 所示；最后，再将 CPU 右侧的杠杆放回原位，CPU 就安全地安装在插座上了。

图4.40　安装笔记本电脑CPU

CPU 安装好后，接下来安装热管散热器和风扇。因为热管散热器同时为 CPU 和显卡散热，所以在安装过程中先将热管散热器对准 CPU，再把热管散热片接触好显示核心芯片，如图 4.41 所示，然后再进行螺丝固定工作。先将 CPU 散热部分的四颗螺丝固定好，接着

再将显示核心散热部分的螺丝固定好，如图 4.42 所示。

图4.41 安装热管散热器

图4.42 固定热管散热器

接下来安装风扇，先把风扇电源与主板上的电源接口连接好，将风扇放进凹槽，然后旋紧三颗固定螺丝，这样风扇就固定好了，如图 4.43 所示。

图4.43 安装CPU风扇

2. 安装笔记本电脑内存

笔记本电脑提供了两个内存插槽，在这里为笔记本电脑准备两个内存条，如图 4.44 所示。首先将内存以大约 40° 的角度斜插入内存插槽，然后小心地往里推，同时向下轻轻一按，内存就进入合适的位置了，接着使用相同方法将第二块内存也安装好，如图 4.45 所示。

日后升级笔记本电脑内存也使用类似方法，具体可以参见 7.1.2 节笔记本电脑的优化。

图4.44 笔记本电脑内存

图4.45　安装笔记本电脑内存

3. 安装 Mini PCI 无线网卡

最后一步就是安装 Mini PCI 接口的无线网卡了，安装的方法与安装内存的方法基本相同——先斜斜地将网卡与插槽对好，然后再轻轻地往里向下按进去就可以了，最后再将 Mini PCI 无线网卡上的天线装好，无线网卡的安装即告完成，如图 4.46 所示。

图4.46　安装无线网卡

至此，笔记本电脑的组装工作就全部完成了。

4.3.2　拆机前的准备工作

1. 准备必需的拆机工具

该部分请参照 4.1.1 节中的准备工具。

2. 看懂标识符

在拆机前，还要了解笔记本电脑底部的各种标识符，这样想拆下哪些部件就能一目了然。

(1) 电池标识。如图 4.47 所示，只要拨动电池标识边上的卡扣，就可以拆卸电池。

(2) 光驱标识。如图 4.48 所示，光驱标识旁为固

图4.47　电池标识

定光驱的螺丝，拧下后才可以拆卸光驱。某些光驱是以卡扣固定，只要扳动卡扣就可以拆卸光驱。此类光驱多支持热插拔，商用笔记本电脑多支持此技术。

图4.48　光驱标识

(3) 内存标识。如图 4.49 所示，通常内存插槽由两颗螺丝固定。

(4) 无线网卡标识。如图 4.50 所示，需要注意的是，不带内置无线网卡的笔记本电脑是不会有这个标识的。

图4.49　内存标识

图4.50　无线网卡标识

(5) 硬盘标识。如图 4.51 所示，将标识旁的两颗固定螺丝拆掉就可以看到硬盘了。

图4.51　硬盘标识

3. 与台式机接口和标识符的对比

事实上，不止笔记本电脑上有这些简单易懂的标识，在台式机上也有许多类似的标识，以便维护计算机上的硬件。

(1) 鼠标/键盘标识：计算机主机箱后面有两个 PS/2 接口，用于连接鼠标和键盘。接口旁的标识就是鼠标、键盘标识，通常在鼠标和键盘的接头上也有相同的标识，如图 4.52 所示。这两个 PS/2 接口不能插反，否则将找不到相应硬件；在使用中也不能进行热拔插，否则会损坏相关芯片或电路。但是现在推出的很多电脑已经不配备 PS/2 接口，都被 USB 接口替代了。

(2) USB 设备标识：计算机 USB 接口旁都会有如图 4.53 所示的标识，用以指示用户连接 USB 设备。USB 接口外形呈扁平状，是家用电脑外部接口中唯一支持热拔插的接口，可连接所有采用 USB 接口的外设，具有防误插设计，反向将不能插入。

图4.52　鼠标/键盘标识　　　　　　　　图4.53　USB设备标识

(3) COM 接口标识：如图 4.54 所示，上半部分为 COM 接口标识，下半部分为 COM 接口，该接口有 9 个针脚，也称之为串口。现在串口已逐渐被取代，也有一些厂商预留了一个串口。

(4) MIC 接口标识：如图 4.55 所示，左边为 MIC 接口，右边为 MIC 接口标识。MIC 接口与麦克风连接，用于聊天或者录音。

图4.54　COM接口标识　　　　　　　　图4.55　MIC接口标识

(5) Line In 接口标识：位于 Line Out 和 MIC 中间的那个接口是音频输入接口，需和其他音频专业设备相连，家庭用户一般闲置无用。其标识如图 4.56 所示。

(6) Line Out 接口标识：如图 4.57 所示即为 Line Out 接口和 Line Out 接口标识。通常该接口靠近 COM 接口，通过音频线用来连接音箱，输出经过电脑处理的各种音频信号。

图4.56　Line In接口标识　　　　　　　图4.57　Line Out接口标识

(7) 显卡接口标识：常见的有 VGA 和 HDMI，VGA 是蓝色的 15 针 D-Sub 接口，是一种模拟信号输出接口，用来双向传输视频信号到显示器。该接口用来连接显示器上的 15 针视频线。HDMI 为高清接口，如图 4.58 所示。

(8) 网卡接口标识：网卡接口一般位于网卡的挡板上，也有很多主板集成了网卡，但接口和标识是一样的，如图 4.59 所示。将网线上的水晶头插入，正常情况下网卡上红色的链路灯会亮起，传输数据时则亮起绿色的数据灯。

图4.58 显卡接口及标识   图4.59 网卡接口及标识

(9) 台式机端口全貌：酷睿 i7 电脑主机端口如图 4.60 所示。

1. 电源按钮	2. 光驱
3. 指示灯	4. SD 读卡器
5. 音频端口	6. USB 2.0 端口
7. USB 3.0 端口	8. 线缆盖安装孔
9. 侧面盖卡扣	10. 系统排风扇
11. 扩展卡挡板	12. 电源接口
13. HDMI	14. DP 高清端口
15. 串行端口	16. PS/2
17. USB 3.0 端口	18. USB 2.0 端口
19. RJ-45 端口	

图4.60 电脑主机端口

4. 拆机前的注意事项

笔记本电脑是精密的设备，即使专业人员也是非常仔细和小心地拆装，其拆装前和拆装后应注意的事项有：

- 不能带电工作。将笔记本电脑关机、断电，拆去外围设备，如 AC 适配器、电源线、PC 卡及其他电缆。
- 拆去电源和电池后，最好打开电源开关一秒后关闭，以释放内部直流电路的电量。
- 消除身上的静电。可以接触金属物体或用水洗手，并在工作台上铺一块防静电软垫，确保工作台表面平整和整洁，防止刮伤笔记本电脑的外壳。另外，在拆卸过程中最好戴上静电释放腕带。
- 拆装要细心，拆装部件时要仔细观察，明确拆装顺序和安装部位，必要时用笔记下或用数码相机拍下。
- 准备几个小盒子并分别编号，用于盛放拆下来的固定螺丝。
- 不要直接拉拽键盘、触摸屏、风扇电线等，明确端口如何吻合再动手，用力不要太大。
- 不能压迫硬盘、光驱等设备。

4.3.3 笔记本电脑的拆机

在准备好拆机工具和了解了拆机前的准备工作后，就可以正式拆机了。

1. 拆卸笔记本电脑电池

通过上面的描述知道，在拆卸笔记本电脑之前，一定要先断电。因为拆卸过程不能带电操作，笔记本电脑光关机是不行的，一定要切断外接电源并卸下电池，如图4.61所示。

2. 拆卸键盘和掌托

在进行键盘和掌托拆卸之前先要确定笔记本电脑键盘的封装类型，现在常见的主要有三种：内嵌式固定型、卡扣固定型、螺丝固定型。

1) 内嵌式键盘拆卸方法

这种键盘的固定方式多见于DELL商务机型和日系的笔记本电脑中，从机身后面看不见固定螺丝，拆卸时要先把键盘上方的压条拆除。这种压条在笔记本电脑背后通常有固定的螺丝。根据D面上的图标指示，取下螺丝后，就可以拿掉挡板了，如图4.62所示。

图4.61　取下电池　　　　　图4.62　取下压条

注意： 有些采用内嵌式键盘的笔记本电脑挡板并没有采用螺丝固定，而是将挡板直接卡在键盘上方，此时只需将挡板从一端撬起即可拿下挡板。

之后就能看见固定键盘的螺丝了，一般在键盘上沿中间部位。卸掉螺丝后，就可以轻松拿起键盘了，不过此时要千万注意，要慢慢地从一边掀起键盘，因为键盘底下有数据线，稍不留神就可能会损坏，如图4.63所示。

2) 卡扣式键盘的拆法

下面就来看看卡扣式键盘的拆法，这类键盘多见于中国台系笔记本电脑。

因为笔记本电脑的厂商众多，所以卡扣的设计也各不相同，图4.64中为两种不同的卡扣。

卡扣式键盘的拆卸比较简单，首先从笔记本电脑背面将固定螺丝卸掉，一般只有一个；接下来用螺丝刀或其他硬物将卡扣撬开，慢慢掀起键盘即可，如图4.65所示。

高职高专立体化教材　计算机系列

图4.63 键盘的固定螺丝和数据线

图4.64 卡扣式键盘

3) 螺丝固定型键盘的拆卸

螺丝固定型键盘的笔记本电脑如 IBM 时代的 ThinkPad 和 HP 等，如图 4.66 所示。

图4.65 取下键盘   图4.66 螺丝固定型键盘

首先，从最困难的地方做起，先把笔记本电脑翻过来，卸下背后印有键盘标记的四颗螺丝。拧下螺丝之后，将键盘下方的部位向上撬起，注意不要用力过猛。待整个键盘的下部脱离机体之后，再向下抽出键盘，但要注意不要碰坏下面连着的数据线，如图 4.67 所示。

一般情况下，拆下键盘后，掌托的拆卸就容易了，只要打开两边的卡槽(有些没有)，然后轻轻掀起掌托即可，如图 4.68 所示。

图4.67　拆下螺丝固定型键盘

图4.68　拆下掌托

3. 拆卸笔记本电脑显示屏

拆下笔记本电脑键盘后，可以看到笔记本电脑键盘下的全部构造。当然，有些电脑在键盘下还安装了金属保护壳，此时需首先卸掉保护壳，才可看到键盘下的全貌。这个工作并不烦琐，只需要将保护壳上的几颗固定螺丝卸掉即可，如图 4.69 所示。

图4.69　拆下金属保护壳

卸掉保护壳后，再拆卸液晶显示屏。先卸下两颗螺丝，再拆掉压屏线的小铁片，就可以把屏线拔出来，此时要小心，用力要均匀。接下来再拆机器后面固定屏轴的 4 颗螺钉，如图 4.70 所示，这样就可以端下屏来了。

注意： 此处用于固定屏线和屏轴的螺丝因笔记本电脑型号不同，数量也会有所不同。

图4.70　屏幕和屏线的固定螺丝

4. 打开笔记本电脑后盖

笔记本电脑的后盖也就是笔记本电脑的 D 面，因厂商不同也各有差异，如图 4.71 所示是两款笔记本电脑的 D 面。后盖上有许多固定螺丝，卸掉固定螺丝，就能看到笔记本电脑 D 面内部的构造了，如图 4.72 所示。

> **注意：** 在笔记本电脑的某些部件会贴上质保贴，如果是自行拆卸笔记本电脑，注意不要破坏质保贴。如图 4.73 所示，在硬盘位置外壳上，厂商就使用了质保贴，可以用刀片小心地取下以不影响质保。

图4.71　笔记本电脑的D面

图4.72　笔记本电脑D面的内部结构　　　　图4.73　取下质保贴

5. 拆卸硬盘

在图 4.72 中右上角显示的即为硬盘，硬盘的更换也十分方便，各大品牌基本雷同，只有一个螺丝进行固定。如图 4.74 所示，拧开硬盘的固定螺丝后，使硬盘向右平移大约 1 厘米，向上抬起即可取出。日后硬盘升级或维护方法可以参见本书笔记本电脑的升级部分。

图4.74　拆下硬盘

6. 拆卸光驱

光驱只用一个螺丝固定，卸掉后用螺丝刀将光驱推出即可，如图 4.75 所示。

在这一步中要注意，大部分笔记本电脑会在背部有光驱固定螺丝，但有一部分产品会把螺丝固定到机器内部，而且有的还不止一个，但是只要找到，就可以轻易地取出光驱。另外，有的笔记本电脑本身支持减重模块，设计了一个专门的按钮，拨动一下就可抠出光驱。

商务笔记本电脑多采用可替换式光驱，如图 4.76 所示，用户可以根据需要替换成第二硬盘、电池等，因而要求其光驱可以很方便地插拔。目前常见的多为两种：一种在机身底部设计有光驱推出按钮；一种则在光驱下方设计有按动弹出式的光驱拉杆。除此之外，有个别厂商会采用一些特殊的设计，例如，惠普 Compaq 6910P 所采用的方式：整个光驱为按动弹出式，将光驱推入光驱插槽，然后会弹出一个卡扣，将光驱固定住；如果想取出光驱，只需再次推动光驱，卡扣自动缩回去，光驱就会被轻松地拔出了。

图4.75　拆下光驱　　　　　　　　　图4.76　拆下的笔记本电脑光驱

7. 拆卸内存

大部分笔记本电脑背部留有专门用来更换内存的小盖板，另有少部分机型加装内存的位置并不在底部，而是在键盘下方，只要把键盘拆出就可以看到内存的金属盖板，打开后就可以拆下内存了。内存的拆卸是最简单的，不需要使用工具，只要按照图4.77中的箭头所指操作，即可取下。

图4.77　拆除内存

8. 拆卸 CPU 及散热系统

随着笔记本电脑性能的提高，其所采用的部件运行频率越来越高，相应所产生的热量也越来越大，使得系统稳定性大受影响。现在竞争的战火已经燃烧到了笔记本电脑相关的各个领域，厂商们为了在竞争中胜出，都提高了笔记本电脑的技术含量，尤其是在散热方面的技术，竞争格外激烈。下面就来看看各种笔记本电脑的散热技术。

1) 散热板

这是一种基本的散热方法。一般来说，散热板面积越大，传导效率越高，就越能有效散发热量。比较常见的情况是在主机板的底部和上部各配一块金属散热板；在 CPU 的位置，有协助散热的系统，以释放 CPU 产生的热量。另外，和散热板结合使用的一种十分普遍的技术，是在键盘的下方放一块尺寸与键盘基本相同的薄散热铝板，在铝板上附有一根高导热率的铜导管，它可以将笔记本电脑内部主要发热区域的热量均匀散布到整个铝板上，并通过散热孔将热量散布到电脑外，如图 4.78 所示。

图4.78　散热板

2) 散热风扇

散热风扇也是笔记本电脑采用的基本散热方式，因其成本低，故大多数的厂商都采用这种散热方式。一般使用散热风扇的笔记本电脑都会备有低风量和高风量两个设置参数，风扇的速度视 CPU 的温度而定。目前,笔记本电脑风扇分为两种类型:轴向型风扇和辐射型风扇(离心鼓风机),如图 4.79 所示。轴向型风扇的技术成熟,成本较低,可以通过调节转速参数来调节风量,气流有涡流,机壳有阴影效应,占用体积大,存在气流的耗尽层。辐射型风扇具有很薄的叶片,没有涡流,气流方向性好,气流密度较高,占用体积小,技术较新,但成本相对高,声学噪声受叶片的几何形状影响较严重。由于笔记本电脑空间有限,加上噪声的影响,因此辐射型风扇被普遍采用。

图4.79　轴向型风扇和辐射型风扇

3) 散热孔

散热孔是笔记本电脑散热的重要手段。一般通行的做法是在机器的四周和底部的支脚处开设大量的散热孔,如图 4.80 所示,机器内的热量可通过这些散热孔散布到周围空气中。与散热孔散热的方式相配合,有的笔记本电脑内部还采用一些特殊的风道导流设计,利用散热孔位置与内部结构布局形成更好的空气流通环境,以加强散热。

图4.80　散热孔

4) 键盘对流散热

键盘对流散热不失为一个很有创意的方法。笔记本电脑很薄,当把键盘装到主机板上方时,正好可以利用键盘底部将 CPU 产生的热量传导出去。热量经由按键孔排出,当热空气从按键孔排出时,冷空气就从按键孔流入,以取代热空气。由此可以看出,键盘对流散热不仅充分利用了现有资源和环境,而且颇为有效。键盘的两面如图 4.81 所示。

5) 散热管技术

散热管技术是 IBM 提出的一种很有效的散热技术。这种技术在一些"发烧友"超频CPU 时经常会用到。散热管是新型的散热装置,内有纤维和水,管内抽光空气后,一端贴近 CPU,另一端则远离 CPU,如图 4.82 所示。

图4.81　笔记本电脑键盘正、反面

图4.82　散热管

它的工作原理是：真空状态下，水的沸点很低。如果在管子的一端加热，水就会蒸发，将热量带到另一端，水冷却后再流回去，如此反复，热量就不断移动，和冷气机的工作原理类似。散热管的优点是没有移动式的零件，全部零件都完全密封在内，不必消耗电池，同时可以长时间有效。

6) 冷板散热技术

除了 IBM 的散热管技术外，比较有特色的还有东芝笔记本电脑的冷板散热技术。东芝公司在主板散热方面处于领先地位，发明了冷板散热技术，散热效率大大提高，使笔记本电脑散热问题得到解决。

7) 智能温控系统

这是必不可少的散热手段。当笔记本电脑的系统温度达到一定的温度时，风扇会自动打开；当系统温度继续升高时，CPU 的工作频率将降到额定频率的 $1/N$；如果系统温度降回到一定温度时，CPU 的工作频率将恢复为额定工作频率；系统温度若继续下降到安全范围，风扇则自动关闭。这种智能温控系统不仅能够有效地帮助笔记本电脑散热，而且为 CPU 提供了自我保护的能力，使整个系统变得更加可靠、寿命也更长，同时还可以节省机器用电、有效降低噪声。采用这种技术的有联想、Acer 等一大批厂商。

8) 镁铝合金外壳

使用导热性好的镁铝合金外壳技术也不失为解决笔记本电脑散热问题的有效方法。镁铝合金外壳的热传导率远优于铝金属和工程塑料，在很大程度上减少了散热扇和散热窗的数量，减少了体积和重量，降低了功耗和成本。现在大部分厂商的中高端产品都采用这种技术，如图 4.83 所示。

图4.83 镁铝合金外壳

9) 金属框架

事实上，用金属做外壳对笔记本电脑散热有一定的作用，不过真正的散热主力来自主机内部的金属框架。拿浪潮飞扬笔记本电脑来说，其内部采用了新型的"机体内镁铝合金框架"，这种超轻量、高刚性合金框架的热传导率很高，它能在系统一般运转及待命状态下自然散热，省去风扇运转造成的电力损耗及噪声，同时进一步地提高了系统的稳定性。由于笔记本电脑的内部构架更接近主机的发热源，因此采用新型的高导热率金属材料做笔记本电脑的构架算是真正"由内而外"的散热。

在了解了笔记本电脑的散热技术之后，下面来实战 CPU 及散热系统的拆卸。这一步是拆卸过程中最重要的部分，如果操作不当，很有可能会伤及 CPU，所以，这里要特别小心。

目前，常见的 CPU 散热系统分为两部分：一部分是风扇，另一部分是散热管，二者是连在一起的，都有固定螺丝，分别固定了散热系统下的 CPU 和显示芯片，如图 4.84 所示。卸掉散热器上的所有螺丝后，缓慢地提起散热器，拔掉风扇与主板的连接线，即可拆掉 CPU 的散热系统。在拆卸的过程中千万不要太用力，以防弄断风扇的接线。另外，由于某些 CPU 上的散热硅胶具有一定的吸附作用，用力过猛容易对 CPU 造成损伤，因此，在拆卸过程中要缓慢地左右调节，直至芯片与散热铜体脱离，方可拿下散热器，以免对 CPU 造成不可修复的损伤。

图4.84 拆卸CPU散热系统

拆卸完 CPU 的散热系统后，CPU 和显示芯片就裸露出来了，此时拆卸 CPU 就十分简单了，只需要将 CPU 的压杆轻轻抬起，就可以取下 CPU 了。

9. 无线模块的拆卸

无线模块上有两颗固定螺丝和两根天线，如图 4.85 所示，当卸掉螺丝后，模块会自动向上弹起，轻而易举就可以取出。

图4.85 拆卸无线模块

经过上述九步的拆卸工作，笔记本电脑现在只有主板尚未拆卸了，只要回到 C 面，将键盘下固定主板的螺丝卸掉，就可以轻松拆下主板，如图 4.86 所示。

图4.86 取下主板

至此，笔记本电脑的拆卸工作全部完成。

4.4 装 机 测 试

所有的硬件设备都已经安装完成，接下来便是对机器的初步测试。机器组装结束后即使不装操作系统也可以进行一些测试。

一般的加电测试方案如下。

* 电源按钮；
* 电源指示灯显示；
* 硬盘指示灯显示；
* 显示器按钮；
* 显示器显示；

- 系统提示(包括图像和声音);
- 复位按钮。

具体来说,如果电源按钮正常,随着电源指示灯闪烁,计算机开始加电启动,可以听到 CPU 风扇和主机电源风扇转动的声音,还有硬盘启动时发出的提示音,硬盘指示灯不断闪烁。接着开启的显示器显示开机画面,并且进行自检(由于开机画面一闪而过,要想看清楚,可及时按住 Pause 键)。

操作系统安装完成后就可以开机测试了。依次给显示器和主机加电,启动硬盘,随后就可以进入开机画面。Windows 7 之前的操作系统在开机后会显示硬件的自检信息,分别是显卡、CPU、硬盘、内存、光驱和主板的信息。而 Windows 7 及之后的高版本已不再显示自检画面,直接进入桌面。在开机自检的画面中就有硬件配置的自检信息,简单介绍如下。

1. 显卡信息

开机自检时首先检查的硬件就是显卡,因此启动机器以后在屏幕左上角出现的几行文字就是显卡的信息介绍,通常包含显卡的显示核心、显卡的 BIOS 版本以及厂商的版权信息。

2. CPU 及硬盘、内存、光驱信息

显示完显卡的基本信息之后,紧接着出现的第二个自检画面则显示了更多的硬件信息,如 CPU 型号、频率、内存容量、硬盘及光驱信息等都会出现,主要包括主板 BIOS 版本及 BIOS 制造商的信息,CPU 的频率及内存容量、速度,以及硬盘型号、光驱型号。

3. 主板信息

在第二个自检画面的最下方还会出现一行关于主板的信息,通常是当前主板的 BIOS 更新日期和该主板所采用的代码,根据代码可以了解主板的芯片组型号和生产厂商。机器启动之后按 Del 键进入 BIOS 设置页面,在基本信息中同样也可以看到机器的硬件信息,与开机画面显示的没有区别。

如果计算机加电自检没有问题,会出现硬件设备清单。

4. 无信息

如果在启动中显示器上没有显示,可以按照以下步骤查找原因。

(1) 确认显示器与显卡连接正确,并且确认显示器通电。
(2) 确认主机电源供电正常。
(3) 确认主板已经供电。
(4) 确认 CPU 安装正确,CPU 风扇是否通电。
(5) 确认内存安装正确,并且确认内存是好的。
(6) 确认显卡安装正确。
(7) 确认主板内的信号线正确,特别是确认 POWER LED 安装无误。

如果上述的安装都是正确的,那么就要考虑硬件本身的问题。在机器组装和检测过程中可以使用各种测试卡(例如 4 位硬件诊断卡、主板检测卡、电脑硬件检测卡)和裸机板、

裸机机箱、硬件测试板等诊断工具，其中很多工具数字代号直观显示诊断电脑各配件是否正常工作，操作简单方便，价格大多仅为几十元，是电脑组装维修的得力工具。

4.5 BIOS 配置

BIOS(Basic Input/Output System，基本输入/输出系统)全称是 ROM-BIOS，即只读存储器基本输入/输出系统，它通常存储在主板上的一块 ROM 芯片中，实际是一组为电脑提供最低级、最直接硬件控制的程序，它是连通软件程序和硬件设备的枢纽。通俗地说，BIOS 是硬件与软件程序之间的一个"转换器"(虽然它本身也只是一个程序)，负责解决硬件的即时要求，并按软件对硬件的操作要求具体执行。一块主板性能优越与否，很大程度上取决于 BIOS 程序的管理功能是否合理、先进。

4.5.1 BIOS 概述

1. BIOS 的主要作用

BIOS 主要保存最重要的基本输入输出程序、系统信息设置、开机加电自检程序和系统启动自举程序，在计算机系统中起着非常重要的作用，主要作用有以下 3 个方面。

1) 自检及初始化程序

计算机电源接通后，系统将有一个对内部各个设备进行检查的过程，这是由一个称为 POST(power on self test，上电自检)的程序来完成的，这也是 BIOS 程序的一个功能。完整的自检包括对 CPU、640KB 基本内存、1MB 以上的扩展内存、ROM、主板、CMOS 存储器、串并口、显示卡、软硬盘子系统及键盘的测试。完成自检后 BIOS 将按照系统 CMOS 设置中的启动顺序搜寻软、硬盘驱动器及 CD-ROM、网络服务器等有效的启动驱动器，读入操作系统引导记录，然后将系统控制权交给引导记录，由引导记录完成系统的启动。

2) 硬件中断处理

计算机开机的时候，BIOS 会告诉 CPU 等硬件设备的中断号，当操作时输入了使用某个硬件的命令后，它就会根据中断号使用相应的硬件来完成命令的工作。最后根据其中断号跳回原来的状态。

3) 程序服务请求

从 BIOS 的定义可以知道它总是和计算机的输入输出设备打交道，它通过特定的数据端口发出指令，发送或接收各类外部设备的数据，从而实现软件应用程序对硬件的操作。

由于 BIOS 直接面向系统硬件资源，而各种硬件系统又各有不同，所以存在各种不同种类的 BIOS。随着硬件技术的发展，同一种 BIOS 也先后出现了不同的版本，新版本的 BIOS 比起老版本来说，功能更强，界面更加友好。

2. 典型 BIOS 的类型

典型的主板 BIOS 主要有 Award BIOS、AMI BIOS、Phoenix BIOS、Insyde BIOS 4 种类型。

1) Award BIOS

Award BIOS 是 Award Software 公司开发的 BIOS 产品，目前十分流行，其特点是功能比较齐全，对各种操作系统提供良好的支持。虽然 Award Software 公司已于 1998 年 9 月被 Phoenix 公司收购，成为 Phoenix 旗下的一个部门，不过最新生产的 BIOS 仍然以 Award 为名，因此现在市场上见到的台式机标有 Award-Phoenix，其实就是以前的 Award BIOS。

2) AMI BIOS

AMI BIOS 是 AMI 公司出品的 BIOS 系统软件，最早开发于 20 世纪 80 年代中期，为多数的 286 和 386 计算机系统所采用。AMI BIOS 具有对各种软硬件的适应性好、硬件工作可靠、系统性能较佳、操作直观方便的优点。

3) Phoenix BIOS

Phoenix BIOS 是 Phoenix 公司的产品，多用于高档的原装品牌机和笔记本电脑上，其画面简洁，便于操作。

4) Insyde BIOS

Insyde BIOS 可提供 Hardware-2-OS(从硬件到操作系统)的桥接，InsydeH2O BRD 运行于 32 位保护模式下，InsydeH2O EFI 更直接运行于 64 位长模式下。InsydeH2O 经 WHQL (Windows 硬件设备质量实验室)认证，可为采用最新 BIOS 替换软件技术的嵌入式设计提供最先进的特性和最出色的系统兼容性。

Insyde 公司看准时机，最早切入 EFI 开发，在 EFI 时代，Insyde 一举取代了不看重 EFI 的 Phoenix，成为业界的领袖。

3. BIOS 与 CMOS 的区别

在日常操作和维护计算机的过程中，常常可以听到有关 BIOS 设置和 CMOS 设置的一些说法，许多人将 BIOS 和 CMOS 混为一谈，实际上二者是有区别的。

BIOS(基本输入/输出系统)是一组为电脑提供最低级、最直接的硬件控制的程序，通常存储在主板上的一块 ROM 芯片上。

CMOS 是 complementary metal oxide semiconductor 的缩写，翻译出来的本意是互补金属氧化物半导体存储器，它是一种大规模应用于集成电路芯片制造的原料。但通常 CMOS 是指目前绝大多数计算机使用的一种用电池供电的可读写的 RAM 芯片，里面装的是关于系统配置的具体参数，其内容可通过设置程序进行读写。

可以说，BIOS 中的系统设置程序是完成 CMOS 参数设置的手段，CMOS RAM 是 BIOS 设置系统参数的存放场所。

> 注意：BIOS 是写在 ROM 芯片里的，其内容断电后不会丢失，而 CMOS 是 RAM 芯片，其中的内容只有靠主板上的电池供电才不会丢失。

4.5.2 BIOS 的设置与升级

下面以经典的界面为例，介绍 BIOS 的设置与升级。

1. 进入 BIOS

在计算机将启动时，BIOS 会检验系统中的硬件配备，计算可用的内存空间，检查硬盘或其他存储装置。这时按下一个特定键即可唤起 BIOS 设定程序,这个按键一般是删除键 (Del 键),有些系统用的是 F12 键,有的系统用 F11 键、Esc 键、F8 键等。一般在启动过程中,屏幕的下方都会有所提示,也可以参见主板的使用手册。进入 BIOS 后,会看到如图 4.87 所示的主菜单界面。

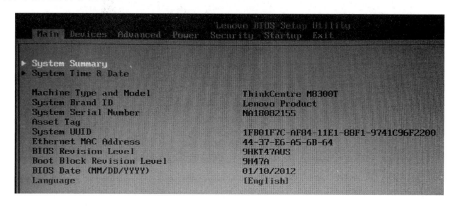

图4.87 BIOS的主菜单

主板的 BIOS 项目大同小异,但也有一些品牌厂家使用自家产品,操作上会有差异。例如 HP EliteDesk 系列在开机后要按住键盘左上角的 Esc 键,直到显示如图 4.88 所示的界面。移动光标到 Computer Setup (F10)菜单上,按 Enter 键,可以进入选择界面。

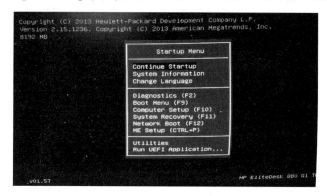

图4.88 HP BIOS启动菜单

对于安装了 Windows 10 系统的电脑,感觉 BIOS 就此消失在 Windows 10 系统中一样,甚至无法通过 U 盘快速启动。微软对 Windows 10 采用了全新的快速启动模式,追求开机速度的提升,所以直接跳过 BIOS 部分进入系统。要想进入 BIOS,可以单击"重启"按钮,让系统临时关闭快速启动技术,这样用户就可以进入 BIOS 了。

2. Information 菜单

Information 菜单界面是 BIOS 的第一个界面,如图 4.89 所示,里面内容主要是硬件信息。下面介绍几个主要的项目。

(1) Product Name:产品名称。

(2) BIOS Version:BIOS 的版本。

(3) EC Version:嵌入式控制器的版本。

(4) UUID Number：产品编码。

(5) Preinstalled OS License：Windows 许可信息。

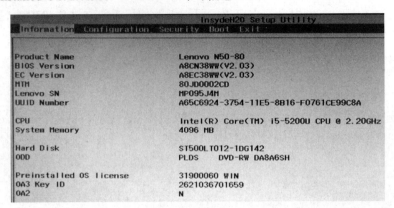

图4.89　Information菜单

其他几项是关于系统的硬件配置信息，包括 CPU 和硬盘的一些数据，比如产品编号和类型。

3. Configuration 菜单

顾名思义，Configuration 菜单里存放的是系统的配置信息，如图 4.90 所示。

(1) System Time：系统时间。

(2) System Date：系统日期。

(3) USB Legacy：开机自检时加载 USB 设备。

(4) Wireless LAN：开启或关闭无线网卡。

(5) Graphic Device：显卡工作模式(Switchable Graphics 为开启双显卡切换；UMA Graphic 表示仅使用集成显卡)。

(6) Power Beep：开启或关闭拔插电源适配器时的提示音。

(7) Intel Virtual Technology：开启或关闭 Intel 虚拟化技术(部分型号 CPU 不支持虚拟化，无此选项；若你的电脑是 AMD 芯片组，虚拟化选项常为 SVM Support)。

(8) BIOS Back Flash：是否允许 BIOS 回滚刷新。

(9) HotKey Mode：F1～F12 热键模式切换。

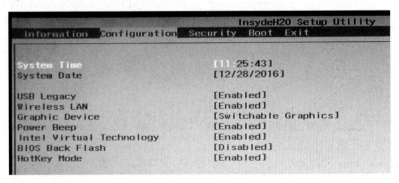

图4.90　Configuration菜单

4. Security 菜单

(1) Administrator Password：超级管理员密码状态，如图 4.91 所示(Not Set：未设置密码；Setted：已设置密码；Clear：已清除密码)。

(2) User Password：用户密码状态(Not Set：未设置密码；Setted：已设置密码；Clear：已清除密码)。

(3) HDD Password：硬盘密码状态(Not Set：未设置密码；Setted：已设置密码；Clear：已清除密码)。

(4) Set Administrator Password：设置超级管理员密码(若要设置密码，请务必牢记，非特殊情况下不推荐设置)。

(5) Set Hard Disk Passwords：设置硬盘密码。

图4.91　Security菜单

5. Boot 启动设置菜单

Boot 菜单是使用最多的一个菜单，如图 4.92 所示，这里主要是对各种引导项进行配置。下面来看一下 Boot 菜单里的重要功能。

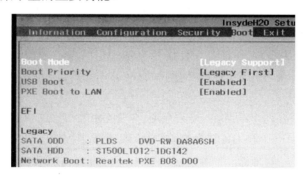

图4.92　Boot菜单

(1) Boot Mode：启动模式(UEFI：仅支持 GPT 磁盘引导；Legacy Support：传统模式，支持 MBR 磁盘引导)。

(2) Boot Priority：启动优先级。

(3) USB Boot：开启或关闭 USB 设备引导。

(4) PXE Boot to LAN：开启或关闭 PXE 网络引导(推荐使用 Disable 关闭该功能)。

(5) SATA ODD：光驱引导。

(6) SATA HDD：硬盘引导。

(7) Network Boot：网络引导。

6. Exit 菜单

(1) Exit Saving Changes：保存当前设置并退出 BIOS，如图 4.93 所示。

(2) Exit Discarding Changes：不保存当前设置直接退出 BIOS。

(3) Discard Changes：取消当前修改的所有设置。

(4) Save Changes：保存当前修改的所有设置。

(5) Load Default Settings：恢复 BIOS 出厂默认设置。

(6) OS Optimized Defaults：操作系统优化设置项(Win8 64bit：针对 Windows 8 系统优化设定；Other OS：针对 Windows 7 及早期系统优化)。

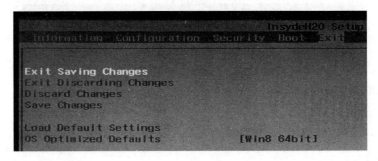

图4.93　Exit菜单

7. BIOS 的升级

随着计算机技术的高速发展，BIOS 也经常需要升级，现在的计算机主板都采用 Flash BIOS，因此可以通过使用相应的升级软件来升级 BIOS，而大多数笔记本电脑后期也会通过发布新版 BIOS 和 EC 来修复机器硬件一些不正常工作的问题或改善机器性能。较之于硬件升级的投资，升级 BIOS 可以用极小的代价换取计算机性能的提高，但升级主板 BIOS 并不是一件容易的事，因为它不仅要求使用者具备一定的电脑知识，而且还存在一定的危险性。下面详细介绍升级过程中的各种问题和解决方法。

1) 准备工作

Flash BIOS 升级需要两个软件：一个是新版本 BIOS 的数据文件(需要到对应主板 BIOS 芯片厂商官网下载)；另一个是 BIOS 升级软件(一般在其主板的配套光盘上可以找到，也可到对应主板 BIOS 芯片厂商官网下载)。

2) 升级主板 BIOS 的过程

BIOS 的升级，实质是借助 BIOS 擦写器，将 BIOS 芯片中旧版本的内容以更新版本的内容来代替。BIOS 升级的方式主要包括 DOS、BIOS 程式、Windows/Linux 等操作系统环境三类。无论是哪一种方式，BIOS 的升级过程是相同的，都是先校验 BIOS 文件，然后擦除旧的 BIOS 文件，再写入新的 BIOS 文件，最后校验写入的 BIOS 文件是否正确，至此整个 BIOS 更新过程才算完毕。

下面以华硕主板的经典 BIOS 更新为例，介绍 BIOS 的升级操作。

(1) 从华硕官网下载 AI Suite3 工具套装，里面包含的 EZ Update 就是用来更新

BIOS 的。

(2) 安装完成 AI Suite3 后运行进入到 EZ Update 页面，里面有两个选项，第一个是在线检查驱动程序 BIOS，第二个是本地选择文件更新 BIOS，另外，右上角为主板当前 BIOS 版本信息。

(3) 从华硕官网下载最新或者合适的 BIOS，下载完成后手动选择下载的 BIOS 文件，当屏幕上出现"为使 BIOS 生效，系统将重新启动。单击确定后，将立即重新启动。"提示时，单击"确定"按钮重新启动计算机后就完成了 BIOS 的更新。

另一著名厂商技嘉的 BIOS 的更新也比较简单：首先要安装好技嘉 APPCENTER，然后从官网下载 BIOS 应用程序和 BIOS 文件，运行 BIOS 应用程序，选择从本地更新 BIOS，再加载之前下载的 BIOS 文件，执行就可以更新 BIOS。另外，还支持从服务器端更新 BIOS 文件，并支持将主板 BIOS 读取备份到本地。

4.6　硬盘分区和格式化

4.6.1　分区概述

分区从实质上说就是对硬盘的一种格式化。当创建分区时，实际上就已经设置好了硬盘的各项物理参数，指定了硬盘主引导记录(master boot record，MBR)和引导记录备份的存放位置。

每款新硬盘在出厂后均默认处于未分区状态，用户安装系统、存储数据前必须要分区，然后才能使用硬盘保存各种信息。分区不一定要把硬盘划分成好几个部分，根据需要可以只创建一个分区使用全部或部分的硬盘空间。

4.6.2　硬盘的分区

硬盘的分区可提高数据的安全性，防止数据丢失，便于文件管理，减少磁盘空间浪费。现在主流计算机都使用了 SATA 硬盘和固态硬盘，我们就以 SATA 硬盘和固态硬盘为例，介绍硬盘的分区。

1. SATA 硬盘的分区

SATA 硬盘的分区主要有两种：Windows 7 系统提供的分区方式；硬盘分区工具(如 DiskGenius、Partion Assistant)。硬盘分区工具的操作非常简单，所以就具体介绍一下 Windows 7 系统提供的分区方法。

(1) 用鼠标的右键单击"计算机"，选择"管理"，在"计算机管理"窗口中，找到"存储"下的"磁盘管理"，如图 4.94 所示。

(2) 单击"磁盘管理"，就能在右侧的窗口中看到所有磁盘的分区情况，在其中一个想要更改的分区上，右键选择"压缩卷"命令，如图 4.95 所示。

(3) 在系统自动查询完毕后，会出现图 4.96 所示界面，输入想要分区的大小，单击"压缩"，即可看到原来的分区已经变成了两个分区。

图4.94 磁盘管理

图4.95 选择"压缩卷"命令

(4) 用鼠标右键单击新分出来的磁盘,选择"新建简单卷"命令,如图 4.97 所示,然后按照提示进行下一步操作,就可以在计算机中看到多出的分区了。

图4.96 压缩

图4.97 选择"新建简单卷"命令

2. 固态硬盘的分区

大部分新的SSD硬盘第一次使用时,都要经过一个初始化过程。对于没有初始化的SSD硬盘,可以先挂到任何一台电脑上进行初始化,系统会自动选择 MBR 模式,只要单击"确定"按钮即可进行初始化。SSD 硬盘初始化后,就可以进行分区操作了。将SSD 硬盘安装在任意一台安装了 Windows 7、Windows 8 或 Windows 10 系统的电脑上,通过系统中的控制面板进入磁盘管理系统,在磁盘管理中直接对 SSD 硬盘进行分区和格式化即可。也可以使用 Windows 7、Windows 8 或 Windows 10 系统安装盘启动,在安装系统过程中进行分区与格式化,还可以用磁盘工具(比如 DiskGenius)进行分区与格式化。

4.6.3 硬盘的格式化

为硬盘分区后,还必须将各分区格式化才能正常使用。硬盘的格式化方法分为两种:一种是高级格式化,另一种是低级格式化。

高级格式化主要是清除硬盘上的数据、生成引导区信息、标注逻辑坏道等,对硬盘没有损伤,日常用的格式化就是高级格式化。

低级格式化则将空白的磁盘划分出柱面和磁道，再将磁道划分为若干扇区，每个扇区又划分出标识部分 ID、间隔区 GAP 和数据区 DATA 等。通常所说的对硬盘格式化都是指高级格式化。

硬盘格式化有很多种办法，常用的主要有：使用 Windows 自带的工具，使用 DiskGenius 软件。

1. 对系统盘以外的分区格式化

一般进行全新安装操作系统时会使用 DiskGenius 软件来完成系统盘的格式化，而单独对除系统盘以外的其他分区进行格式化时，在 Windows 系统下来完成会更加简单。只需要在需要格式化的硬盘上右击鼠标，在弹出的快捷菜单中选择"格式化"命令即可，弹出如图 4.98 所示对话框。若选择快速格式化，所需耗费的时间则更短。

图4.98　Windows系统下的格式化界面

2. 使用 Windows 自带的工具格式化磁盘

(1) 用鼠标的右键单击"计算机"，选择"管理"，在"计算机管理"窗口中，找到"存储"下的"磁盘管理"，如图 4.99 所示。

(2) 单击"磁盘管理"，选择想要格式化的卷，若要使用默认设置格式化卷，在对话框中，单击"确定"按钮，然后在图 4.100 所示的警示框中再次单击"确定"按钮即可。

图4.99　"计算机管理"窗口

图4.100　格式化警告对话框

3. 使用 DiskGenius 软件格式化硬盘

DiskGenius 的操作简便易学,启动 DiskGenius 后,在打开的 DiskGenius 分区工具窗口中,选中需要进行格式化的分区,然后单击"格式化"按钮,按照提示操作即可。

格式化操作中可在对话框中选择文件系统类型、簇大小,如图 4.101 所示。设置卷标后即可单击"格式化"按钮准备格式化操作。还可以选择在格式化时扫描坏扇区,要注意的是,扫描坏扇区是一项很耗时的工作。多数硬盘尤其是新硬盘不必扫描。如果在扫描过程中发现坏扇区,格式化程序会对坏扇区做标记,建立文件时将不会使用这些扇区。对于 NTFS 文件系统,可以勾选"启用压缩"复选框,以启用 NTFS 的磁盘压缩特性。如果是主分区,并且选择了 FAT32/FAT16/FAT12 文件系统,"建立 DOS 系统"复选框会成为可用状态。如果勾选它,格式化完成后程序会在这个分区中建立 DOS 系统,用于启动电脑。

图4.101　格式化前后的硬盘分区

注意: 格式化会导致全部信息的丢失,所以在进行操作时一定要谨慎。

4.6.4　硬盘的管理

磁盘管理是操作系统提供的一种用于管理硬盘及其所包含的卷或分区的系统实用工具。使用磁盘管理可以初始化磁盘、创建卷以及使用 FAT16、FAT32 或 NTFS 文件系统格式化卷。磁盘管理无须重新启动系统或中断用户就能执行与磁盘相关的大部分任务。

在 Windows 7 系统"计算机管理"窗口中单击"存储"下面的"磁盘管理",窗口右边显示出当前 Windows 7 系统的磁盘分区现状,包含不同分区的卷标、布局、类型、文件系统、状态等。如图 4.102 所示,可执行与磁盘相关的任务,如创建及格式化分区和卷,以及分配驱动器号。

图4.102　Windows磁盘管理工具

4.7　软件系统的安装与设置

4.7.1　安装操作系统

操作系统(Operating System，OS)是管理和控制计算机硬件与软件资源的计算机程序，是直接运行在"裸机"上的最基本的系统软件，任何其他软件都必须在操作系统的支持下才能运行。

根据市场调查机构 NetApplications 的调查结果显示 Windows 10、Windows 7 和 Windows XP 系统的占有率依然为全球三大桌面操作系统。下面我们就具体介绍 Windows 7 系统的安装。

Windows 7 系统的安装有光盘、U 盘、硬盘三种方式，只是在启动顺序方面存在差异，而在安装过程中没有区别。下面以光盘安装为例进行介绍。

(1) 加载安装程序。将电脑设置为从光盘启动，将安装盘放入光驱，启动电脑后屏幕将显示安装程序正在加载安装所需的文件。

(2) 选择安装语言。默认情况下是简体中文，如图 4.103 所示，单击"下一步"按钮继续安装。

(3) 开始安装。如图 4.104 所示，单击"现在安装"按钮开始安装过程。

(4) 接受许可协议。选中"我接受许可条款"复选框，并单击"下一步"按钮继续安装。

(5) 选择安装方式。如图 4.105 所示，有"升级"和"自定义"两种方式供选择。这里选择"自定义(高级)"选项。(注：升级方式适用于电脑此前安装的是低版本的操作系统要升级到高版本的情况。)

图4.103　选择安装语言　　　　　　　　　　图4.104　现在安装

(6) 选择安装分区。如图 4.106 所示，如果当前电脑没有其他系统，选择序号尽量靠前的任意一个可用空间大于 20GB 的分区；如果想安装双系统，请避开已有的系统分区，然后选择序号尽量靠前的任意一个可用空间大于 20GB 的分区；如果要覆盖已有系统，请确保已有系统分区剩余空间大于 20GB。然后单击"下一步"按钮继续安装。

图4.105　选择安装方式　　　　　　　　　　图4.106　选择安装分区

(7) 复制安装系统程序和服务。现在开始自动安装，大约需要 20 分钟的时间(根据电脑配置而定)，在安装过程中将显示一些安装信息。

(8) 重启电脑安装其他文件。

(9) 检查系统功能。系统安装完成后会自动重启，进入安装程序的检查界面，这些过程是自动进行的，不需要用户操作。

(10) 设置用户名和计算机名。

(11) 设置账户密码。

(12) 输入产品密钥。产品密钥是软件的序列号，由 25 位数字和字母组成。

(13) 配置系统更新。在打开的对话框中选择"使用推荐设置"，以便及时使系统更新，确保系统安全。

(14) 设置系统时间和日期。

(15) 选择当前网络。如果你的电脑能上网，请选择网络类型。个人电脑或家用电脑，请选择第一项"家庭网络"；工作电脑请选择第二项；如果上述情况都不是，请选择第三项。

(16) 完成安装。

一键安装也是现在比较流行的安装方式，更快捷方便，对于非专业人员来说也可以轻松地完成。比较流行的有 Ghost 一键安装、360 一键重装、小白一键重装等。

4.7.2　多操作系统的安装

操作系统的更新是相当快速的，从 DOS 到 Windows 32、95、98、Me、XP 以及现在的 Windows 7/8/10，虽然系统一直在不断地进步发展着，但其实每个操作系统都有各自的发展空间，也有其各自的优势和劣势。比如 Windows 98 和 Windows Me，它们的普遍特点是多媒体性能佳，支持软硬件多，但缺点是系统不够稳定；而诸如 Windows NT、Windows 2000 等系统，则有比较好的稳定性和操作性，但对系统要求比较高，不适合一般的初级用户使用。那么，能否实现将各种操作系统都安装在一台计算机上，并根据自己的需要任意选择呢？当然可以，这就是所说的多系统共存。

1．多系统引导原理

要让多系统共存，最重要的是要了解它的基本原理，先来看看操作系统是如何引导的。

1) 操作系统引导过程

当系统加电自检通过以后，硬盘被复位，BIOS 将根据用户指定的启动顺序从 U 盘、硬盘或光驱进行启动。以硬盘引导为例，系统 BIOS 将主引导记录读入内存，然后将控制权交给主引导程序，接着检查分区表的状态，寻找活动的分区。最后，由主引导程序将控制权交给活动分区的引导记录，由引导记录加载操作系统。

对于 DOS 和 Windows 9X 等操作系统而言，分区引导记录将负责读取并执行 IO.sys。首先要初始化一些重要的系统数据，然后就会出现非常熟悉的蓝天白云桌面背景图。这时候，Windows 将继续进行 DOS 部分和 GUI(图形用户界面)部分的引导和初始化工作。如果系统中装有引导多种操作系统的工具软件，通常主引导记录将被替换成该软件的引导代码。这些代码将允许用户选择一种操作系统，然后读取并执行该操作系统的基本代码。

对于 Windows NT/2000 来说，则是由 NTLDR 这个程序负责将其装入内存，或者让用户选择 Windows NT/2000 操作系统。引导装入程序和多重引导都由一个具有隐含属性的初始化文件 BOOT.INI 控制。在 BOOT.INI 中包含有控制计算机可用的操作系统的设置，引导默认的操作系统以及应当等待多少时间等信息。

从计算机引导过程的描述中可以发现，可以人为干预的地方只有两处：一是设置物理盘的引导次序；二是修改主引导程序的分区表。

2) 多系统共存

单硬盘的多系统共存：如果只有一块硬盘，并且想在上面安装多个操作系统而相互不受影响，则必须采用修改主引导程序和分区表的方法来实现。一般有两种方法：一种是修改主引导记录，在主引导记录的最后用 JMP 指令跳到自己的代码上，从而控制计算机的引导过程；另外一种方法是修改主分区第一个扇区的引导代码，以实现多系统的共存。

多硬盘的多系统共存：如果采用的是多硬盘的计算机，而且每块硬盘都安装有不同的操作系统时，可通过在 CMOS 中指定硬盘的启动次序，实现多操作系统的共存。由于操作系统之间互不影响，所以这种方法完全不受兼容性等其他因素的影响。

2. 多系统共存的原则

(1) 在计算机上安装另外一个操作系统之前,最好先制作一张启动盘以备意外之需。

(2) 每个操作系统必须安装在一个独立的磁盘驱动器或者分区上。

(3) 对于在 Windows 2000 和 Linux 之间的双重启动配置,应当先安装 Windows 2000,并为 Linux 保留所需要的磁盘分区。

(4) 要进行双重启动配置,应该使用 FAT 文件系统。尽管支持在双重启动中使用 NTFS,但这样会提高文件系统的复杂程度。

(5) 在设置了双重启动的计算机上,如果希望应用程序在两种操作系统上都可以运行,必须在两种操作系统中都进行安装,这是因为无法在操作系统之间共享应用程序。

3. 多系统共存的硬盘分区

Windows 98 和 Windows 2000 虽然都同出一族,但是由于它们之间存在一些根本的差异,在安装的时候也要非常小心。Windows 2000 采用的是 NT 系统的内核,所以它支持 NTFS 的分区格式,但是考虑到在同一个硬盘中安装 Windows 98,会导致在运行 Windows 98 的时候无法访问装有 Windows 2000 的硬盘分区,所以建议经验不足的用户还是采用原有的 FAT32 格式。

4. 多系统安装顺序

首先要确定分区的顺序。比如在安装 Windows NT/2000 和 Windows 9X 的时候,必须把 Windows NT/2000 的主分区放置在 Windows 9X 的前面;还有安装其他操作系统的时候,最好将 Windows NT/2000 的主分区放置在其他操作系统主分区的最前面。比如需要安装 Windows 9X、Linux 和 Windows NT/2000,那么正确的分区顺序第一位应该是 Windows NT/2000,否则就会导致 Windows NT/2000 不能正常安装。

对于 Windows 9X、Windows NT/2000、Linux 这几种操作系统来说,一般要按照先安装 Windows 9X,再安装 Windows NT/2000,最后安装 Linux 的顺序来进行。这是因为如果先安装了 Windows NT/2000 之后再安装 Windows 9X,原来的 Windows NT/2000 引导区将被覆盖,这就使得 Windows NT/2000 的多重引导功能失效。而且在此之前先安装 Linux 的话,那么 Linux 的 LILO 也会被覆盖,从而导致多重系统引导失效。在安装的时候,按照常规的安装步骤进行即可,但是在安装完毕之后还要对其进行一番配置才能实现多重系统引导功能。

当有条件使用两块硬盘来安装多个操作系统的时候,就会方便许多。此时建议把 Windows 9X、Windows NT/2000 安装在第一块硬盘上,而将 Linux 安装在第二块硬盘中。这样可以利用 Windows NT/2000 附带的多重引导程序来管理第一块硬盘上的操作系统,在需要使用 Linux 的时候,只要在 BIOS 中将启动引导顺序更改为从第二块硬盘引导即可。

5. 多系统安装注意事项

(1) 原则上,把安装程序复制到硬盘的目录里安装比使用光盘安装好,这样可避免光驱在安装过程中读盘错误的影响,速度也会快几倍。

(2) 格式化 C 盘会使得多重引导菜单被破坏,所以在格式化之前,要确定真的不需要使用多个操作系统了。

(3) Windows NT 4.0 只支持不超过 8.4GB 的硬盘,而且只认 FAT16 和 NTFS 分区格式,必须打补丁,才能使用大硬盘。

(4) 如果用上述介绍的方法处理后仍不能正常安装多个操作系统,可能是硬件和操作系统不兼容,可考虑更换硬件试试。

4.7.3 应用软件的安装设置

1. 绿色软件的安装

绿色软件是指功能单一的免费小软件,一般只有一个可执行文件(通常扩展名为.exe),不会向系统添加文件,不修改注册表。使用时用鼠标双击即可运行,卸载也比较简单,只需删除该文件即可。

2. 常用共享、免费软件的安装

(1) 下载并解压。放在网上的免费软件大多都是压缩文件,下载到硬盘之后要进行解压。

(2) 执行软件的安装程序。打开步骤(1)解压生成的文件并双击安装文件(一般名为setup.exe),执行安装程序,按照提示单击 NEXT 或“下一步”按钮。

(3) 同意授权协议。出现软件授权说明等信息,必须选择 Agree 或“同意”。

(4) 确定软件的安装路径。出现的窗口用来确定软件的安装路径,可以选择 Browse 或“浏览”来自定义安装路径,也可单击“下一步”按钮选择默认路径。

(5) 复制程序。文件复制完成后一般会出现“安装成功”的提示,单击 Finish 或“完成”按钮就安装成功了。

3. 商业软件的安装

(1) 将软件光盘放入光驱一般都会自动运行安装程序,也可以通过双击光盘根目录下的 setup.exe 文件来启动安装程序。随后将会出现授权协议,一定要同意授权协议才会进行下一步。

(2) 现在看到的是用户信息界面,需要填写用户名、缩写和单位,输入产品密钥(一般以标签的形式贴在软件包装上),并单击 NEXT 按钮。

(3) 选择参数,单击 NEXT 按钮。

(4) 选择 Complete 安全安装并单击 Install 按钮。

(5) 单击 Finish 按钮完成安装。

除了绿色软件,其他软件的卸载一般是通过控制面板中的“添加/删除程序”完成。

4.8 系 统 检 测

当计算机的软硬件安装就绪后,可以使用系统测试软件来了解计算机各方面的性能,特别是硬件,通过测试可以发现存在的“瓶颈”,以便合理配置计算机并方便以后的优化和升级。下面为大家介绍几款专业的电脑硬件检测维护工具。

4.8.1　CPU 测试工具

1. CPU-Z

这是一款使用程度最高的 CPU 检测软件，它支持的 CPU 种类相当全面，软件的启动速度及检测速度都很快。此外，它还能检测主板和内存的相关信息。如图 4.107 所示，可以看出 CPU 的型号、代号、工艺、规格、时钟、缓存等信息。当然，对于 CPU 的鉴别最好使用原厂软件。

图4.107　CPU-Z的检测界面

2. Prime95

Prime95 是一个测试系统稳定性的绿色软件。它原本是一款寻找最大梅森素数的分布式计算软件，在所有的拷机软件中是公认的最强大的一款，它把超高负荷的工作量加载在 CPU 上，以此来考验 CPU 的承受能力。因其可以发现其他测试程序无法发现的稳定性问题而备受关注，被许多专业的计算机 OEM 制造商用来确定计算机的稳定性。

首次使用时，软件会弹出选择对话框，当选择了 Just Stress Testing 选项后，就会出现测试选项，如图 4.108 所示。

图4.108　Torture测试

第一项"Small FFTs"主要用于对 CPU 的浮点运算测试，另外，还会对 CPU 的缓存进行填充测试；第二项"In-place large FFTs"用于最大功耗测试、适量内存测试；第三项"Blend"是系统默认测试；第四项是自定义测试，可选择 FFT size 的大小、内存使用量、是否运行 in-place 和运行 FFT 的周期。

做好选择之后软件就会自动对当前电脑 CPU 进行压力测试。测试时系统托盘里的图标会由黄变红，表示测试进行中。如果测试中途出错，图标就会变回黄色，同时会显示相应的信息。如果 CPU 确实有硬件性能问题，可能在几分钟内就会出现异常情况，比如死机、重启、自动断电等。

注意：当我们对 CPU 进行压力测试的时候，由于 CPU 一直处于高负荷状态，会导致 CPU 的温度升高。

3. Super π

Super π是由日本东京大学金田研究室开发的一款用来计算圆周率的软件，可以用来测试计算机超频后的性能，许多硬件实验室也使用这款软件作为测试 CPU 稳定性的依据。

运行程序时，单击"运行计算"按钮，就会弹出一个对话框请你选择要运行的圆周率位数，一般采用 104 万位即可，确认后就开始测试，很快便可得到图 4.109 所示的结果，时间当然是越短越好。如果对 CPU 的要求比较高，可以让 Super π运行 209 万位甚至更高位的运算，这样可以让 CPU 在更恶劣的条件下满负荷运行，假如能通过 3355 万位的测试，那么你的系统可以在任何苛刻环境下稳定运行。

图4.109　Super π测试

4. IntelBurnTest

对稳定性要求非常高的测试软件，界面如图 4.110 所示。

(1) Stress Level 里面有五个选项供选择，分别对应不同的内存容量：Maximum——当前可用内存；Very High——4096MB 内存；High——2048MB 内存；Standard——1024MB 内存；Custom——自定义内存容量。

(2) Threads 选项里可以选择执行压力测试的线程数，根据自己的 CPU 实际情况选择即可。

(3) Times to run 是运行次数，次数越多，对稳定性的要求就越高。

图4.110　IntelBurnTest主界面

4.8.2　显卡测试工具

1. 3DMark

3DMark 是 Futuremark 公司的一款测量显卡性能的软件，如图 4.111 所示，自 1998 年发布第一款软件以来，已成为一款最为普及的 3D 图形卡性能基准测试软件。现在的 3DMark 功能已不再囿于衡量显卡性能，渐渐转变成一款衡量整机性能的软件。3DMark 支持桌面与移动平台的跨平台测试，支持 Windows 桌面、Windows 8/RT Metro、Android 和 iOS 平台。系统平台的测试，除了测试分数，还会展现每个场景测试期间的实时曲线，全程记录帧率、CPU 温度、GPU 温度、CPU 功耗。

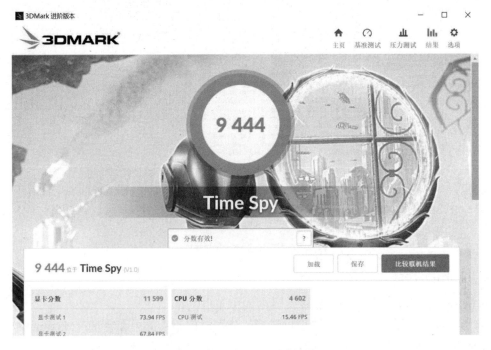

图4.111　3DMark测试结果

新版 3DMark 由 Ice Storm、Cloud Gate 和 Fire Strike 三个测试组成,分别适用于"移动设备和入门级电脑""笔记本电脑和家用电脑"以及"高性能游戏电脑"。

Ice Storm:针对移动设备和低端硬件,使用 Ice Storm 测试平板电脑和便携式笔记本电脑的性能。Ice Storm 使用限制为 Direct3D 9 级的 DirectX 11 引擎,适用于测试兼容 DirectX 9 的硬件。

Cloud Gate:针对 Windows 笔记本电脑和典型家庭 PC,使用 Cloud Gate 测试笔记本电脑和普通家用电脑的性能。Cloud Gate 使用限制为 Direct3D 10 级的 DirectX 11 引擎,适用于测试兼容 DirectX 10 的硬件。

Fire Strike:针对高性能游戏 PC,使用 Fire Strike 测试专用游戏电脑和高端计算机组件的性能。Fire Strike 使用多线程 DirectX 11 引擎测试兼容 DirectX 11 的硬件。3DMark Advanced Edition 包含一个专为具有多 GPU 高端系统打造的 Extreme 版本。

2. FurMark

FurMark 是 oZone3D 开发的一款 OpenGL 基准测试工具,如图 4.112 所示,通过皮毛渲染算法来衡量显卡的性能,同时还能借此考验显卡的稳定性。它提供了多种测试选项:全屏/窗口显示模式、九种预定分辨率(可自定义)、基于时间或帧的测试形式、多种多重采样反锯齿(MSAA)、竞赛模式等,并且支持包括简体中文在内的五种语言。

图4.112　FurMark测试界面

4.8.3　硬盘测试工具

1. HD Tune

HD Tune 是一款小巧易用的硬盘测试工具软件,其主要功能有硬盘传输速率检测、健康状态检测、温度检测及磁盘表面扫描存取时间、CPU 占用率检测,为硬盘提供了全面的诊断功能。另外,还能检测出硬盘的固件版本、序列号、容量、缓存大小以及当前的 Ultra DMA 模式等,如图 4.113 所示。

图4.113　HD Tune测试界面

它的主要功能有:

(1) 基准磁盘性能测试。启动软件后,首先将会显示出硬盘的型号及当前的温度,默认显示为磁盘基本测试界面。通过单击"开始"按钮,启动对硬盘的读写性能进行检测,主要包括读取及写入数据时的传输速率、存储时间及对 CPU 的占用等。(注意:由于写入测试存在危险,希望用户慎重使用。)

(2) 列出磁盘详细信息。HD Tune 不仅能列出当前硬盘各个分区的详细信息,还提供此硬盘所支持的特性。此外,还提供了硬盘的固件版本、序列号、容量、缓存大小以及当前的 Ultra DMA 模式等。

(3) 磁盘健康诊断。通过健康诊断可以对磁盘进行全方位的检测,涉及磁盘的各方面性能参数,并且都有详细的数值显示,如读取错误率、寻道错误率、写入错误率、温度、通电时间等。

(4) 错误扫描测试。在错误扫描测试中可以检测磁盘是否存在损坏的扇区。

(5) 文件夹占用率。单击"扫描"按钮,将会很快检查出当前磁盘上所有存在的文件及目录状况,如当前硬盘上已有的文件及目录总数、每个文件夹的大小及当前已经使用的硬盘的总容量信息等。

(6) 文件基准测试。主要是测试硬盘的缓冲性能及突发传输能力。

(7) 磁盘监控器。在磁盘监控器界面,用户单击"开始"按钮就可以对磁盘的读取和写入状况进行实时监测。

(8) AAM 设置。AAM 的英文全称为 automatic acoustic management,即自动声音管理。硬盘的噪声大多由于本身的震动和磁头的不断操作产生,换言之在相同的环境下,硬盘的转速越高,噪声越大。而此项功能实际上就是调整硬盘运行时的噪声。

(9) 随机存取测试。主要是测试硬盘在读取及写入数据时的真实寻道以及寻道后读写操作全过程的总时间,能体现出一款硬盘的真实寻道性能,每秒的操作数越高,平均存取时间越小越好。

2. CrystalDiskInfo 硬盘检测工具

CrystalDiskInfo 是一款非常小巧的电脑硬盘检测工具,如图 4.114 所示,它通过读取

S.M.A.R.T 了解硬盘健康状况，可以检测电脑硬盘接口以及硬盘好坏。

图4.114　CrystalDiskInfo测试界面

3. AS SSD Benchmar

AS SSD Benchmar 是一款 SSD 固态硬盘传输速度测速工具，如图 4.115 所示，可以测出固态硬盘持续读写等的性能。

图4.115　AS SSD Benchmar测试界面

启动软件后可以根据自己的需要选择测试项目(Seq、4K、4K-64Thrd、Acc.time)。

(1) Seq(连续读写)：即持续测试，AS SSD Benchmar 会先以 16MB 的尺寸为单位，持续向受测分区写入，生成 1 个达到 1GB 大小的文件，然后再以同样的单位尺寸读取这个文件，最后计算出平均成绩，给出结果。

(2) 4K(4K 单队列深度)：即随机单队列深度测试，测试软件以 512KB 的单位尺寸，生成 1GB 大小的测试文件，然后在其地址范围(LBA)内进行随机 4KB 单位尺寸写入和读取测试，直到跑遍这个范围为止，最后计算平均成绩，给出结果。

(3) 4K-64Thrd(4K 64 队列深度)：即随机 64 队列深度测试，软件会生成 64 个 16MB 大小的测试文件(共计 1GB)，然后同时以 4KB 的单位尺寸在这 64 个文件中进行写入和读取，最后以平均成绩为结果，产生 2GB 的数据写入量。

(4) Acc.time(访问时间)：即数据存取时间测试，以 4KB 为单位尺寸随机读取全盘地址范围(LBA)，以 512B 为写入单位尺寸，随机写入保留的 1GB 地址范围内，最后以平均成绩给出测试结果。

4.8.4　内存测试工具

1. MemTest

MemTest 是一款功能强大、便捷实用的内存检测工具，不但可以彻底地检测出内存的稳定度，还可测试记忆的存储与检索资料的能力，最大化地改善电脑内存占用率。如果拥有多个核心/处理器，可以运行多个 MemTest 副本分别测试它们的内存大小。MemTest 界面如图 4.116 所示。

2. RAMExpert

RAMExpert 可以提供清晰直观的内存型号规格信息，还能查看制造商及相关支持文档，支持内存条正版验证，测试界面如图 4.117 所示。

图4.116　MemTest测试界面

图4.117　RAMExpert测试界面

4.8.5　综合测试工具

1. 鲁大师

鲁大师是 Windows 优化大师的原主创人员鲁锦开发的新一代系统工具，提供了硬件真伪辨别、电脑稳定保障、系统性能提升等服务，适合于各种品牌台式机、笔记本电脑、DIY兼容机，提供实时的关键性部件的监控预警、全面的电脑硬件信息，有效预防硬件故障，并且完全免费。鲁大师能为用户提供更加简洁的报告，而不是一大堆连很多专业级别的用户都看不懂的参数。

可以到鲁大师官网下载安装最新版本，常用功能包括：硬件体检、硬件检测、温度管理、性能测试、驱动检测、清理优化、装机必备和游戏库。鲁大师能够进行硬件和驱动检测，提供了很多装机软件以及可以让人放松的游戏库，能定时扫描计算机的安全情况，提供安全报告以及相关资料的悬浮窗，可以显示 CPU 温度、风扇转速、硬盘温度、主板温度、显卡温度等，而且还可以到微软官方网站下载安装最适合机器的漏洞补丁。

如图 4.118 所示，当单击了"硬件检测"按钮后就会显示相应信息，包括处理器、主板、内存、硬盘、显卡、显示器等。

图4.118　鲁大师主要操作界面

2. PCMark

Futuremark 公司引以为傲的几大测试软件之中，3DMark 系列和 PCMark 系列最为著名。PCMark 10 包含不同的测试环节，如图 4.119 所示，涵盖了存储、计算、图像与视频处理、网络浏览、游戏等 PC 日常应用的方方面面。

图4.119　PCMark操作界面

PCMark 10 内置了多个测试项目,更加细致的分项测试变得更有针对性。其中,Home 测试项目主要模拟了用户日常使用电脑的情况,如文本、网页等;而 Creative 测试项目则加入了更多的娱乐模拟,诸如游戏、视频等,对平台性能的"压榨"相较 Home 测试项目要高一些。此外,Storage 测试项目则专门对平台的硬盘性能做出评定。

4.8.6 网络环境的调试

1. 设置网络宽带连接

在互联网时代,网络是必不可少的,下面介绍如何设置电脑网络宽带连接。首先要在服务商那里申请账号和密码,然后用网线连接路由器和要上网的电脑,硬件连接好之后就可以进行设置了。

(1) 打开网络共享中心。网络共享中心在控制面板中,也可以直接在桌面打开,单击桌面右下角的网络图标,选择打开网络共享中心即可,如图 4.120 所示。

图4.120 打开网络和Internet

(2) 在这里可以查看基本网络信息,设置网络。第一个选项就是新建网络连接,在这里可以看到关于宽带的选项,单击进入进行配置。如图 4.121 所示,首先选择"连接到网络"选项,并单击"下一步"按钮。

图4.121 连接到网络

(3) 在弹出的窗口中单击"宽带(PPPoE)(R)"这个默认选项，如图 4.122 所示。

(4) 在弹出的新窗口中，如图 4.123 所示，输入办理宽带时服务商提供的"用户名"和"密码"，连接名称默认为"宽带连接"，单击"连接"按钮。

图4.122 选择连接方式 　　　　　　　　图4.123 输入ISP提供的信息

完成之后就可以畅游网络了。

2. 本地网络连接设置

学校、企事业单位通常会采用本地网络的连接方式。

(1) 打开网络共享中心。

(2) 单击顶部的"网络和共享中心"，如图 4.124 所示。在左侧选择"更改适配器设置"选项，如图 4.125 所示。

图4.124 打开网络共享中心 　　　　　　图4.125 更改网络适配器

(3) 设置电脑的本地连接。将鼠标指针放置在"本地连接"上，然后单击鼠标右键，在弹出的快捷菜单中选择"属性"命令，如图 4.126 所示。

(4) 现在就可以打开本地连接属性了，如图 4.127 所示。

(5) 输入 IP 地址、子网掩码、默认网关、首选 DNS 服务器和备用 DNS 服务器，完成设置。

图4.126　打开本地连接属性　　　　图4.127　设置本地连接属性

3. 无线路由器的设置

无线上网是指使用无线连接的互联网登录方式。它使用无线电波作为数据传送的媒介。速度和传送距离虽然无法和有线线路比较，但它以移动便捷为优势。无线上网现在已经广泛地应用在商务区、大学、机场及其他各类公共区域，其网络信号覆盖区域正在进一步扩大。

设置无线路由器(以 TP-LINK 为例)，连接好无线路由器和网线、调制解调器，要确保网络畅通、所有指示灯都正常。

(1) 打开浏览器，输入无线路由器的地址"192.168.1.1"(一般在路由器的背面，不同厂商的产品会有所不同)，然后在提示框中输入用户名和密码，如图 4.128 所示。

(2) 在打开的配置中心单击"设置向导"选项，如图 4.129 所示，然后单击"下一步"按钮。

图4.128　输入用户名和密码

图4.129　设置向导

(3) 现在进入上网方式设置页面，如图 4.130 所示，可以看到有三种上网方式的选择，如果使用的是电话线拨号上网就选择"PPPoE(ADSL 虚拟拨号)"；动态 IP 上层有 DHCP 服务器，一般电脑直接插上网络就可以使用；静态 IP 可能是专线、小区带宽或想要固定 IP 的，上层没有 DHCP 服务器的。以 PPPoE 方式为例，单击"下一步"按钮。

(4) 选择 PPPoE 拨号上网后就要填上网账号和密码，如图 4.131 所示，输入供应商提供的账号和密码，然后单击"下一步"按钮。

图4.130　选择上网方式

图4.131　输入上网账号和密码

(5) 现在进入无线设置，如图 4.132 所示。可以看到有无线状态、信道、模式、安全选项、SSID 等，模式大多用 11bgn mixed。关于无线安全选项我们要选择 WPA-PSK/WPA2-PSK，可以防止被硬解，单击"下一步"按钮。

(6) 系统会弹出一个设置成功的向导提示页面，如图 4.133 所示，单击"完成"按钮路由器会自动重启，设置完成。

图4.132　无线设置

图4.133　设置成功

4.9　本 章 实 训

1. 熟悉组装电脑前的准备工作。
2. 按照步骤组装电脑主机。
3. 熟悉组装笔记本电脑的准备工作。
4. 按照步骤拆卸笔记本电脑。
5. 按照步骤组装笔记本电脑。
6. 安装完成后对电脑进行测试。
7. 进入 BIOS，设置启动顺序。
8. 使用 DiskGenius 软件格式化硬盘分区。
9. 进行软件的安装。
10. 硬件测试工具的使用。
11. 网络环境的调试。

4.10 本章习题

1. 简述组装电脑前应做好哪些准备。
2. 简述电脑组装流程。
3. 安装目前主流 CPU 应该注意哪些问题?
4. 安装目前主流主板应该注意哪些问题?
5. 简述如何连接各种线缆。
6. 组装笔记本电脑应注意哪些问题?
7. 安装散热器应该注意什么问题?
8. 笔记本电脑拆机前的准备工作有哪些?
9. 安装硬盘的注意事项有哪些?
10. 安装显卡的注意事项有哪些?
11. 笔记本电脑散热技术有哪些?
12. 什么是 BIOS?
13. BIOS 的作用有哪些?
14. 阐述 BIOS 与 CMOS 的区别。
15. BIOS 中 Exit 菜单下的选项有哪些?
16. 阐述固态硬盘的分区方法。
17. 格式化硬盘的方法有几种?
18. 多操作系统的安装有哪些注意事项?
19. 应用软件如何安装?
20. 如何设置无线路由器?

第 5 章　计算机的维护与优化

学习目的与要求：

本章主要介绍计算机的维护与优化，要求掌握计算机使用过程中的注意事项和正确的使用方法，了解计算机优化的常用方法。通过对计算机维护的学习，可以让大家养成良好的使用习惯，延长计算机的使用寿命。通过对计算机优化的了解，能够让计算机保持良好的性能。

5.1　计算机维护与优化概述

在使用计算机的时候，同是相同配置的计算机，为什么用一段时间有的就变得运行快，有的运行慢；有的使用寿命长，有的使用寿命短？这主要在于日常的维护和优化不一样。因为计算机本身是一个整体，在使用过程中，系统和软件会产生各种问题，硬件同时也会产生很多故障，所以并非计算机只要配置足够好，系统和软件都是最新的，就能保证系统的运行速度和使用寿命。

1. 计算机系统维护

为了让计算机稳定工作、减少故障和延长使用寿命，就需要有一个良好的使用习惯，并且要经常对计算机进行维护。

计算机系统维护主要包含三大部分：基础维护、硬件维护和软件维护。

基础维护一方面要求保持计算机工作在其适合的工作环境中，另一方面要求掌握正确的计算机使用方法。

硬件维护主要是指对计算机的 CPU、主板、显卡、光驱、硬盘、显示器等硬件设备的维护。例如，在开关机的时候要特别注意，不要频繁开启关闭计算机；鼠标、键盘在使用的时候要注意保护硬件内部不被外力所损坏，若有条件，应该经常对键盘和机械鼠标内部进行清理、擦拭。

软件维护主要是对计算机中的系统软件和应用软件的维护。例如，软件的安装、使用、升级和备份。

2. 计算机系统优化

维护是保障计算机能用，如果要使计算机系统保持新机器般的性能，就需要对计算机系统进行优化。

计算机在使用中会出现各种问题，养成良好的定期系统优化习惯非常重要。本书从以下三部分展开介绍。

(1) 计算机操作系统的优化。操作系统是软硬件的平台，直接与使用者交互，可以优化的方面很多，计算机操作系统的优化是计算机能运行良好的关键。例如，在平时的使用过程中，对于文件或者程序的管理要有原则，可以把文件归类，这样既可以方便查找和使用文件，对于系统的管理也是很方便的，不会造成软件或者程序文件的混乱。

(2) 系统优化工具。可使用第三方工具软件对系统进行优化，目前这类软件非常多，也十分容易免费获得。

(3) 计算机硬件优化。可通过系统设置和软件工具对硬件性能进行优化，使其发挥最优的性能。

总之，本书的展开方式是维护重在使用方面，围绕使用环境、使用方式和使用方法技巧进行介绍；优化则重在软件配置和参数设置方面。

对于计算机系统的维护与优化并没有一定的准则，要根据个人习惯，把计算机系统设置为自己最适合的系统，可以让自己的计算机形成一套自己喜欢的模式，打造出更好的个人计算机使用环境。

5.2　计算机基础维护

1. 计算机的良好工作环境

1) 保持适当的温度

一般计算机应工作在 20～25℃环境下，现在的计算机虽然本身散热性能良好，但过高的温度仍然会使计算机工作时产生的热量散不出去，轻则缩短计算机的使用寿命，重则烧毁计算机的芯片或其他配件。现在计算机硬件的发展非常迅速，更新换代相当快，计算机的散热已成为一个不可忽视的问题。温度过低则会使计算机的各配件之间产生接触不良的问题，从而导致计算机不能正常工作。有条件的话，最好在安放计算机的房间配上空调，以保持计算机正常运行时所需的环境温度。

2) 保持一定的湿度

计算机工作的环境相对湿度应保持在 40%～70%。过分潮湿会使计算机表面结露，引起计算机电路板上的元器件、触点及引线锈蚀发霉，造成断路或短路；而过分干燥则容易产生静电，诱发错误信息，甚至造成元器件的损坏，因此在干燥的秋冬季节最好能设法保证房间中的湿度达到计算机的需求。在较为潮湿的环境中，如南方梅雨季节，计算机每周至少要开机 2 小时，以保持计算机的干燥，这和其他电器的保养是一样的。

3) 正确使用电源

计算机的工作离不开电源，电源也是计算机产生故障的主要因素。

首先，必须确保使用的是适当功率的电源。要注意是否能提供稳定的 220V 电压，电源的电压一般为 220V/50Hz，如果电源电压总是偏高或偏低，则应购买一台稳压电源。

其次，计算机所使用的电源应与照明电源分开，最好使用单独的插座。尤其注意避免与加热装置或大功率的电器使用同一条供电线路，共用一个插座。因为这些电器设备在使用时可能会改变电流和电压的大小，这会对计算机的电路板造成损害。在拔插计算机各部分的配件时，都应先断电，以免烧坏接口。

4) 正确安置计算机系统

如果计算机系统安置得不正确，就可能给计算机的使用埋下隐患。计算机系统的安置应注意以下几点。

(1) 计算机不要放在不稳定的地方，不要放在摇晃、易坠落处等。

(2) 计算机应尽可能地避开热源，如冰箱、直射的阳光等。

(3) 计算机应尽可能放置在远离强磁强电、高温高湿的地方。

(4) 计算机应放在通风的地方，离墙壁应有 20cm 的距离。

5) 做好防静电工作

静电有可能造成计算机芯片的损坏，为防止静电对计算机造成损害，在打开计算机机箱前应当用手接触暖气管等可以放电的物体，将身体的静电放掉后再接触计算机的配件。另外，在安放计算机时将机壳用导线接地，可以起到很好的防静电效果。

6) 防止震动和噪声

震动和噪声会造成计算机中部件的损坏(如硬盘的损坏或数据的丢失等)，因此计算机不能在震动和噪声很大的环境中工作，如确实需要将计算机放置在震动和噪声大的环境中，应考虑安装防震和隔音设备。

2. 正确使用计算机

计算机故障有相当一部分是由于使用不当引起的，因此，正确的使用方法和良好的使用习惯是减少故障的有效办法。在日常的使用中应注意如下几个方面。

(1) 正确的开关机顺序。使用计算机第一个要注意的就是正确的开机顺序，应该先打开外设(如显示器、音箱、打印机、扫描仪等设备)的电源，然后再接通主机电源。而关机顺序则刚好相反，因为在主机通电的情况下，关闭外设电源的瞬间，会对电源产生很大的电流冲击，所以应该先使用正确的方法关闭主机电源，然后再关闭外设电源，这样可以减少对硬件的伤害。而计算机在进行读写操作时，更不能切断电源，以免对硬盘造成损伤。另外，关机后也不能马上开机。关机后，距离下一次开机的时间，至少要有 10 秒。如果在一段时间内频繁地做开机、关机的动作，会对计算机硬件造成很大的电流冲击，尤其是硬盘。

(2) 使用过程中，不要移动主机和显示器。移动计算机时，要先把计算机关上，同时把电源插头拔下。

(3) 不要带电插拔硬件，要想插拔某些硬件，应先断开电源。

(4) 手机不要放在显示器或者音箱旁边，因为有短信或来电时，会干扰音箱和显示器的工作，发出杂音和显示出波纹。

(5) 不宜长时间不用。如果长时间不通电使用计算机，会由于吸附灰尘多而发生短路，使硬件不能正常工作或损坏。在较为潮湿的天气，更有可能发生这种情况，因此最好每天都能使用计算机或者将计算机通电一段时间。

(6) 防止静电破坏硬件。在与计算机硬件接触前，应该先释放自身的静电。计算机在工作时，机箱、显示器等设备都会释放出大量的静电，而人体也带有大量的静电，如果与硬件接触，就可能造成硬件芯片内部被击穿而损坏。如果手比较湿润带有水分，千万不可接触硬件，这样损坏硬件的可能性会更大。

(7) 发现主机或显示器有火星、异味、冒烟时应立即切断电源，在排除故障前，千万不要再启动计算机。

(8) 当发现计算机有异常响声、过热及报警等现象时，要设法找到原因，并排除故障。

(9) 系统非正常退出或意外断电，应尽快进行硬盘扫描，及时修复错误。因为在这种情况下，硬盘的某些簇链接会丢失，给系统造成潜在的危险，如不及时修复，会导致某些程序紊乱，甚至危及系统的稳定运行。

(10) 计算机使用久了，最少应该一季度清洁维护一次主机内部。

5.3 硬件系统维护

计算机的硬件维护在计算机日常维护中极其重要，维护工作做得好，就能延长硬件的使用寿命、提高计算机的运行速度和减少故障的发生；反之，则容易产生故障，例如：重要的数据有可能会无缘无故地丢失，操作系统可能会三天两头地出错，预定的工作无法完成等，更为严重的是会缩短硬件的使用寿命。所以，做好计算机硬件的日常维护是十分必要的。

5.3.1 维护工具和方法

计算机在使用过程中发生一些故障是不可避免的，对我们来讲，重要的是当发生故障时应采用有效的措施，防止故障扩大。下面介绍诊断设备问题的一些方法。

1. 利用"设备管理器"来检查设备

如果某一设备不能正常工作，首先要到"设备管理器"检查该设备。在"设备管理器"中找到需要的设备后，它应该属于下列情形之一。

(1) 设备显示状态、结论、解决方案。

(2) 所属类别正确，且设备前面没有任何特殊标记，说明安装正确，能正常运行。

(3) 所属类别不正确，设备前面有一个红色的"×"标记，说明在 Windows 中被停用或在 BIOS 中没被激活，应该启用它或检查 BIOS 设置以激活该设备。

(4) 所属类别正确，设备前面有一个带有黄色圆圈的惊叹号，表明设备资源冲突。

(5) 所属类别为"其他设备"，说明驱动程序没有被正确安装。

(6) 没有在"设备管理器"中列出，即没有正确安装设备或驱动程序。

2. 启动"疑难解答"

Windows 提供了"疑难解答"功能，以帮助用户解决有关硬件设备问题。若在使用计算机时碰到难解决的硬件问题，不妨先启动"疑难解答"来试试看，操作步骤如下。

(1) 右击"我的电脑"图标，在弹出的快捷菜单中选择"属性"命令，打开"系统属性"对话框。切换到"硬件"选项卡，然后单击"设备管理器"按钮，打开"设备管理器"对话框。接着在列表中右击要解决问题的设备，在弹出的快捷菜单中选择"属性"命令，打开该设备的属性对话框，并切换到"常规"选项卡，如图 5.1 所示。

(2) 单击"疑难解答"按钮，在弹出的窗口中选择要解决的问题，如图 5.2 所示。单击"下一步"按钮，根据系统提问一步步找到解决问题的方法。

图5.1　属性对话框

图5.2　"帮助和支持中心"窗口

（3）若某个设备列在"其他设备"类型中，说明系统已经检测到此设备，但不能辨认该设备的类型。用户需要重新安装该设备的驱动程序或更新其驱动程序，具体操作步骤如下。

用鼠标右键单击带有"？"标记的设备，从弹出的快捷菜单中选择"卸载"命令，然后单击"扫描硬件改动"按钮，系统将检测硬件设备，并出现提示信息框，再重新安装此设备即可。

3. 解决设备资源冲突

如果某个设备前面显示了一个带有黄色圆圈的惊叹号，则表明此设备有资源冲突。可以用手工的方式来重新分配该设备的资源，以解决资源冲突。通常每次启动计算机时，Windows 都会自动配置每个设备的资源，即将唯一的一组系统资源分配给它。这组资源可能是下面的一个或多个资源：

- 中断请求(IRQ)编号。
- 直接内存访问(DMA)通道。
- 输入/输出(I/O)端口地址。
- 内存地址范围。

分配给设备的每个资源都必须是唯一的，否则设备将无法正常工作。对于即插即用型设备，Windows 可以自动保证该设备的正确配置。而对于某些非即插即用型设备可能需要某些特定的资源，这些资源有可能与 Windows 自动分配的资源冲突。此时，用户就需要手工配置该设备的系统资源，以保证它正常运行。若要手工配置设备的系统资源，应遵循下列操作步骤。

(1) 单击"设备管理器"中需要手工配置系统资源的设备所属硬件类型左边的"+"以展开它。用鼠标右键单击带有黄色圆圈惊叹号的设备，从弹出的快捷菜单中选择"属性"命令。在弹出的对话框中切换到"资源"选项卡，如图 5.3 所示，检查"冲突设备列表"。如果列表中显示有设备冲突，查看是"输入/输出范围"冲突，还是"中断请求"冲突，抑或两者都是。

图5.3 属性对话框"资源"选项卡

(2) 取消选中"使用自动设置"复选框，在"设置基于"下拉列表框中选择另外一个配置。不断寻找配置，直到"冲突设备列表"显示"没有冲突"为止。若所有配置均有冲突，可单击"更改设置"按钮来进一步配置(这种可能性很小)。

(3) 单击"确定"按钮，再单击弹出的"系统设置改变"对话框中的"是"按钮，然后重启计算机以使配置生效。

> **注意:** 给设备手工分配资源需要一定的计算机硬件知识，建议初级用户谨慎行事。因为不正确地更改资源设置不但会使硬件无法正常工作，而且还有可能使计算机出现故障或无法正常启动。如果因设备资源配置不当而造成严重的系统冲突致使不能进入 Windows 系统，此时也不必过于惊慌。重新启动计算机，按 F8 键，选择进入"安全模式"或"最后一次正确的配置"，再次进入 Windows，把错误的配置改过来即可。

5.3.2　CPU 及主板的维护

1. CPU 的维护

CPU 作为计算机的心脏，它从计算机启动那一刻起就不停地运作，它的重要性自然是不言而喻的，因此对它的保养显得尤为重要。CPU 的维护主要有如下几个方面。

1) 保证良好的散热

在 CPU 的维护中散热是关键。虽然 CPU 有专用风扇散热，但随着耗用电流的增加，所产生的热量也随之增加，CPU 的温度也将随之上升。高温容易使 CPU 芯片发生电子迁移，导致计算机经常死机，缩短 CPU 的寿命，因此，要为处理器选择一款好的散热器。不仅要求散热风扇质量足够好，而且要选择散热片材质好的产品。另外，可以通过测速测温软件来实时检测 CPU 的温度与风扇的转速，以保证随时了解散热器的工作状态及 CPU 的温度。通常情况下，盒装处理器所带的原装散热器大多数都能够满足此款产品散热的要求。

2) 要做好减压和防震工作

在做好散热的同时，还要做好对 CPU 处理器的减压与防震工作。CPU 因为散热风扇扣具压力过大而产生故障是比较常见的，因此在安装散热器时，要注意用力均匀，扣具的压力亦要适中，具体可根据实际需要仔细调整扣具。另外，现在风扇的转速可达 6000r/min，很有可能产生共振，长期如此，会造成 CPU 与散热器之间无法紧密结合，计算机就会出现接触不良、死机等故障。解决的办法就是选择正规厂家生产的散热风扇，转速适当，而且须正确安装扣具。

3) 注意清洁

灰尘大量积聚在 CPU 的表面，在一定的湿度下，可能会导电，甚至烧毁 CPU。所以，平时要注意保持清洁，而且每隔三个月左右，要清除一下 CPU 表面的灰尘，避免不必要的损失。

4) 正确使用硅脂

硅脂在使用时要涂于 CPU 内核表面上，薄薄一层就可以，过量则有可能渗到 CPU 表面和插槽内，造成硬件损坏。硅脂在使用一段时间后会干燥，这时可以除净后再重新涂上硅脂。改良的硅脂更要小心使用，因为改良的硅脂通常已加入碳粉(如铅笔笔芯粉末)和金属粉末，这时的硅脂有了导电的能力，在计算机运行时渗到 CPU 表面的电容上或插槽内后果不堪设想。

5) 尽量不要超频

有很多计算机发烧友喜欢对 CPU 进行超频，其实现在主流的 CPU 频率都以 GHz 为单位了，这时超频的意义已经不大，更多应考虑的是延长 CPU 寿命。如确实需要超频，可考虑降电压的超频方法。切忌通过提高内核电压来帮助超频。高温高压很容易造成 CPU 内部的芯片发生电子迁移，甚至击穿烧坏 CPU 的线路，而厂家对这种人为的损坏是不负任何责任的。所以，除非计算机的频率实在不能满足需求，最好不要超频。

6) 善用 CPU 维护工具

善用各类 CPU 维护工具，如 CPU-Z、CPUID 等，都可提高系统效能。

2. 主板的维护

计算机的主板在计算机中的重要作用是不容忽视的，主板的性能好坏在一定程度上决定了计算机的性能，有很多计算机硬件故障都是因为计算机的主板与其他部件接触不良或主板损坏所产生的。做好主板的日常维护，不仅可以保证计算机的正常运行，完成日常的工作，更主要的是可以延长计算机的使用寿命。

计算机主板的日常维护主要应该做到的是防尘和防潮。CPU、内存条、显卡等重要部件都是插在主板上，如果灰尘过多的话，就有可能使主板与各部件之间接触不良，产生未知故障，给日常工作带来很大麻烦；如果环境太潮湿的话，主板很容易变形而产生接触不良等故障，影响正常使用。

另外，在组装计算机时，固定主板的螺钉不要拧得太紧，各个螺钉都应该用同样的力度，如果拧得太紧的话也容易使主板产生变形。

5.3.3 硬盘的维护

硬盘是计算机系统中最常用、最重要的存储设备之一，也是发生故障概率较高的设备之一。而来自硬盘本身的故障一般都很小，主要是人为因素或使用者未根据硬盘特点采取切实可行的维护措施所致。因此，硬盘在使用中必须细心维护，否则会出现故障或缩短使用寿命，甚至造成数据丢失，给工作和生活带来不可挽回的损失。

1. 保持计算机工作环境清洁

硬盘以带有超精过滤纸的呼吸孔与外界相通，它可以在普通无净化装置的室内环境中使用，若在灰尘严重的环境下，灰尘会被吸附到主轴电机的内部以及堵塞呼吸过滤器，因此必须防尘。还有环境潮湿、电压不稳定等都可能导致硬盘损坏。

2. 养成正确关机的习惯

硬盘在工作时突然关闭电源，可能会导致磁头与盘片猛烈摩擦而损坏硬盘，还会使磁头不能正确复位而造成硬盘的划伤。关机时一定要注意面板上的硬盘指示灯是否还在闪烁，只有当硬盘指示灯停止闪烁、硬盘结束读写后方可关机。

3. 正确移动硬盘，注意防震

移动硬盘时最好等待关机十几秒硬盘完全停转后再进行。在开机时硬盘高速转动，轻轻的震动都可能使碟片与读写头相互摩擦而产生磁片坏轨或读写头毁损。所以，在开机的状态下，千万不要移动硬盘或机箱，最好等待关机十几秒硬盘完全停转后再移动主机或重新启动电源，这样还可避免电源因瞬间突波对硬盘造成伤害。在硬盘的安装、拆卸过程中应多加小心，硬盘移动、运输时严禁磕碰，最好用泡沫或海绵包装保护一下，尽量减少震动。

> **注意:** 硬盘厂商所谓的"抗撞能力"或"防震系统"等，是指硬盘在未启动状态下的防震、抗撞能力，而非开机状态。

4. 注意防高温、防潮、防电磁干扰

硬盘的工作状况和使用寿命与温度有很大的关系，硬盘使用中温度以 20～25℃为宜，温度过高或过低都会使晶体振荡器的时钟主频发生改变，还会造成硬盘电路元件失灵，磁介质也会因热胀效应而造成记录错误；温度过低，空气中的水分会被凝结在集成电路元件上，造成短路。

湿度过高时，电子元件表面可能会吸附一层水膜，氧化、腐蚀电子线路，以致接触不良，甚至短路，还会使磁介质的磁力发生变化，造成数据的读写错误。湿度过低，容易积累大量的因硬盘转动而产生的静电荷，这些静电会烧坏 CMOS 电路，吸附灰尘而损坏磁头、划伤磁盘片。机房内的相对湿度以 45%～65%为宜。

另外，尽量不要使硬盘靠近强磁场，如音箱、喇叭等，以免硬盘所记录的数据因磁化而损坏。

5. 让硬盘智能休息

让硬盘智能地进入"关闭"状态，对硬盘的工作温度和使用寿命会有很大的帮助。操作方法为：首先进入"我的电脑"，用鼠标左键双击"控制面板"，然后选择"电源管理"，将其中"关闭硬盘"一项的时间设置为 15 分钟，应用后退出即可。

6. 尽量避免格式化

硬盘的格式化分为高级格式化和低级格式化。在硬盘的使用过程中，不要轻易进行硬盘的低级格式化操作，避免对盘片性能带来不必要的影响。另外，高级格式化也不要频繁进行，因为这同样会给盘片性能带来影响，在不重新分区的情况下，可采用加参数"Q"的快速格式化命令，以减少对硬盘的损害。

7. 出现坏道时要尽快修复

硬盘中若出现坏道，即使是一个簇都可能具有扩散的破坏性，在保修期内应尽快找商家和厂家更换或维修，已过保修期则尽可能减少格式化硬盘，减少坏簇的扩散，并尽快用相关工具修复。

8. 善用磁盘工具

善用各类磁盘维护工具，如 EasyRecovery、CheckDisk 等，定时维护硬盘，可提高系统整体效能，并延长硬盘的使用寿命。

9. 不要擅自将硬盘拆开

如果灰尘进入硬盘内部的话，那么磁头组件在高速旋转时就可能带动灰尘将盘片划伤或将磁头自身损坏，这时势必就会导致数据的丢失，甚至影响硬盘的使用寿命，所以硬盘在制造和装配时是在绝对无尘的环境下进行的。对于普通用户来说，根本就不可能制造出绝对无尘的环境，所以最好不要擅自将硬盘拆开，否则空气中的灰尘进入硬盘内部的话，可能整个硬盘就报废了。

5.3.4　光驱的使用与维护

光驱是计算机的标准配置，是使用计算机过程中损耗较大的部件，而且光驱在计算机硬件中也比较容易出故障，因此在光驱的日常维护中应注意以下几点。

(1) 对光驱的任何操作都要轻缓。尽量按光驱面板上的按钮来进出托盘，不宜用手推动托盘进盒。光驱中的机械构件大多是塑料制成的，任何过大的外力都可能损坏进出盒机构。

(2) 当光驱进行读取操作时，不要按弹出按钮强制弹出光盘。因为光驱进行读取时光盘正在高速旋转，若强制弹出，光驱经过短时间延迟后出盒，但光盘还没有完全停止转动，在出盒过程中光盘与托盘发生摩擦，很容易使光盘产生划痕。

(3) 光盘盘片不宜长时间放置在光驱中。当不使用光盘时，应及时将光盘取出，以减少磨损。因为有时光驱即使已停止读取数据，但光盘还会转动。

(4) 光驱对防尘的要求很高，灰尘同样会损坏光驱，因此应保持光盘清洁。尽量不要使用脏的、有灰尘的光盘，而且每次打开光驱后要尽快关上，不要让托盘长时间露在外面，以免灰尘进入光驱内部。

(5) 不要使用劣质的光盘或已变形的光盘，如磨毛、翘曲、有严重刮痕的光盘，使用这些光盘不仅不能读取数据，反而损坏光驱。

(6) 在清洗激光头的过程中，千万不要用酒精，这样会腐蚀激光头。

(7) 不要对 IDE 接口的光驱进行热插拔。其实不光是指光驱，几乎所有 IDE 设备都是不允许进行热插拔操作的，电脑死机是一方面，如果光驱正在读盘时进行热插拔，是很容易损坏激光头物镜的，而且是越高速的光驱越危险！虽然电路部分因此损坏的概率非常小，但也确实可能发生。所以，一定要等主机断电后再对光驱进行插拔操作。

(8) 不要用手将光盘托盘推进仓内。很多人都习惯用手直接将光盘托盘推进仓内，这样做虽然不会对激光头造成不好的影响，但对光驱的进、出仓机械部分是有很大危害的，这会加速机械部件的磨损和老化，所以最好使用"托盘进、出键"来关上仓门。现在已经有专门控制进、出托盘的软件了，动动鼠标即可实现。

(9) 最好不要使用光驱来玩光盘游戏。别看放 VCD 盘没事，但放光盘游戏就是另一个性质了，VCD 盘无论使用什么速率的光驱都只是运行在倍速下，可游戏光盘就是全速了，这对于光驱内的很多机械部件和激光头组件都是不利的，所以建议最好使用虚拟光驱来玩光盘游戏。

(10) 光驱两次读不出来的盘就不要再强行读盘了。在读绝大多数光盘都没问题的前提下，如果某张光盘从表面看上去并没有什么问题，但就是无法读出来，这可能是光盘有质量问题或表面有杂物或背面数据面有损坏的地方，对于这样的盘就是不断地读也是没有意义的。当然，还加速激光头老化，所以一定要认真检查一下光盘以做相应的处理。

(11) 要定期、正确清洁激光头物镜。这可以说是一个常识性问题，但还是不得不再说一下，因为很多人使用方法都有不妥之处。关于清洁方法，有说用脱脂棉蘸酒精来擦的，有说用干脱脂棉棒来擦的，有说用脱脂棉蘸水来擦的。在这 3 种方法中，后两种是正确的，其中最科学的是第二种方法，只有第一种做法是错误的，原因很简单，酒精是有机物，而激光头物镜是不允许使用任何有机清洁剂的，虽然有人说长期使用酒精没出过问题，但一旦出问题就会造成一定的麻烦。而且自来水和矿泉水都不能使用，这样的水很有可能含有过多的杂质，如果来回擦拭的话就很有可能造成物镜的轻微划痕(概率并不是很高)，但使用纯净水和蒸馏水是没有问题的。

> **注意：** 内置式光驱最好半年或一年进行一次清洁，这是保养中最为重要的一个环节。当然，对于那些只有使用专用光盘盒才能将光盘放入光驱的进口外置光驱来说，这一保养没有任何实际意义——其内部有一个自动清洁物镜的软毛刷，每进出一次光盘都会对激光头物镜进行一次除尘，所以物镜并不会被灰尘所污染。

5.3.5　CRT 显示器的使用与维护

1. 定期除尘

在 CRT 显示器的维护保养中，最重要的环节就是要定期除尘。在一些污染较严重的地区，要在半年左右进行一次机内除尘(一般地区一年左右除一次尘就行)，尤其是那些污染源为可吸入颗粒物的地区。显示器内有高压和很多的热量，而它们又都是显示器吸附灰尘的重要原因，另外，灰尘的导热性是非常差的，久而久之一些元件在所难免地会因为热量散发不出去而出现虚焊故障，有些元件的虚焊又会造成某些重要元件损坏，所以除尘是非常有必要的。

另外，防尘也是非常有必要的，平时要保持显示器周围的洁净，即在关机状态下用尽量干的湿抹布将电脑桌及显示器周围擦干净(两天擦一次即可)，这可较有效地减少灰尘进入显示器内部；在不使用显示器的时候用一个电视机罩(市场有售或自制)将显示器罩好，这样做可明显减少机内灰尘，这一方法对那些将计算机放在卧室的用户来说效果显著。

2. 远离潮湿

如果房间内的湿度过高，会造成图像模糊、某些元件接触不良，甚至损坏高压包等，所以，尽量保持室内湿度不要太高，这样做可有效防止上述故障的出现。较有效的防潮措施如下：不要在有计算机的房间内养花草；不要在有计算机的房间内烧水做饭；向地面洒水和拖地时不要打开计算机主机和显示器；尽量不要在显示器附近放热水等。以上所述的防潮措施如果不能做到的话，虽然在短期内不会对显示器造成明显的危害，但日久天长就会给显示器带来使用隐患。

3. 避光摆放

显示器的显示屏一定要背向阳光，千万不要将显示屏正对着阳光，以免显像管的荧光粉过早老化。显示器应尽量放在距离磁场远一点的地方，比如，远离家庭影院中的大功率音箱和一些带有中、高功率电机的电器等。其实显示器并不是那么容易就被磁化，只要保证每次关机后能将显示器的交流电源切断并遵循以上所述内容，就基本能够保证显示器不被磁化。

4. 屏幕清洁

显示器的显示屏每隔两三个月就要擦一次。方法是用脱脂棉或纱布口罩轻轻干擦，用鹿皮的效果最好,不易擦掉的污垢可用嘴哈气将显示屏弄潮再擦,千万不要用任何化学清洁液和自来水,实在不易擦除的污垢可用少许纯净水。显示屏吸附灰尘的现象也非常严重,时间一长就会给人一种对比度和亮度下降的感觉,而且清晰度也会随对比度的下降而下降,可是无论如何提高对比度也无济于事,要提高显示器的亮度,这样做对眼睛、对显示器都是不利的,这时不妨擦一擦显示屏。如果在开机状态下擦的话,可以发现清晰度和对比度有明显的变化,但建议大家还是在关机状态擦拭,开机后也能明显看出差别。

5. 不要超频

分辨率和刷新率不要设得太高,更不要进行所谓的"超频"使用,那样做是毫无好处的。17 英寸显示器将分辨率设成 1024 像素×768 像素即可,刷新率在 75Hz 或 85Hz 也就能满足要求了。至于色深建议选用 32 位真彩色,当然,如果计算机配置太低的话还是选用 16 位增强色较好;如果是早期的 15 英寸显示器的话,还是用 800 像素×600 像素的分辨率、75Hz 刷新率较好。

6. 通风散热

显示器的散热也是十分重要的,其实除尘就是为了散热。有的人为了防止灰尘进入机内而在显示器上放一块布或其他一些诸如书本之类的东西来遮住机顶散热孔,其实这样做比灰尘进入机内还要命。由于热空气是向上升的(热气球和孔明灯就是利用这个原理),所以如果将上面堵住了,热量就非常不易散去了,长此以往,各种元件(包括显像管在内)就会因长期工作在高温下而过早老化或造成虚焊故障。

7. 善用显示器维护工具

善用各类显示器维护工具,如 Display Tuner、显示器最佳模式自动设置软件 autodisplaymode 等,可提高系统显示效能。

5.3.6 液晶显示器的使用与维护

1. 避免屏幕内部烧坏

CRT 显示器会因为长期工作而烧坏,LCD 也如此。所以一定要记住,如果在不用的时候,一定要关闭显示器,或者降低显示器的显示亮度,否则时间长了,就会导致内部烧坏或者老化。这种损坏一旦发生就是永久性的,无法挽回,所以一定要引起足够的重视。另外,如果长时间地连续显示一种固定的内容,就有可能导致某些 LCD 像素过热,进而造成内部烧坏。

2. 保持环境的湿度

不要让任何具有湿气的东西进入 LCD。发现有水汽,要用软布将其轻轻地擦去,然后才能打开电源。如果水汽已经进入 LCD 了,就必须将 LCD 放置到较温暖而干燥的地方,以便让其中的水分和有机物蒸发掉。对含有湿气的 LCD 加电,能够导致液晶电极腐蚀,进而造成永久性损坏。

3. 正确清洁显示屏表面

液晶显示器用得久了，屏幕也会变得脏兮兮的，所以，液晶显示器的表面也要定期清洁。正确的清理方法是拿蘸有少许玻璃清洁剂的软布小心地把污迹擦去(实在没有清洁剂就用水)，擦拭时力度要轻，否则显示器屏幕会因此而短路损坏。在这一过程中千万不要让水流到屏幕与屏幕框的接口中，以免短路烧坏显示器。也不要用硬质毛巾擦洗屏幕表面，以免将屏幕表面擦起毛而影响显示效果。清洁显示屏还要定时定量，频繁擦洗也是不对的，那样同样会对显示屏造成一些不良影响。

4. 避免不必要的震动

LCD 屏幕十分脆弱，所以要避免强烈的冲击和震动。LCD 差不多就是用户家中或者办公室中所有用品中最敏感的电气设备。LCD 中含有很多玻璃的和灵敏的电气元件，掉落到地板上或者其他类似的强烈打击会导致 LCD 屏幕以及 CFL 单元的损坏。还要注意不要对 LCD 显示器表面施加压力。

5. 切勿拆卸

液晶显示器的功耗比较小，但液晶显示器后面的变压器的电压还是很高的，因此切勿拆卸 LCD。即使在关闭了很长时间以后，背景照明组件中的 CFL 换流器依旧可能带有大约 1000V 的高压，这种高压能够导致严重的人身伤害。所以，尽量不要拆卸或者更改 LCD 显示屏，以免遭遇高压。未经许可的维修和变更会导致显示屏暂时甚至永久不能工作。

6. 杜绝使用中的坏习惯

最大的坏习惯就是经常用手对屏幕指指点点。液晶显示器很脆弱，用手在上面指指点点就会留下痕迹，而且很难擦除，所以不要随便地乱动，更不要拿着玻璃之类的硬物比画，以免划伤显示器。

7. 液晶屏维护工具

善用各类维护工具，如 Display Test、LED 显示屏测试软件 Nokia_Test 等，维护液晶屏有助延长其使用寿命。

归根结底，不同原理的显示器应当使用不同的保养方法，液晶显示器的最好休息方式就是关闭显示器。

总之，在液晶显示器的使用过程中，要倍加小心，采用推荐的最佳分辨率，让显示效果达到最佳。如果保养得比较好的话，一台液晶显示器完全能够用上 10 年。

> 注意：在液晶显示器中，唯一会逐渐消耗掉的零件就是显示器的背景照明灯。在长期使用后，你可能会发现屏幕不再那么明亮，或者干脆就是一片漆黑，这不是什么严重的问题，只要换个新的背景照明灯就可以了。

5.3.7　电源的使用与维护

计算机的电源是主板、CPU、硬盘、内存等其他部件的动力来源，没有电源计算机也就无法工作。主机开关电源的稳定性高低、输出电压的准确与否、输出电流的质量高低，都关系着计算机是否能够正常工作，能否长时间运行。所以，购买计算机时，不能为了省钱，购买廉价的电源，造成系统在今后的工作中不稳定或出现一些奇怪的故障，而且还可能造成主板、硬盘或 CPU 损坏等严重损失，所以在日常的使用中要注意以下几个方面。

1. 保证空气流通

在计算机的使用过程中，应为主机保留一定的空间，使空气流畅，使主机工作时产生的热量能够正常散出。同时，在主机工作时，必须取下防尘罩。如果在主机工作时，发现电源的风扇停止工作，这时必须马上关机，防止电源烧毁甚至造成其他更大的损失。

2. 不要频繁开机

电源在开机的瞬间，会有很大的冲击电流，容易造成元器件的损坏。所以，当我们关机后，最好等 10 秒左右再进行第二次开机。

3. 定期检查

为了保障计算机能够正常稳定地工作，应该定期检查电源风扇是否正常工作，一般为 3～6 个月。因为如果风扇停转或者速度变慢，这时电源的温度或机箱内的温度及 CPU、北桥、显卡的温度会升高，造成系统频繁死机或重启，无法正常工作。如果有可能的话，选购替换风扇时，最好选购工业标准的滚珠轴承风扇，而不要选购一般的含油轴承风扇，这样可以保证计算机长时间无故障地稳定工作。

4. 定期清洗电源

电源在使用一年左右时，最好打开电源，用毛刷清除电源内部的灰尘，同时为电源风扇加油润滑。电源在长时间工作中，由于空气流动会有很多灰尘积聚在电源内，造成散热不良，同时灰尘过多，在潮湿的环境中也会造成电路短路，因此为了系统正常稳定地工作，对计算机应定期除尘。但要特别注意安全，建议在专业人员指导下拆装电源。

5.3.8 键盘和鼠标的使用与维护

1. 光电鼠标的正确使用

所有的计算机配件中，鼠标和我们的手是最密不可分的，计算机的大部分操作都是通过鼠标来实现的。鼠标在长时间、高频率的使用下，很容易损坏。要想延长鼠标的工作寿命，就要注意正确的使用方法和必要的日常维护。现在大部分的用户使用光电鼠标，虽然光电鼠标不用担心灰尘的影响，但日常使用时也要注意一些事项。

1) 防尘

灰尘导致鼠标故障的现象屡见不鲜，一旦有过多的灰尘遮挡住"光头"，那么鼠标的移动精度就大幅度下降，因此对鼠标要注意防尘。

2) 选择合适的鼠标垫

鼠标垫太轻或与桌面之间的摩擦系数太小会致使鼠标垫随着鼠标的移动而移动。这样就会造成一种情况：当需要做较剧烈的动作时，稍一用力，鼠标垫就会移动，不利于鼠标的使用。有许多人不喜欢用鼠标垫，但是有不少廉价的或者自己打造的电脑桌的反光程度和平滑度不符合要求。如果电脑桌的反光程度过大，那么鼠标就非常不容易移动；如果平滑度不够，那么鼠标移动起来也会很困难。

3) 保护好鼠标"滑垫"

鼠标的底部一般有 2～4 个耐磨滑动垫，因长时间的使用、磨损或被人为损坏，会导致高度偏离正常位置，影响鼠标正常使用，所以要保护好鼠标"滑垫"。

4) 不要强光照射

当移动不平滑时，一般是因为有强光照射，建议在相对正常的可见光下使用。

5) 注意使用力度

按下鼠标按键时不要用力过度，并避免摔碰鼠标，以免损坏弹性开关或其他部件。而且光电鼠标中的发光二极管、光敏三极管都是怕震动的配件，使用时要注意尽量避免强力拉扯鼠标连线。

2．键盘的使用与维护

键盘由于使用频繁而成为故障率较高的外部设备之一，因此在我们平常的使用中要细心维护，重点要注意以下几点。

1) 注意防潮气、灰尘

现在大部分的键盘都采用塑料薄膜开关，非常容易受潮腐蚀，沾染灰尘也会使键盘触点接触不良、操作不灵。如果发生上述两种情况后可以打开键盘的后盖，先用棕刷或吸尘器将脏物清除出来，然后用电吹风均匀加热或自然晾干除潮即可。我们还要尽量保持工作场所的干净整洁，特别是键盘周围要干净；不要在计算机附近吸烟、吃东西；不要把喝水的杯子放在键盘附近；定期地用纯酒精擦洗键盘；键盘不用时，要盖上保护罩。

2) 不要随意拖拽

日常的使用中一定注意键盘轻拿轻放，不可暴力捅拽损伤键盘线，否则计算机会出现线路接触的故障，重则造成键盘无法使用。

3) 慎重热插拔

一般使用 USB 接口的键盘可以支持热插拔。但是 AT 和 PS/2 接口的键盘并不支持此项功能，如果带电插拔非常容易损坏键盘或主板的键盘接口，因此这类接口的键盘应关机后再行更换。

5.4　软件系统维护

5.4.1　软件日常维护

计算机已经成为生活、工作中不可缺少的工具。虽然现在 Windows 系统的稳定性越来越好，但是为了保证计算机的正常使用并保证我们的重要资料不受损失，需要做好如下几点。

1．定期整理硬盘

定期整理硬盘可以提高速度，如果碎片积累过多不但访问效率下降，还可能损坏磁道。

通常我们只要一个月进行一次扫描即可。但不要经常整理硬盘，这样也会有损硬盘的使用寿命。

一般可以使用 Windows 系统自身提供的"磁盘碎片整理"和"磁盘扫描程序"对磁盘文件进行优化。也可以用相应的应用软件来实现该功能，例如，Norton Utilities 提供的 Norton disk doctor 和 Norton speed disk，都是由 Symantec 推出的磁盘维护工具，其显著特点是运行速度快，功能强大，Norton speed disk 的磁盘碎片整理速度比 Windows 内置的同类工具要快出十几倍，而且程序提供了非常多的优化控制，是一个非常值得使用的工具。这两个工具的使用方法都非常简单，只需要选择好需要进行磁盘扫描或优化的驱动器，并执行相应程序界面中的命令即可开始操作。此外，除了进行磁盘文件排列的优化和错误扫描，还可以使用 Windows 自身提供的"磁盘清理工具"或 Norton Utilities 提供的 space wizard 对磁盘中的各种无用文件进行扫描。它们都可以非常安全地删除系统各路径下存放的临时文件、无用文件、备份文件等，完全释放磁盘空间。

2. 及时打上系统补丁

虽然 Windows 与多种硬件、软件都能完美地配合工作，但是系统的缺陷(bug)还是不停地出现，微软公司也不停地推出 Windows 补丁来修正。可以到微软网站的 Windows 更新查看最新的系统补丁程序，特别是比较重要的补丁程序是一定要及时补上的。比如冲击波病毒和震荡波病毒就是利用系统漏洞来进行攻击。

3. 维护系统注册表

Windows 的注册表是控制系统启动、运行的最底层设置，其文件为 Windows 安装路径下的 system.dat 和 user.dat。这两个文件并不是以明码方式显示系统设置的，普通用户根本无从修改。如果经常地安装、卸载应用程序，这些应用程序在系统注册表中添加的设置通常并不能够彻底删除，时间长了会导致注册表变得非常大，系统的运行速度就会受到影响。目前市面上流行的专门针对 Windows 注册表的自动除错、压缩、优化工具也非常多，可以说 Norton Utilities 提供的 Win Doctor(Windows 医生)是比较好用的，它不但提供了强大的系统注册表错误设置的自动检测功能，而且提供了自动修复功能。使用该工具，即使对系统注册表一无所知，也可以非常方便地进行操作，因为只需使用鼠标单击程序界面中的 Next 按钮，就可完成系统错误修复。

另外，对系统注册表进行备份是保证 Windows 系统可以稳定运行、维护系统、恢复系统的最简单、最有效的方法。所以要经常对注册表进行备份，如果系统有问题，可以及时恢复注册表。具体操作可以参见本书 5.4.3 节。

4. 正确卸载程序

将不需要的程序文件夹拖动到回收站这样简单地将程序删除，可能会留下桌面图标、不需要的驱动，或者可能损坏其他应用软件使用的共享文件等问题。

对于 Windows 系统，一般每个 Windows 程序都会在系统上记录资料，或是在 Windows 的反安装工具中产生一个 log 记录，Windows 会记录系统新增了哪些文件，列出对系统设定所做的任何变更。所以，正确的删除方法是利用控制面板中的"添加/删除程序"或程序自带的卸载工具卸载程序，Windows 会删除该程序的所有资料和它对系统所做的修改。

5. 清理 system 路径下无用的 DLL 文件

这项维护工作是影响系统能否快速运行的一个至关重要的因素。应用程序安装到 Windows 系统后，通常会在 Windows 的安装路径下的 system 文件夹中复制一些 DLL 文件。而当将相应的应用程序删除后，其中的某些 DLL 文件通常会保留下来。当该路径下的 DLL 文件不断增加时，将在很大程度上影响系统整体的运行速度。对于普通用户来讲，进行 DLL 文件的删除是非常困难的。

针对这种情况，建议使用 clean system 自动 DLL 文件扫描、删除工具，只要在程序界面中选择可供扫描的驱动器，然后单击界面中的 start scanning 按钮就可以了。程序会自动分析相应磁盘中的文件与 system 路径下的 DLL 文件的关联，然后给出与所有文件都没有关联的 DLL 文件列表，此时可单击界面中的 OK 按钮进行删除和自动备份。

6. 防毒和杀毒

随着 Internet 的日益普及，在享受网络带来的大量信息的同时，计算机不可避免地会染上病毒。对于计算机病毒，主要采取以"防"为主，以"治"为辅的方法。

这里所说的"防"有两种：一种"防"主要指提高病毒防范意识，比如尽量不要使用盗版软件和来历不明的软件，不要浏览那些非法的网站，不要随意复制、使用来历不明的 U 盘、光盘等；另外一种"防"是安装防火墙软件，并且要打开防火墙的实时监控软件，虽然这样会占用部分内存，但是可在一定程度上避免感染病毒。

这里所说的"治"是指安装杀毒软件查杀病毒，现在的杀毒软件有很多种，可以根据自己的需要安装一种或者几种。不过，不管使用哪种杀毒软件，应该选用正版的杀毒软件，而且要及时对杀毒软件进行升级，因为病毒的变异是非常快的。

7. 做好系统备份

不管系统有多可靠，总会发生一些意想不到的事情导致系统数据丢失，例如硬件故障或人为操作失误等。因此，使用备份来保护数据是一种非常重要的手段，尤其是在系统数据非常重要的时候。经常进行数据备份能够减少偶然破坏造成的损失，保证系统能够从错误中恢复正常运行，具体操作可以参见本书 5.4.2 节。

5.4.2　系统备份与还原

防止数据丢失的最好办法就是做好备份，等到系统出现故障或者数据丢失时，直接还原就可以了。现在对系统或者数据备份的方法有很多，最常见的系统备份软件是 GHOST，下面我们介绍 GHOST 的安装与使用。

1. 安装 GHOST

(1) 确认第一硬盘为 IDE 硬盘，如果是 SATA(串口)硬盘要在 BIOS 中设置为 Compatible Mode(兼容模式)。如果正在挂接第二硬盘、USB 移动硬盘、U 盘，应该先暂时拔掉。

(2) 双击"一键 GHOST 硬盘版.exe"图标，打开 GHOST 安装程序，如图 5.4 所示。

(3) 单击"下一步"按钮，直到最后单击"完成"按钮，如图 5.5 所示。

图5.4 一键GHOST欢迎界面

图5.5 安装完成

2. 设置选项

(1) 选择"开始"|"程序"|"一键 GHOST"|"选项"命令,弹出"一键 GHOST 选项"对话框,如图 5.6 所示。

(2) 在"登录密码"选项卡中设置登录密码。

(3) 切换到"引导模式"选项卡,设置引导模式,如图 5.7 所示。

图5.6 "登录密码"选项卡

图5.7 "引导模式"选项卡

这 4 种模式分别适用于不同类型的计算机,请大家根据自己的情况选择。

3. 运行 GHOST

在 Windows 下运行"开始"|"程序"|"一键 GHOST"|"一键 GHOST"命令,根据具体情况(映像是否存在等)会自动显示不同的窗口。

可以使用"一键备份 C 盘"(确保计算机正常无毒的情况下运行)功能,如图 5.8 所示。

也可以使用"一键恢复 C 盘"功能,如图 5.9 所示(在杀毒、清除卸载类软件使用无效后,再使用本恢复功能)。

如果不能进入系统在 Windows 下使用,可以利用如下步骤,在 DOS 系统下对磁盘进行备份或者恢复。

首先,开机或重启选择开机引导菜单"一键 GHOST"选项,如图 5.10 所示。

图5.8 "一键备份C盘"对话框　　　　图5.9 "一键恢复C盘"对话框

图5.10 开机引导画面

软件根据具体情况会自动显示不同的窗口，如果没有备份文件，则会出现如图 5.11 所示界面，如果已经备份过了，则会弹出如图 5.12 所示界面。

图5.11 DOS下一键备份C盘　　　　图5.12 DOS下一键恢复C盘

5.4.3 注册表的维护

注册表是 Windows 操作系统的核心。它实质上是一个庞大的数据库，存放有计算机硬件和全部配置信息、系统及应用软件的初始化信息、应用软件和文档文件的关联关系、硬件设备说明以及各种网络状态的信息和数据。可以说，计算机上所有针对硬件、软件、网络的操作都是源于注册表的。

Windows 7 的注册表同样是以树形结构组织的。它由两个注册表子目录树组成：

HKEY_LOCAL_MACHINE 和 HKEY_USERS。为了使注册表中的信息更易于查找，Windows 预定义了 5 个子目录树。

每个根项名均以 HKEY_ 打头，以便向软件开发人员指出这是可以由程序使用的句柄。句柄是一个数值，用来识别资源便于程序进行访问。

由于注册表是树形结构的，因此可以将注册表里的内容分为树枝和树叶。树枝下可以有多个树枝，也可以有多个树叶。这个树枝，我们把它叫作"项"，树叶叫作"值项"。值项包括 3 部分：值的名称、值的数据类型和数值本身。

注册表内的所有信息都是存放在 system.dat、user.dat 文件中的，其中，system.dat 文件包含了所有的硬件信息和软件信息，user.dat 包含了用户信息。如果在系统中配置了两个或两个以上的用户，在 Windows\Profile\用户名目录中还存放有各个用户的 user.dat 文件，这些文件都是二进制数据文件，修改注册表实际上就是对上述的 3 个文件进行修改。但是，用户不能对这些二进制数据文件进行直接修改，而必须要借助于注册表编辑器。注册表编辑器实际上就是查看和修改这些注册表文件的图形界面。

1. 启动注册表编辑器

启动 Windows 7 注册表编辑器的方法是：选择"开始"|"搜索程序和文件"命令，在对话框的文本框中输入"regedit"，然后单击选中注册表编辑器，注册表编辑器就会被运行起来，如图 5.13 所示。

图5.13　注册表编辑器主界面

2. 新建注册表项

新建注册表项和值项，可执行下列操作。

(1) 打开"注册表编辑器"，选定要新建注册表项或值项的注册表项。

(2) 若要在该注册表项下面新建一个子项，可选择"编辑"|"新建"|"项"命令，即可新建一个子项，该新建的子项被命名为"新项#?"(其中"?"从 1 开始依次递增)，如图 5.14 所示。

(3) 若要新建值项，可选择"编辑"|"新建"|"字符串值""二进制值""DWORD 值""多字符串值"或"可扩充字符串值"命令，产生值项如图 5.15 所示。其中各命令项的类型如下。

- 字符串值：新建值项类型为 REG_SZ。
- 二进制值：新建值项类型为 REG_BINARY。

- DWORD 值：新建值项类型为 REG_DWORD。
- 多字符串值：新建值项类型为 REG_MULTI_SZ。
- 可扩充字符串值：新建值项类型为 REG_EXPAND_SZ。

图5.14　新建注册表项　　　　　　　　图5.15　新建值项

3. 修改注册表项

修改注册表值项的操作步骤如下。

(1) 打开"注册表编辑器"，双击需要更改的值项的名称，或右击鼠标，在弹出的快捷菜单中选择"修改"命令。

(2) 若要修改的值项类型为"字符串值"，则弹出"编辑字符串"对话框，如图 5.16 所示。

图5.16　"编辑字符串"对话框

(3) 在该对话框中的"数值名称"文本框中可更改该值项的名称；在"数值数据"文本框中可更改值项的数据。修改完毕后，单击"确定"按钮即可。

(4) 若要修改的值项类型为"二进制值"，则弹出"编辑二进制数值"对话框，如图 5.17 所示，在"数值数据"文本框中可改变值项的数据。

(5) 若要修改的值项类型为"DWORD 值"，则弹出"编辑 DWORD 值"对话框，如图 5.18 所示，在"数值数据"文本框中可更改值项的数据；在"基数"选项组中可选择以十六进制为基数，或以十进制为基数。

(6) 若要修改的值项类型为"多字符串值"，则弹出"编辑多字符串"对话框，如图 5.19 所示，在该对话框中的"数值数据"文本框中可修改值项的数据。

(7) 若要修改的值项类型为"可扩充字符串值"，则弹出"编辑字符串"对话框，在"数值数据"文本框中可更改值项的数据。

(8) 修改完毕后，重启计算机即可。

图5.17 "编辑二进制数值"对话框

图5.18 "编辑DWORD值"对话框

图5.19 "编辑多字符串"对话框

4. 删除注册表项

若要删除注册表项或值项,可执行下列步骤。

(1) 选定要删除的注册表项或值项。

(2) 选择"编辑"│"删除"命令,或右击鼠标,在弹出的快捷菜单中选择"删除"命令。

(3) 弹出"确认数值删除"对话框,如图 5.20 所示。

(4) 单击"是"按钮,即可将该注册表项或值项删除。

图5.20 确认删除

5. 注册表的备份及还原

注册表对于计算机来说是非常重要的,如果注册表受到了破坏,轻者影响 Windows 系统的启动和运行,重者将会导致整个系统瘫痪,因此对注册表的定期备份是非常有必要的。注册表的备份方法有很多,可以直接保存 system.dat、user.dat 这两个文件,也可以利用注册表编辑器的"导入/导出"功能。另外,还可以借助一些常用的注册表备份软件。这里只介绍利用注册表编辑器的"导入/导出"功能备份、还原注册表。

注册表提供了"导入/导出"功能,这是最方便的备份/还原注册表的方法,步骤如下。

(1) 在"开始"菜单中选择"运行"命令,打开"运行"对话框,输入"regedit",单击"确定"按钮,打开注册表编辑器。

(2) 在"文件"菜单中选择"导出"命令,弹出如图 5.21 所示的对话框,在"导出范围"选项组中选中"全部"单选按钮,根据需要选择保存的路径,然后在"文件名"文本框中输入合适的名字即可。

图5.21　"导出注册表文件"对话框

注意: 如果只想保存注册表中的某个项,在导出范围中选择"所选分支"即可。

(3) 设置完毕,单击"保存"按钮即可。

(4) 如果想要还原注册表,只要打开注册表编辑器,在"文件"菜单中选择"导入"命令,选择要导入的文件即可,如图 5.22 所示。

图5.22　"导入注册表文件"对话框

5.5 系 统 优 化

计算机需要经常维护，以保障计算机能正常使用。如果要使计算机系统保持新机器般的性能，养成良好的定期优化系统习惯就非常重要。

5.5.1 优化操作系统

Windows 是现在应用最广泛的操作系统，稳定、功能强大的操作系统，初装时运行速度快，但是随着时间的推移，系统运行会越来越慢，而且经常出现一些莫名其妙的错误，为了避免这些情况，要通过一定的措施对系统进行优化。

下面详细介绍一些 Windows 操作系统的优化技巧。

1. 使用朴素界面

安装后默认的界面包括任务栏、开始菜单、桌面背景、窗口、按钮等都采用的是 Windows 的豪华、炫目的风格，但缺点显而易见，它们将消耗掉不少系统资源，而实用意义不大。

优化方法如下。

(1) 用鼠标右键单击桌面空白处，在弹出的快捷菜单中选择"属性"命令，进入"显示 属性"对话框，如图 5.23 所示。

图5.23 "显示 属性"对话框

(2) 将"主题""外观"都设置为"Windows 经典"，将桌面背景设置为"无"，单击"确定"按钮保存退出。

2. 减少启动时加载项目

许多应用程序在安装时都会自作主张添加至系统启动组，每次启动系统都会自动运行，这不仅延长了启动时间，而且启动完成后系统资源已经被占用不少！可以通过手动选择取消一部分不经常使用的程序，释放系统资源，方法如下。

选择"开始"|"搜索程序和文件"命令，输入"msconfig"，打开"系统配置实用程序"对话框，切换到"一般"选项卡，如图 5.24 所示，在此对话框列出了系统启动时加载的项目及来源，仔细查看是否需要它们自动加载，否则取消选中项目前的复选框，加载的项目愈少，启动的速度自然愈快。此项设置需要重新启动计算机才能生效。

图5.24 "系统配置实用程序"对话框

3. 关掉不必要的服务

选择"开始"|"控制面板"命令，打开控制面板。依次双击"管理工具"|"服务"图标，打开"服务"窗口后可以看到服务列表，如图 5.25 所示。有些服务已经启动，有些则没有。

图5.25 "服务"窗口

右击要配置的服务，然后在弹出的快捷菜单中选择"属性"命令。在弹出的对话框的"常规"选项卡的"启动类型"下拉列表框中选择"自动""手动"或"禁用"选项。其中，"自动"选项表示每次系统启动时，Windows 都自动启动该服务；"手动"选项表示 Windows 不会自动启动该服务，而是在你需要该服务时手动启动该服务；而"禁用"选项则表示不允许启动该服务。在实际配置时，选择"手动"或者"禁用"都可以实现关闭该服务的目的，推荐使用手动功能，这样你随时可以启动一些临时需要的服务。

有些服务是 Windows 所必需的，不能关闭，否则将会造成系统崩溃。至于各项服务的功能，我们可以通过双击该服务或将鼠标指针悬停在该服务名上查看。具体服务的说明浅显，应该能看得懂，可以自己选择所需服务。修改的方法是：选中要禁用的服务，右击鼠标，在弹出的快捷菜单中选择"停止"命令，将"启动类型"设置为"手动"或"禁用"。

4. 优化视觉效果

在控制面板中双击"系统"图标，在打开的"系统属性"对话框中，切换到"高级"选项卡，单击"性能"选项组中的"设置"按钮，打开"性能选项"对话框，如图 5.26 所示。选中的效果越多则占用的系统资源越多，选中"调整为最佳性能"单选按钮将关闭列表中列出的诸如淡入淡出、平滑滚动、滑动打开等所有视觉效果。

图5.26　"性能选项"对话框中的"视觉效果"选项卡

5. 删除 Windows 强加的附件

(1) 用记事本 Notepad 修改 Windows\inf\sysoc.inf。单击"编辑"菜单中的"替换"命令，弹出"替换"对话框，在"查找内容"文本框中输入",hide"，将"替换为"文本框设为空，并单击"全部替换"按钮，这样就把所有的",hide"都去掉了。

(2) 存盘退出。

(3) 再运行"添加或删除程序"命令，在打开的"添加或删除程序"对话框中单击"添加/删除 Windows 组件"图标，打开"Windows 组件向导"对话框，就会在"组件"列表中看到多出了几个选项；可以在这里删除一些没有用的附件。

6. 关闭系统还原

默认情况下系统还原功能处于启用状态，每个驱动器被占用高达 4%~12% 的硬盘空间，并且系统还原的监视系统会自动创建还原点，这样在后台运行就会占用较多的系统资源。

通过手动关闭"系统还原"，可以释放不少的资源。右击桌面"我的电脑"图标，在弹出的快捷菜单中选择"属性"命令，进入"系统属性"对话框，切换到"系统还原"选项卡，选中"在所有驱动器上关闭系统还原"复选框，如图 5.27 所示。

图5.27 关闭系统还原

7. 加速关机

(1) 缩短等待时间。

开启注册表编辑器，找到 HKEY_LOCAL_MACHINE\System\CurrentControlSet\Control 键，将 WaitToKillServiceTimeout 值设为 1000 或更小(原设定值为 20 000)。找到 HKEY_CURRENT_USER\Control Panel\Desktop 键，将右侧视窗的 WaitToKillAppTimeout 值改为 1000(原设定值 20 000)，即关闭程序时仅等待 1s。将 HungAppTimeout 值改为 200(原设定值为5000)，表示程序出错时等待 0.5s。

(2) 让系统自动关闭停止回应的程式。

打开注册表 HKEY_CURRENT_USER\Control Panel\Desktop 键，将 AutoEndTasks 值设为 1(原设定值为 0)。

8. 加快菜单显示速度

运行注册表编辑器，找到 HKEY_CURRENT_USER\Control Panel\Desktop，将名称为 MenuShowDelay 的数据值由原来默认的 400 修改为 0，修改后 Windows 的开始菜单甚至应用软件的菜单显示速度都会明显加快。

9. 不加载 DLL 文件

浏览器在使用之后往往会有部分 DLL 文件在内存中缓存很长一段时间，相当大一部分内存会被不用的 DLL 文件占用。为了防止这种事情发生，找到注册表的 HKEY_LOCAL_MACHINE\SOFTWARE\Microsoft\Windows\CurrentVersion\Explorer，建立一个名为 AlwaysUnloadDLL、值为 1 的双字节值。如果想要去除这项优化，只需把该键值设为 0(也可以把键删掉)。

注意： 该项优化要在 Windows 系统重新启动后才生效。

10. 启用 DMA 传输模式

所谓 DMA，即直接存储器存储模式，指计算机周边设备(主要指硬盘)可直接与内存交换数据，这样可加快硬盘读写速度，提高数据传输率。方法如下：右击"我的电脑"图标，在弹出的快捷菜单中选择"属性"命令，打开"系统属性"对话框，切换到"硬件"选项卡，单击"设备管理器"按钮，打开"设备管理器"窗口，其中 IDE 控制器有两项：主要 IDE 通道及次要 IDE 通道。分别右击这两项，在弹出的快捷菜单中选择"属性"命令，在各自打开的 IDE 通道属性对话框中切换到"高级设置"选项卡，可以看到目前 IDE 接口所连接设备的传送模式，在"传送模式"下拉列表框中选择"DMA(若可用)"选项，如图 5.28 所示。

图5.28　IDE传送模式设置

11. 移动临时文件存储路径

多数应用软件在运行时都会产生临时文件，而且这些临时文件都默认保存于启动分区 C 盘，长时间频繁读写 C 盘极易产生大量文件碎片，从而影响 C 盘性能，而 C 盘又是存储系统启动核心文件的分区，C 盘的性能直接影响到系统的稳定性与运行效率。应尽量将应用软件安装于启动盘以外的分区并定期对硬盘进行整理，此举可最大限度地避免产生磁盘碎片，将启动或读写速度保持在最佳状态。

(1) 移动 Internet Explorer 临时文件夹。

在 IE 浏览器中，选择"工具"|"Internet 选项"命令，在"常规"选项卡的"Internet 临时文件"选项组中单击"设置"按钮，打开"设置"对话框，如图 5.29 所示。单击"移动文件夹"按钮将原来保存于 C 盘的临时目录移动至 C 盘以外的驱动器中。

图5.29　"设置"对话框

(2) 移动刻录时产生的临时文件。

文件在刻录之前都会保存于 C 盘的临时文件夹中。右击"此电脑"图标，进入资源管理器，选择刻录机盘符并右击鼠标，在弹出的快捷菜单中选择"属性"命令，打开属性对话框，在"录制"选项卡下可将临时文件夹安置于其他驱动器。

(3) 移动"我的文档"。

右击"我的文档"图标，在弹出的快捷菜单中选择"属性"命令，在打开的对话框中可将默认的保存路径修改至其他盘符，如图 5.30 所示。

图5.30　"我的文档 属性"对话框

12. 增加虚拟内存

(1) 在 Windows\System32 文件夹中找到并双击 sysdm.cpl 文件，打开"系统属性"对话框。

(2) 切换到"高级"选项卡，在"性能"选项组中，单击"设置"按钮，打开"性能选项"对话框，切换到"高级"选项卡，如图 5.31 所示。

图5.31　"性能选项"对话框

(3) 选中"处理器计划"及"内存使用"选项组中的"程序"单选按钮后，单击"更改"按钮，打开"虚拟内存"对话框，如图 5.32 所示。若计算机的内存大于 256MB，建议禁用分页文件。默认的分页文件为物理内存的 1.5 倍。禁用系统缓存需重新启动系统。如果计算机的内存低于 256MB，就不要禁用分页文件，否则会导致系统崩溃或无法再启动 Windows 系统。

图5.32　"虚拟内存"对话框

13. 设置亮度

"亮度设置得越大越清晰"是错误的，这样做不仅伤害人的眼睛，也会缩短显示器的使用寿命。所以，在平时使用过程中，要将亮度设置到一个比较理想的值，方法如下：

将壁纸设为无并将桌面设为纯黑色，接着将亮度调到最大值，然后向小调节亮度，直到把亮度调节至屏幕上的黑色不再发红或白时为止，即屏幕黑色部分与关机时的亮度一致时，亮度为较理想的亮度。

14. 设置最佳分辨率

传统的 CRT 显示器的显示原理是采用逐行扫描的方式，而液晶显示器的显示原理则完全与 CRT 显示器不一样，它是一种直接的像素一一对应显示方式。工作在最佳分辨率下的液晶显示器把显卡输出的模拟显示信号通过处理，转换成带具体地址信息(该像素在屏幕上的绝对地址)的显示信号，然后再送入液晶板，直接把显示信号加到相对应的像素上的驱动管上，有些跟内存的寻址和写入相类似。如果显卡上有 DVI 接口直接输出到液晶的数字接口上，这种全新的显示方式就没有任何像素损失，可以把显卡输出的信号完美地显示出来。但是，在显示小于最佳分辨率的画面时，液晶显示器则采用两种方式来显示：一种是居中显示，比如最佳分辨率是 1024 像素×768 像素的液晶显示器在显示 800 像素×600 像素的分辨率时，就只是以其中间的 800×600 个像素来显示画面，周围则为阴影，这种方式由于信号分辨率也是一一对应，所以画面清晰，唯一遗憾的就是画面太小；另外一种则是扩大方式，就是将 800 像素×600 像素的画面通过计算方式扩大为 1024 像素×768 像素的分辨率来显示，由于此方式处理后的信号与像素并非一一对应，虽然画面大，但是比较模糊。无论哪种显示方式都不理想，所以建议采用推荐的最佳分辨率！

15. 设置背景屏保

通过设置背景屏保可以较有效地提高显像管寿命。

首先，不要用壁纸，尤其是色彩艳丽的那一种，最好是将桌面"背景"设为无，再将"外观"中的桌面颜色设为纯黑色。

其次，尽量不用屏幕保护。

屏保对液晶显示器是有害的，从 LCD(liquid crystal display)的工作原理看，其核心结构是由两块玻璃基板中间充斥着运动的液晶分子。信号电压直接控制薄膜晶体的开关状态，再利用晶体管控制液晶分子，液晶分子具有明显的光学各向异性，能够调制来自背光灯管发射的光线，实现图像的显示。而一个完整的显示屏则由众多像素点构成，每个像素好像一个可以开关的晶体管。这样就可以控制显示屏的分辨率。如果一台 LCD 的分辨率可以达到 1024 像素×768 像素(XGA)，就代表它有 1024×768 个像素点可供显示。这也就是为什么 LCD 的最佳分辨率固定，LCD 的刷新频率为什么只有 60Hz 的原因。

所以，一部正在显示图像的 LCD，其液晶分子一直是处在开关的工作状态，对于一部响应时间达到 20ms 的 LCD 工作 1 秒，液晶分子就已经开关了几百次左右。而液晶分子的开关次数自然会受到寿命的限制，达到使用寿命 LCD 就会出现老化的现象，比如坏点等。因此，当我们对计算机停止操作时，还让屏幕上显示五颜六色反复运动的屏幕保护程序，无疑使液晶分子依旧处在反复的开关状态。

由于现在很多的屏保制作者为了提高表现力以及色彩的变幻,已经把它当作一个动画来制作,有些甚至是三维动画,还需要图形处理器的配合处理,因此很多庞大的屏保便应运而生,如此的屏保对于计算机的硬件来说成为很大的负担,这就背离了保养计算机的初衷。另外,由于要应付不断变化且色彩细节丰富的屏保,CPU、硬盘和显卡的工作负荷可能比平时一般的应用还要高,如果使用电池供电的笔记本电脑,这样的屏保无疑成了很大负担。

16. 其他常用技巧

虽然 Windows 本身的自动化程度已经很高,但是在使用过程中还是总结出一些经验,这对于提高系统的运行速度也是有效的,例如:

(1) 尽量少在 autoexec.bat 和 config.sys 文件中加载驱动程序,因为 Windows 系统可以很好地提供对硬件的支持,如果必要的话,删除这两个文件都是可以的。

(2) 使用 FAT32 文件系统。这也是一个非常好的方式。虽然 FAT32 并不能提供更快的磁盘数据存取,但是它可以提供更多的磁盘可用空间,使用效果非常好。在此也建议使用 Windows 系统提供的"FAT32 转换器"进行操作。它的优点是可以在不破坏磁盘已有数据的前提下将 FAT16 转换为 FAT32,使用 PartitionMagic 也可以进行 FAT32 转换,这个工具提供的功能更加强大,转换速度也极快。

(3) 定期删除不再使用的应用程序。当系统中安装了过多的应用程序时,对系统的运行速度是有影响的。所以,如果一个应用程序不再被使用了,就应该及时将其删除。对于删除操作,一般我们可以使用程序自身提供的 Uninstall 程序。如果没有提供,在此建议使用 Norton 提供的 Uninstall Deluxe,这是一个极好的工具,其最大优点是删除彻底,并提供系统优化功能,非常值得使用。

(4) 删除系统中不使用的字体。

(5) 关闭系统提供的 CD-ROM 自动感知功能(在"系统"|"设备管理"项中设置)。

(6) 日常使用过程中应该留意最新硬件驱动程序,并及时地更新到系统中,这通常是提高系统性能的有效方法。

综上所述,通过一系列的手动设置,不但可以释放一些资源,而且能让 Windows 10 的运行更快、更稳定、更安全。

5.5.2　系统优化工具

Windows 是一个非常庞大的系统,对 CPU、内存的要求日益提高,加上现在的应用程序越做越大,导致专门为 Windows 及其应用程序优化的工具出现,例如 Windows 优化大师、超级兔子等,都是一些非常好的优化系统运行的工具。此外,现在有很多提供 Windows 增强功能的共享软件出现。这些工具通常都非常小,但是它们在很大程度上填补了系统在这方面的空白,如提供增强的系统鼠标右键菜单、系统桌面、任务栏、快捷菜单、鼠标功能等。下面以 Windows 优化大师为例讲解系统优化工具的使用。

Windows 优化大师是一款功能强大的系统辅助软件,它提供了全面有效且简便安全的系统检测、系统优化、系统清理、系统维护四大功能模块及数个附加的工具软件。使用

Windows 优化大师，能够有效地帮助用户了解自己的计算机软硬件信息，简化操作系统设置步骤，提升计算机运行效率，清理系统运行时产生的垃圾，修复系统故障及安全漏洞，维护系统的正常运转。

1. 全面了解计算机的系统信息

只要安装了 Windows 优化大师，关于 CPU 是多少位的，又是多少针的，内存频率是 533MHz 还是 667MHz，计算机是否配置合适等这些问题都会迎刃而解。

打开 Windows 优化大师，依次单击左侧的"系统检测"|"系统信息总览"标签，在这里可以看到你的计算机系统信息的大体情况，如 CPU 的型号、频率，内存大小等，如图 5.33 所示。

图5.33　系统信息总览

如果想要进一步地了解计算机配置情况，就需要分别单击"系统检测"下面的"处理器与主板""视频系统信息""音频系统信息""存储系统信息"等相应的标签，在对应的标签中详细地显示出计算机的硬件情况以及使用情况，如图 5.34 显示的是存储系统信息的详细情况。

其他标签就不再一一介绍了，操作非常简单。

使用计算机一段时间后，计算机就会在不知不觉中安装许多软件，究竟安装了哪些软件，只要单击"软件信息列表"标签就可以轻松地看到计算机中安装的所有软件，同时单击列表中的一个软件名称，就可以在下面看到软件的版本号、发布商、安装日期以及卸载信息等，单击下面的"删除"或是"卸载"按钮，就可以对软件进行卸载操作，如图 5.35 所示。

关于计算机性能如何，是不是配置合理，哪方面欠缺一些，可以使用 Windows 优化大师的系统性能测试功能来对计算机进行打分，同时与其他相近配置进行比较。单击"系统性能测试"标签,然后单击"测试"按钮,就可以对计算机进行全方位测试,同时在新版本中还增加了对 OpenGL 与 DirectX 7 的测试模块,测试完成后,可以看一下自己的计算机性能能够打多少分,如图 5.36 所示。

图5.34　存储系统信息

图5.35　软件信息列表

图5.36 系统性能测试

2. 全面优化系统

计算机使用一段时间，就会发现系统速度越来越慢，如何让计算机速度达到最快的运行速度，这是一个复杂的问题。5.4 节中我们介绍了修改系统配置文件的方法，这些方法通常需要手工进行修改，可能会使系统瘫痪。总之，经过手工设置会使系统速度进一步地提升，但这样太过复杂、麻烦，会浪费大量的时间。如果使用 Windows 优化大师就方便多了，可以用很短的时间解决大量的问题。

打开 Windows 优化大师的主界面，然后单击"系统优化"标签，在这里可以对"磁盘缓存""桌面菜单""文件系统""网络系统""开机速度""系统安全"等进行全面优化，只要单击相应的标签项，然后根据实际情况，对其进行设置就可以了。软件设置非常简单，只需用鼠标选择或是取消设置项前面的复选框就可以了；同时，软件具有强大的恢复功能，如果设置后发现效果不理想，单击每个窗口上的"恢复"按钮，就可以将其恢复到 Windows 默认设置，这样就能保证系统正常运行。

1) 磁盘缓存优化

单击左侧的"磁盘缓存优化"标签，画面将转到对应的窗口，如图 5.37 所示。

在该窗口中，可以通过调节滑块对磁盘缓存最小值、磁盘缓存最大值以及缓冲区读写单元进行调节。另外，还可以设置关闭无响应程序的等待时间和应用程序出错的等待响应时间等。

2) 桌面菜单优化

此功能可以加速各菜单的显示速度，经常会用到的有如下几个选项，如图 5.38 所示。

- "开始菜单速度"的优化可以加快开始菜单的运行速度，建议将该值调到最快。
- "菜单运行速度"的优化可以加快所有菜单的运行速度，建议将该值调到最快。
- "桌面图标缓存"优化可以提高桌面图标的显示速度，建议将该值调整到 1000KB。

图5.37　磁盘缓存优化

图5.38　桌面菜单优化

另外，建议大家选中"加速 Windows 的刷新率"复选框，这样可以让 Windows 具备自动刷新功能。还可选中"关闭菜单动画效果"和"关闭'开始'菜单动画提示"复选框，这些效果会降低 Windows 的速度。

3) 文件系统优化

在这里可以通过调整光驱缓存和预读文件大小来调整 CD-ROM 的性能。Windows 优化大师根据内存大小推荐光驱缓存的大小，64MB 以上内存(包括 64MB)为 2048KB，64MB 以下为 1536KB。光驱预读文件大小由 Windows 优化大师根据 CD-ROM 速度进行推荐。8

倍速为 448KB；16 倍速为 896KB；24 倍速为 1344KB；32 倍速以上为 1792KB。

此外，如果选中"优化毗邻文件和多媒体应用程序"复选框，可以提高多媒体文件的性能，如图 5.39 所示。

图5.39　文件系统优化

4) 网络系统优化

在这里主要是通过修改网络通信中的一些参数来优化系统，如图 5.40 所示，常用的有如下几项。

图5.40　网络系统优化

- 最大传输单元大小：一般为1500B(以太网标准)，拨号上网用户使用该值会降低传输效率，一般应该改为576B。
- 传输单元缓冲区：如果是拨号上网，最好根据 Modem 速度进行选择。如果太小，将导致分组阻塞，降低传输效率；如果太大，一个分组出错会导致缓冲区中的所有分区被丢弃和重发，也会降低效率。
- 默认分组报文寿命：如果分组在 Internet 中传输的时间超过了分组的寿命，则该分组将被丢弃。将 Default TTL 改得更大些有利于信息在 Internet 中传得更远。建议拨号用户选择255。
- 优化 COM 端口缓冲：这是为 Modem 所在的 COM 端口设置的缓冲大小。选中该复选框，Windows 优化大师会根据内存大小设置相应的缓冲大小(内存小于64MB，缓冲区为1024KB；内存大于或等于64MB，缓冲区为2048KB)。同时，Windows 优化大师还将端口的波特率设置为115 200b/s。

其余选项可根据需要自行选择，在此不再详细介绍。

5) 开机速度优化

在该窗口中，可以对引导信息的停留时间进行修改和选择多操作系统的启动顺序。另外，还可以禁止一些程序在开机时运行，以此来缩短开机时间，如图 5.41 所示。

图5.41　开机速度优化

6) 系统安全优化

可以通过该窗口对 Windows 系统的常见漏洞进行防范，并可搜索系统中是否有黑客程序和蠕虫病毒。另外，可以通过禁用某些端口和服务，增强网络的安全性。

"更多的系统安全设置"对话框中，给对 Windows 有一定使用经验的用户提供了一些高级选项，包括隐藏控制面板中的一些选项、锁定桌面、隐藏桌面上的所有图标、禁止运行注册表编辑器 RegEdit、禁止运行任何程序等，如图 5.42 所示。

图5.42　系统安全设置

3. 系统维护

计算机在运行过程中会产生一些垃圾文件，或是一些垃圾 DLL 链接文件，这也是导致计算机系统速度变慢的重要原因，所以有必要对这些垃圾信息进一步地清理。在这里以清理系统垃圾文件进行说明。

打开 Windows 优化大师，然后依次单击"系统清理"|"磁盘文件管理"标签，这时就可以打开系统垃圾文件清理窗口了，在上面的列表中选择要进行扫描的磁盘驱动器，接着对扫描选项、文件类型、删除选项等信息进行设置，然后单击右上角的"扫描"按钮，就可以对设置的磁盘驱动器进行扫描了，如图 5.43 所示。扫描完成后，可以把这些垃圾信息全面清除。

图5.43　磁盘文件管理

另外，在系统维护中，可以对磁盘进行检查，如图 5.44 所示。

图5.44 磁盘医生

4．智能备份驱动程序

对一般用户来说，重装系统后，安装驱动程序是一件十分困难的事情，如果驱动光盘找不到了，更是一件非常麻烦的事，所以有必要在安装完驱动程序后对其进行备份。另外，我们也需要对系统文件与收藏夹进行备份，这样就能够在系统遭受病毒破坏后及时修复系统，同时使损失降到最低。

打开 Windows 优化大师，然后依次单击"系统维护"|"驱动智能备份"选项卡，就可以看到所有的驱动程序了，如图 5.45 所示。然后选择需进行备份的驱动，单击"备份"按钮就可以了。如果以后进行恢复的话，只需单击"恢复"按钮，然后选择备份文件，就可以轻松地恢复所有驱动。

图5.45 驱动程序备份

Windows 优化大师除了上面介绍的功能外，还有其他一些功能，如磁盘碎片整理、系统维护日志等。从使用可以看出 Windows 优化大师把复杂的设置变成简单的事情，在对系统进行优化的时候，只需单击鼠标就可以轻松完成，而不用面对繁杂的注册表键值。同时所有的设置都是可以进行恢复的，如发现设置错误，只需单击"恢复"按钮就能够轻松恢复到 Windows 正常的状态。

其他类似软件如超级兔子也是一款完整的系统维护工具，如图 5.46 所示，拥有计算机系统评测、垃圾清理和注册表清理、可疑文件和插件检测、维护系统安全、安装系统补丁、网页防护等功能，同时自带一些实用的系统工具。超级兔子还有强力的软件卸载功能，可以清理一个软件在计算机内的所有记录，其由 9 大组件构成，可以优化、设置系统大多数的选项，打造一个属于自己的 Windows 系统。

图5.46　超级兔子界面

超级兔子软件的主要功能有：

(1) 魔法设置可以诊断一台计算机系统的 CPU、显卡、硬盘的速度，由此检测计算机的稳定性及速度，还有磁盘修复及键盘检测功能。进程管理器具有网络、进程、窗口查看方式，同时超级兔子网站提供大多数进程的详细信息，是国内最大的进程库。

(2) 安全助手可以隐藏磁盘、加密文件，超级兔子系统备份能完整保存 Windows 注册表的软件，彻底解决系统上的问题。

(3) 由于 32 位的操作系统并不支持 4GB 容量的内存，很容易造成内存浪费。为了解决这个问题，超级兔子加速器特别使用了内存虚拟空间技术，能够将正常情况下无法识别的内存空间和系统使用不到的内存剩余空间转化为虚拟盘，并将系统的分页文件、临时文件、IE 缓存等转存至内存虚拟盘中，突破硬盘读写速度的硬屏障，加快系统运行速度。

(4) 使用超级兔子加速器后，对于上网浏览等一些日常应用程序的运行速度会有明显的提升，并且将 IE 缓存和临时文件夹设置在虚拟磁盘后，会大大减小垃圾文件和磁盘碎片的产生，有效增强系统的稳定性。

5.6　计算机硬件优化

1．CPU 性能优化

CPU 性能的优化可以通过系统设置和软件优化两个方面进行。

1) 系统设置优化

一些较特殊的主板在默认情况下,BIOS 中并没有打开 CPU 的一些特性功能,比如 CPU 的内部高速缓存(二级缓存)和超线程技术等, 因此有必要通过手动设置打开, 以提升 CPU 的性能。首先进入 BIOS 设置主界面,选择 Advanced BIOS Features 设置项, 按 Enter 键进入, 将 CPU Internal Cache 设置为 Enabled 即可(如图 5.47 所示), 这样就打开了 CPU 的二级缓存, 以减少 CPU 在存储器读/写周期中的等待时间, 从而提升 CPU 的工作效率。

另外, CPU 二级缓存 ECC 校验也是一个值得重视的参数,将 CPU L2 Cache ECC Checking 设置为 Enabled, 这样就启用了 CPU 内部 L2 Cache 的 ECC 检测, 它可以侦察并纠正单位信号错误保持资料的准确性, 对超频的稳定性有帮助, 但不能侦察双位信号错误。近年来, Intel 和 AMD 新推出的 CPU 都会设置默认 Auto 参数, 睿频、超线程技术都会自动开启, 对 BIOS 设置的依赖性已经大大降低了。

在 Windows 系统中, 对 CPU 的优化处理并不多, 可以通过设置 CPU 优先等级的方法来优化 CPU。在某些时候, 可以降低一些无关紧要的进程的优先级, 以此来提升 CPU 的性能。要设置 CPU 的优先级, 可以执行以下操作(如图 5.48 所示)。

(1) 按 Ctrl+Alt+Del 组合键, 打开"Windows 任务管理器"窗口。

(2) 选中要设置优先级的程序, 单击鼠标右键, 在弹出的快捷菜单中选择"设置优先级"|"低"命令, 即可降低程序的级别。

图5.47　CPU Internal Cache

图5.48　设置CPU优先级

2) 软件优化

如图 5.49 所示是一款独特的调试级别的系统优化工具 Process Lasso, 其主要功能是基于特别的算法动态调整各个进程的优先级并设为合理的优先级以实现为系统减负的目的,可有效避免蓝屏、假死、进程停止响应、进程占用 CPU 时间过多等情况。同时，它还具备前台进程推进、工作集修整、进程黑名单等附加特性。Process Lasso 在后台能实时智能优化系统，且不会自动修改任何系统既有配置，适用于普通家庭用户和专业工作环境。

图5.49　Process Lasso　使用界面

2．内存性能优化

1）设置优化

通常情况下，在 BIOS 设置的 Advanced BIOS Features 选项下，可以找到 CAS Latency Time(内存延迟时间)和 SDRAM Timing(SPD 内存时序)两个选项。如果内存品质很不错，可以将 SDRAM Timing 设置成 Enabled 或 Manual，此时系统会自动根据 SPD 中的数据确定内存的运行参数。

内存延迟时间决定了内存的性能，这个参数越小，则内存的速度越快。一般情况下，可以根据内存上所标记的 CAS 参数设置。对于 VIA 芯片组而言，Bank Interleave 技术是其特有的功能，打开内存交错技术可以节约时间，从而提高运行效率。通常来说，在 VIA 主板 BIOS 中的 Bank Interleave 选项有 Disabled、2Bank、4Bank 三个选项。将其设置为 4Bank 可以很好地发挥内存性能。

在运行多个比较大的程序时，有时候系统会提示虚拟内存不足，导致计算机运行速度十分缓慢。新机可以按照比例来设置系统虚拟内存。在 Windows 系统中运行 sysdm.cpl，打开"系统属性"对话框，选择"高级"选项卡，在"性能"选项组中单击"设置"按钮，打开"性能选项"对话框，选择"高级"选项卡，在"虚拟内存"选项组中单击"更改"按钮，如图 5.50 所示，然后在"驱动器"下选择一个有较大空闲容量的分区，选中"自定义大小"单选按钮，在"初始大小"和"最大值"文本框中输入虚拟内存的数值，"初始大小"栏的最小值建议选择物理内存的一倍，最大值可根据剩余空间的大小来定。而后依次单击"设置""确定"按钮，重启计算机后虚拟内存设置即可生效。

图5.50　虚拟内存的设置

2) 软件优化

因为 Windows 操作系统本身在内存管理机制上存在着固有的缺陷,所以系统运行一段时间后速度就会减慢,当有较多程序同时运行时还有可能导致内存耗竭而死机。内存优化大师(RamCleaner),如图 5.51 所示,就可以帮助用户清理内存碎片,释放被过多占用的内存,这样随时都会有足够的内存供给新运行的程序使用,也就提高了计算机运行的速度。内存清理的过程可以由用户手动进行,也可以交给 RamCleaner 在后台自动处理。利用内存优化大师可以对内存进行完全的管理,最多可以提高 1 倍运行速度,并减少95%死机的可能。此外还提供了必要的设置选项,可以实时显示内存与 CPU 的使用率,并且能够监视与强行关闭系统中正在运行的进程。

图5.51　内存优化大师的使用

3. 硬盘性能优化

在 Windows 系统默认的情况下,无论哪一款硬盘均不能发挥最高性能,必须对硬盘进行一些合理的配置和优化操作。

1) 用固态硬盘作为系统盘

硬盘问题在过去很长一段时间都是计算机系统整体性能提升的"瓶颈"。其根本原因在于硬盘的读/写速度比内存和 CPU 要慢很多。固态硬盘采用 FLASH 芯片作为存储介质,不用磁头，寻道时间几乎为零，随机读/写速度相对于机械硬盘要快得多。针对目前固态硬盘的价格高于机械硬盘，可以采用一块小容量的固态硬盘作为系统盘，再搭配一块容量大的机械硬盘作为存储盘，这将会提升系统的性价比。

2) 合理设置分区的大小

Windows 系统启动时要从主分区(就是安装有 Windows 系统的那个分区，一般是 C 盘)查找和调用文件，如果主分区空间过大，就会延长启动时间，所以应当将主分区的空间控制在一定范围内。此外，在主分区上安装过多的软件也会影响系统的启动时间，一定要保证主分区有 8GB 以上的空闲空间用于临时文件的交换。

3) 打开硬盘的 DMA 传输模式

打开硬盘的 DMA 传输模式不仅能提高传输速率，而且可以降低硬盘的 CPU 占用率，CPU 会因此获得加速效果。通常只要把主板的驱动程序安装好，就可以自动打开 DMA 传输模式了。如果没有自动打开，在确定 BIOS 设置正确无误的情况下可在"设备管理器"中手动将其打开。

4) 关闭硬盘的自动挂起功能

Windows 系统为了防止计算机"发呆"(指在一定时间内没有对硬盘进行任何读、写操作)过久而损坏显示器和硬盘，默认规定"发呆"一定时间后会自动挂起显示器和硬盘。这对于小内存的计算机确实有好处，但现在多数计算机的内存都在 4GB 以上，大内存就意味着读、写硬盘的次数会明显减少，例如，在大内存的计算机上玩中、小型游戏，只有刚开始系统需要读硬盘，等把整个游戏都读到内存后就不会再读、写硬盘了，这样用不了多久系统就会认为硬盘在"发呆"而将硬盘挂起，等玩完游戏再回到桌面时就会因硬盘处于挂起状态而死机，所以可以在"控制面板"的"电源管理"窗口中将"关闭硬盘"这项的时间设置为"从不"。

5) 定期对硬盘的垃圾文件进行清理

系统只要在运行，就会产生垃圾文件。硬盘上的垃圾文件通常占用的空间并不是很大，但数量却很多，有时会多达几千个垃圾文件。这样就会造成硬盘寻找文件的速度变慢，而且由于磁盘碎片增多也会使读盘的次数更加频繁，所以应该定期对硬盘的垃圾文件进行清理。

6) 定期整理硬盘的碎片

对硬盘的碎片进行整理可以提高硬盘的运行速度。虽然通过上面的优化方法可以减少系统所在盘的碎片，但其他盘的碎片也会变多，所以对于存放"常用文件夹"的硬盘来说最好是两个月进行一次碎片整理，对于不是经常进行写操作的分区只要半年左右整理一次即可。

7) 设置适当的磁盘缓存

磁盘缓存的大小直接影响着几乎所有软件的运行速度和性能，默认状态是让 Windows 系统自行管理，但 Windows 系统通常情况下不启用磁盘缓存，这样就会制约硬盘性能。所以需要用户手动设置磁盘缓存来提高硬盘性能，操作方法如下。

(1) 打开注册表编辑器(选择"开始"菜单中的"运行"命令，输入"regedit"并单击"确定"按钮)。

(2) 寻找 HKEY_LOCAL_MACHINE\SYSTEM\CurrentControlSet\Control\Session Manager\

Memory Management 项下的 IoPageLockLimit 值。

(3) 打开 IoPageLockLimit 的快捷菜单，如图 5.52 所示，并从中选择"修改"(打开"编辑 DWORD 值"对话框)，在"数值数据"文本框中输入磁盘缓存的大小，建议设置值为 32 768(即 32MB)或者 65 536(即 64MB)，确定后重启计算机就完成设置了。

图5.52　硬盘缓存的设置

8) BIOS 设置

BIOS 为计算机提供最底层的、最直接的硬件设置和控制，CPU、内存、硬盘都可以通过 BIOS 设置来充分发挥性能。现在绝大部分的主板 BIOS 都只需在初期装系统这个阶段，将有关硬盘部分的参数检查一下，虽然很多主板都默认为 AHCI，但有个别主板例外。

如今固态硬盘的售价逐渐降低，成为性能用户的标配。固态硬盘在 IDE 模式下性能损失会比较明显，特别要注意在 BIOS 中将 SATA 接口硬盘模式调整为 AHCI，如图 5.53 所示。

9) 取消索引和关闭分页

固态硬盘的响应速度远超过机械硬盘，磁盘索引并不能提高多少客观的速度，并且由于固态硬盘的读写寿命相比机械硬盘要差，过多的索引反而无谓地消耗了磁盘寿命，取消索引如图 5.54 所示。关闭磁盘分页可减少磁盘碎片的总量，如图 5.55 所示，不仅可以一定程度延长固态硬盘的使用寿命，同时也能让硬盘更稳定，保持更长时间的高效运行。

图5.53　SATA模式选择　　　　　　　　图5.54　取消文件索引

图5.55 关闭磁盘分页

10) 使用优化大师协助磁盘管理

杂乱无章的文件夹、随意摆放的文件和磁盘碎片，都会占用硬盘空间，影响计算机的运行速度。无论是前面提过的系统优化软件，还是专用的硬盘优化大师都可以协助磁盘管理，利用其提供的磁盘碎片分析和整理功能，可以轻松了解硬盘上的文件碎片并进行整理。相关内容可参见本书 5.5.2 节。

4．显卡的优化

显卡的优化内容包括进入 BIOS，在里面优化调整关于显卡设置方面的项目，然后到厂商网站下载安装最新的显卡驱动程序，优化注册表中针对显卡的部分，此外，还可以对显卡进行超频。

1) 在 BIOS 中优化设置

找出主板说明书，仔细查看主板关于显卡设置方面的部分，然后启动计算机时进入 BIOS 设置，优化调整显卡设置项，一般只修改厂商允许改动的设置，注意记录下修改前的原始设置，如果修改后出现故障，可以重新恢复过来。如果 BIOS 不允许修改某些选项，可以使用 Tweak-BIOS 软件来强制修改这些项。

集成显卡性能的稳定和提高要注意并调校好以下几个 BIOS 选项。

(1) AGP Fast Write。Fast Write 是快速写入的意思，这个选项能提高集成显卡的性能。但它也可能有副作用，对系统的稳定性有一定影响。目前很多集成显卡都能正常使用 Fast Write 选项。

(2) Graphic Window WR Combine。此选项在基于 SiS 芯片组的集成主板比较多见，可以优化图形系统的读写性能，对集成显卡的性能有一定的提升，建议开启此选项。

(3) AGP Aperture Size。AGP Aperture Size 选项的含义是 AGP 有效空间的大小，即划拨内存为显存的大小。显存容量太大会导致内存减少影响系统的性能，显存容量划小了，对显卡的性能又有影响。因此在实际操作中应根据计算机的内存容量来确定，通过实际使用，AGP Aperture Size 选项在 64MB 显存和 128MB 显存下，一般的应用性能差别并不明显。

2) 安装最新的驱动程序

首先应认识显卡采用的显示芯片类型,然后到显示芯片厂商网站下载最新的驱动程序,升级驱动程序可以发挥出显卡的独有性能和一些附加功能,比如 TV 输入/输出等。

3) 升级显卡的 BIOS

现在显卡也同主板一样,可以更新升级它的 BIOS,升级后也能大幅度优化显卡功能。首先到显卡厂商网站下载最新的显卡 BIOS,安装后可以自动识别显卡,给出最佳的驱动。

4) 使用软件优化

许多硬件厂商和软件开发商都提供免费的显卡超频工具。AMD 在其 Catalyst 驱动程序中包含一款被称作 Overdrive 的工具。美国板卡厂商 EVGA 提供一款名为 Precision 的工具,技嘉有 OC Guru,Sapphire 有 Trixx,微星有 Afterburner,还有许多其他厂商也发布了显卡超频工具。所有这些显卡超频工具都供用户免费下载,支持许多不同的显卡,而非只支持某一厂商的显卡。但显卡一般在出厂之前已经调整到性能、稳定性、节能性三方面均衡的最高频率,自己能调整的幅度很小,而且极易造成损坏。

另一类显卡优化的软件是通过修改显卡驱动设置,使之更适应游戏需要,这类软件的代表有 NVIDIA 的 GeForce Experience 和 Kepler BIOS Tweaker。可利用技术手段来调整 BIOS 文件中的数值,以达到优化显卡的目的。

5.7 本 章 实 训

1. 对长期使用的计算机进行除尘操作,并且完成清洁维护方案。
2. 根据本书的介绍,结合实际情况,总结出日常使用计算机中的不良习惯。
3. 使用 Windows 优化大师优化系统,并试着学习相关的计算机软件(例如超级兔子)。
4. 利用工具软件对有问题的计算机进行维护。
5. 交流本章所介绍的几款工具软件的使用心得。

5.8 本 章 习 题

1. 阐述计算机维护与优化的重要性,以及计算机维护实施的角度。
2. 环境因素对计算机的影响体现在哪些方面?结合实际情况,总结出日常使用计算机中的不良习惯。
3. 阐述 CPU 的维护与优化方法。
4. 阐述硬盘的维护与优化方法。
5. 使用工具软件也可以检测出计算机存在的一些不易发现的问题,简述本书所介绍的几款工具软件的使用心得。

第6章　计算机故障维修

第6章.ppt

学习目的与要求：

本章学习计算机软硬件故障诊断与处理，掌握计算机维修原则和方法。了解基本的计算机维修技能对于计算机的使用具有重要的现实意义。通过学习典型故障案例解析，要求能够掌握解决计算机使用过程中的常见问题的思路和方法。

6.1　计算机故障概述

计算机系统是一个复杂的系统，因而计算机在工作过程中出现故障在所难免。不同的计算机故障表现出的现象往往是不同的，因此，了解计算机故障的基本知识是非常重要的。

6.1.1　计算机故障的种类

计算机故障依据其发生的部位、产生的原因、造成的影响及程度的不同，在实际中主要有以下几种划分方法。

1. 根据故障产生的原因划分

1) 硬件故障

硬件故障是由于计算机部件或板卡问题而发生的故障，如元器件毁坏、虚焊脱焊、性能下降、部件或板卡接触不良等方面的原因而出现的故障。由于当今计算机硬件制造技术先进，因此，硬件本身原因出现的故障并不多，出现问题主要表现在接口氧化造成接触不良，参数设置不当而超出其极限值或违规操作而造成损坏等方面。

2) 固件故障

固件故障是由于固件中的程序被破坏而出现的故障，如计算机病毒破坏了固件中的程序或用户刷新固件失败等。

3) 软件故障

软件问题是造成计算机故障的主要原因。由于计算机病毒主要以攻击软件为主，因而造成计算机软件被破坏使得计算机无法正常工作，再就是软件本身的缺陷(bug)或操作者的误操作也会对计算机软件的工作产生影响而使计算机出现故障。

4) 机械故障

计算机设备中存在有大量的机械部件，由于机械部件在使用过程中不可避免地要出现磨损，当磨损达到一定程度时，机械部件的工作就会出现问题而产生故障。

5) 病毒故障

病毒一方面破坏了计算机的软件和硬件，造成计算机软件和硬件无法正常工作而使计算机出现故障，另一方面计算机病毒还可能大量耗费CPU、内存和硬盘资源，使得计算机运行效率大大降低，以致计算机无法正常工作，主要表现是计算机运行速度变得很慢。

2. 根据故障影响的范围及程度划分

1) 局部故障

局部故障主要表现为故障造成的影响限定在某一个较小的范围内，只是造成计算机某一个方面的功能异常或丧失，如光盘驱动器故障、接口故障、键盘或鼠标故障等。

2) 全局故障

由于故障而造成整个计算机系统无法正常工作，这类故障称为全局故障。全局故障往往是由于计算机系统中核心部件出现了问题造成的，如电源故障、CPU故障、内存故障、主板故障等。

3. 根据故障持续的时间划分

1) 暂时性故障

有一些计算机故障出现后，持续一段时间后自行消失了，可能以后再也没有出现过，这类故障称为暂时故障，它的产生往往与环境有关，如电磁干扰、电压波动、震动等。暂时故障一般无须维修，当造成故障的因素消失后，故障也就不存在了。

2) 间歇性故障

间歇性故障与暂时性故障不同，它不像暂时性故障那样自行消失后就可能不再出现了，而是经常性地出现。间歇性故障主要是由于硬件本身存在的质量问题而产生的。随着计算机使用时间的延长，硬件本身的性能会越来越差，这种故障出现的频率会越来越高，持续的时间会越来越长，只有更换硬件才能解决。

3) 永久性故障

计算机出现故障，如果不进行人工干预，故障不会自行消失而将会持续存在，这类计算机故障称为永久性故障。

6.1.2 计算机故障产生的原因

计算机系统的故障都是由于一定的原因引起的，而且造成故障的原因很多，归纳起来主要有以下几个方面的原因。

1. 硬件本身质量存在缺陷

由于制造方面的原因，使得硬件在生产出来的时候其质量就存在着一定的缺陷。开始使用的时候并没有表现出存在问题，但是随着使用时间的延长，硬件逐渐老化，性能逐渐下降，这时硬件本身存在的缺陷就逐渐暴露出来，进而引发计算机故障。开始的时候故障偶尔发生，表现出间歇性，随着时间的推移故障发生的频率越来越高，直到硬件彻底损坏，表现出永久性故障。

2. 人为因素影响

人为操作不当是造成计算机出现故障的主要原因之一，因此，提高操作人员对计算机的操作技能，是避免人为因素造成计算机故障的关键。人为操作不当而造成计算机故障主要表现在：没有严格按照操作规程进行操作，硬件设备之间错误的连接和操作者的误操作等。

3. 环境因素影响

环境因素对计算机的工作也会造成较大的影响，它主要体现在以下几个方面。

1) 环境温度

电子设备在工作的时候都会产生一些热量，环境温度的高低直接影响计算机的散热。环境温度高不利于计算机将产生的热量及时地散发出去，从而造成局部温度过高甚至烧毁某些元器件造成计算机故障。环境温度过低也会造成计算机的某些方面无法正常工作，尤其是机械部件。

2) 环境湿度

环境湿度对计算机的影响也不容忽视，湿度过高容易造成计算机电路短路，湿度过低容易产生静电从而造成计算机元器件被击穿。通常计算机工作环境的相对湿度控制在40%～70%较为适宜。

3) 粉尘、灰尘

粉尘、灰尘对计算机的影响主要体现在粉尘和灰尘过多会堵塞计算机的散热孔，造成计算机内部通风不畅或影响计算机部件与空气的热交换，从而造成计算机部件温度过高。

4) 震动

震动对计算机系统的某些部件影响较大，尤其是硬盘等部分对震动比较敏感的计算机部件。较大的震动往往会造成某些部件难以恢复的器质性损伤，特别是硬盘存储介质划伤会造成难以挽回的损失。因此，计算机应放置在稳固的工作台面上，尤其是计算机在工作的时候不要搬动计算机。

5) 电磁干扰

电场和磁场及无线电信号对计算机会产生一定的干扰，它会使计算机通信线路中的噪声增大进而影响计算机的信息传输，使计算机通信的可靠性降低，严重的情况下还可能使计算机系统瘫痪。

6) 静电

静电是计算机的杀手。由于计算机硬件中很大一部分元器件都是大规模集成电路产品，集成电路所能够承受的电压一般都比较低，而静电电荷所产生的电压往往都比较高，很容易击穿这部分电子元器件，尤其是人体在湿度比较低的环境中容易携带静电，一个不经意的举动就会对计算机造成较大的伤害，所以，静电对计算机所造成的危害是非常大的。对一些要求比较严格的计算机工作场所，都会采取一些防静电措施。

4. 病毒对计算机的影响

病毒对计算机系统尤其是计算机软件系统的破坏是大家有目共睹的。计算机病毒给计算机造成的影响已经成为计算机故障的主要原因。自从20世纪80年代后期世界上第一例计算机病毒"巴基斯坦智囊病毒"出现以来，短短的几十年时间计算机病毒已经发展到了泛滥的地步。因此，树立正确的人生观、价值观，增强安全防范意识是对每一个计算机领域从业人员的基本要求。病毒对计算机系统的危害主要表现在以下几个方面。

1) 破坏系统和数据

计算机系统中最容易受到病毒攻击的是一些可执行程序,病毒往往寄生在这些程序中,伺机获取计算机的控制权。另外,硬盘存储器上的一些重要区域和数据也是计算机病毒攻击的对象,如硬盘分区表、引导扇区等。所有这些都会造成用户信息被窃取或丢失,给用户带来重大损失。更有一部分计算机病毒甚至还会破坏计算机硬件中 BIOS 芯片中的程序,造成计算机系统瘫痪。由于计算机病毒具有很强的隐蔽性,用户很难发现它的踪迹,因此,在计算机系统中安装防病毒软件是非常必要的。

2) 耗费计算机资源

计算机病毒寄生在可执行程序中,伴随程序的运行驻留到计算机内存中,大量占用 CPU 和内存资源,使计算机运行效率大幅降低,常表现为计算机处理信息速度变慢。

3) 破坏计算机功能

计算机病毒还会影响计算机系统部件和设备之间的通信,从而造成通信紊乱或中断,使计算机系统部分功能丧失。

综上所述,计算机系统出现故障往往是由于某种因素造成的,了解影响计算机系统正常工作的各种因素,对于更好地应用计算机具有非常重要的作用。

6.2 计算机故障的诊断及处理

在计算机系统广泛应用的今天,如果计算机系统出现故障必然会影响工作。快速地找到出现故障的位置并排除故障,使计算机重新恢复正常的工作,这对于每一位计算机使用者来说都是非常重要的。然而并非所有的计算机使用者在面对计算机故障时都能够快速地找到故障的准确位置,实际情况是当面对出现故障的计算机时很多人不知该如何下手。其实这很正常,因为计算机可能出现的故障和造成计算机出现故障的原因的确是太多了。尽管如此,并不是说计算机的故障没有规律可找,事实上不同的计算机故障往往其故障现象是不同的,因此,掌握基本的故障诊断和处理原则具有重要意义。

6.2.1 计算机故障的诊断原则

实际经验在计算机系统故障诊断这项工作中起着非常大的作用,对于一个初学者来讲,虽然还没有积累多少经验,但遵循故障诊断的基本步骤和原则对这项工作将是十分有效的。

计算机系统故障诊断的基本原则主要包含以下几点。

1. 先软件后硬件

软件问题造成的计算机故障,一般是不需要拆卸计算机就能够完成修复的工作。因此,当计算机系统出现故障的时候,应先从软件入手查找故障,如果排除了软件方面的原因造成的故障,再来检查硬件。

2. 先外设后主机

外设相对于计算机主机来说排查故障要简单一些,因此,如果计算机故障出现在外设上，一般都比较容易发现和排除，如果外设没有问题，再来看主机这一部分。

3. 先电源后部件

电源是计算机系统的心脏，如果电源出现问题会造成计算机系统的某些部件工作不正常，因此，查找故障应先从电源入手。如果电源正常，再检查其他部件。

4. 先简单后复杂

计算机系统的故障多数都是由一些简单的原因造成的，因此，当计算机系统出现故障时，先不要把问题想得过于复杂，首先应该从简单的方面入手，检查一下看是不是由于简单原因造成的计算机故障。这些简单的检查主要包括：

(1) 计算机系统各部件和设备的连接情况，包括电源连接、设备连接等；

(2) 计算机屏幕情况，计算机扬声器的响声；

(3) 计算机内部散热器及风扇工作情况；

(4) 计算机系统硬件及软件配置情况；

(5) 计算机系统中各种板卡之间的连接情况；

(6) 计算机病毒的影响。

计算机系统出现由硬件原因引起的故障，很多都可以通过计算机主机箱中安装的扬声器以不同的报警声告诉给用户，这是因为在计算机主板上的 BIOS 芯片中存有硬件诊断程序，当诊断程序发现某些硬件出现问题时就会报警。因此，了解计算机扬声器发出的报警声的含义，对于计算机故障的诊断是非常有帮助的。可以整理常用 BIOS 程序故障报警声的具体含义，以备参考。

6.2.2　计算机故障的处理流程

在计算机硬件故障诊断处理中，对故障性质和故障位置做出准确判断是顺利完成这项工作的重要环节，而要想做出这种判断则必须对故障进行全面综合的分析。对计算机故障进行综合分析要做好以下几个方面的工作。

1. 认真观察故障现象

计算机系统出现故障往往都会以某种形式表现出来，计算机硬件故障也不例外。不同的计算机硬件故障往往都会出现不同的现象，认真观察故障所表现出来的现象，并透过现象看本质，是对故障做出准确判断的重要依据。

故障现象主要包括：计算机各部件和设备的工作情况；计算机屏幕显示情况、显示内容；计算机部件和设备所散发出来的气味；计算机扬声器的声响等方面。

2. 尽力回顾故障征兆

计算机系统出现硬件故障往往都有一定的原因，很多计算机硬件故障在完全暴露之前，已经对计算机系统的工作产生了一定的影响，只是这种影响比较小，用户不容易察觉。因此，了解计算机故障出现前的计算机系统工作情况，特别是故障前最近一次操作时计算机系统的工作情况以及都进行了什么样的操作，对故障的判断也是非常重要的。

需要了解的情况主要包括：计算机系统工作时有无异常表现(如死机、异常响声、焦糊气味等)；计算机系统工作的环境情况(如温湿度变化、机内粉尘情况、有无雷电、有无较大震动、电网稳定情况等)；人为操作情况(如有无拔插接头、有无改动硬件配置、有无违规操作等)。

3. 仔细查看机箱内部件及设备连接、工作情况

打开计算机查看机箱内部部件和设备的各项情况也是计算机故障诊断工作的重要内容。计算机机箱内部安装了大量的计算机部件和设备，它们的工作情况以及相互之间的连接情况和各种电路板上的元器件的外观状态都会对计算机系统的工作产生影响。因此，打开机箱后应仔细查看各种设备的运转、连接情况，如风扇是否转动，散热片是否脱落，部件连接是否良好等，还有就是仔细查看各种电子元器件是否变形、变色等。

在掌握上述各项基本情况的基础上，结合积累的经验，通过综合分析，一般情况下能够对故障做出一个准确的判断，最后采用故障处理方法最终解决故障。

6.2.3 计算机故障的处理方法

在遵循计算机系统故障的诊断基本原则的基础上，在实际操作工作中通常采用如下具体的查找方法。

1. 观察、触摸法

观察和触摸是查找计算机故障最常使用的方法，尤其是对解决一些诸如连接错误，接头脱落，风扇不工作或转速低，元器件变形、变色，温度过高等问题非常有效。

2. 替换法

替换法也是计算机系统故障查找经常采用的方法，如果通过诊断怀疑故障出现在某一部件或设备中，可以找一个相同功能的部件或设备将其替换下来，如果故障现象消失就基本可以肯定故障出现在被替换下来的部件或设备中，进而达到确定故障位置的目的。

3. 隔离、拔插法

通过逐渐减小系统配置进行检查也叫减小系统配置法，如果用户怀疑计算机系统中的某一个部件或设备存在问题而影响计算机系统使之不能正常工作，而手头上又没有现成的部件或设备来替换它，可采用将该部件或设备在系统中禁用或干脆将该部件或设备的驱动程序卸载。如果故障消失即可确定是由于该部件或设备的问题造成的计算机系统故障，当然也可以将该部件或设备从系统中卸掉从而实现对该部件或设备的隔离。该方法可用于查找由于硬件冲突或硬件故障对计算机系统的影响。

4. 升降温法

降温法主要用于查找计算机硬件中的各种元器件由于本身存在质量问题造成该元器件的热稳定性能低或由于计算机散热性能不好造成局部温度过高而出现的故障。如果计算机系统出现故障时，发现某个元器件温度过高，可以试着给它加上散热片或换一个体积更大一些的散热片，通过增加该元器件的散热能力使之温度降低，如果故障消失即可判断是由

于该元器件的温度过高造成计算机故障。升温法主要用于判断当室温较低怀疑是由于某个元器件不能正常工作而造成计算机故障，可以使用吹风机给被怀疑有问题的元器件加温，如果故障消失就能断定是该元器件的问题。

5. 敲打法

敲打法主要用于判断计算机系统中由于某个部件或元器件因接触不良而造成计算机系统故障的问题。操作时可以使用绝缘物体轻轻敲打该部件或元器件，当然也可以用手轻轻晃动该部件或元器件，看看其是否牢固。敲打法可用于查找由于虚焊或脱焊造成的计算机系统故障。

6. 清洁法

清洁法可用于判断计算机机箱内由于灰尘过多造成散热不良致使温度过高而出现的计算机故障。

7. 测量法

测量法是一种对操作者要求较高的计算机故障查找方法。测量法又可根据计算机系统是否带电分为带电情况下的动态测量法(主要用于测量电流和电压)和断电情况下的静态测量法(主要用于测量电阻性能或短路、断路情况)。该方法主要用于查找由于电子元器件损坏造成计算机线路中的电流、电压失常或电路短路、断路等问题。

8. 诊断卡判断法

现在市面上可以买到一种被称为诊断卡的装置，通常是把它插在 PCI 扩展槽上使用。如果计算机硬件中存在问题，计算机开机后诊断卡的显示装置即可显示相应的信息，用户可以根据所显示的信息方便地查找到出现故障的位置，提高了查找故障的效率。

9. 工具软件诊断法

一些软件公司开发出了很多用于检测计算机硬件性能的工具软件，用户可以使用这些软件检测计算机各个硬件的性能高低，同时使用这些工具软件也可以检测出计算机硬件中存在的一些不易发现的问题。由于该种工具软件众多，关于它们的一些使用情况用户可以查阅相关工具软件的资料，在此本文就不再赘述了。

10. 加电自检法

通过开机时扬声器发出的声响检查。

11. 最小系统法

构造最简系统进行测试，逐渐扩大。

6.3　计算机硬件综合故障案例解析

一些典型的计算机硬件故障诊断案例往往对我们的工作具有一定启示和指导作用，在此列举以下几个综合性计算机硬件故障诊断的方法。

【案例1】计算机启动黑屏。

故障现象： 一台计算机，CPU 为 i7 2600K，4GB 内存，2TB 硬盘，HD6850 显卡。开机后黑屏，没有自检声。

故障排除： 因为计算机主机可以通电，所以先检查显示器与外部电源是否连接正常，显示器确认已经通电。打开机箱，查看了 ATX 电源的线路与主板的接线也是正常的。CPU、显卡、电源的风扇都在旋转。于是断电后清除了主板的 CMOS，然后重启，故障依然存在。只能关机拔下显卡和内存，用棉花蘸无水乙醇擦拭金手指，待干后重新插回，开机仍然黑屏。开机十几分钟后用手指触摸 CPU 散热片感觉已经温热了，CPU 是通电的，主板芯片的散热器也是温的。重新插拔一下 CPU，也无法排除故障。怀疑是主板故障，于是将主板替换为另一块完好的主板测试仍然无法启动，最后替换一块 ATX 电源后计算机正常启动，故障排除。

故障总结： 这是一则由于电源供电不足造成的无法启动现象。若主机加电后无法自检，有很多原因可以导致此故障，例如，显示器信号线接触不良、CPU 损坏、主板与内存或显卡不兼容、内存和显卡有质量问题或接触不良、灰尘腐蚀卡槽，再就是电源这些硬件损坏后都可能使主机黑屏不能自检。内存损坏一般在自检时都有相应提示，而 CPU、主板、显卡和电源的损坏就有可能无法完成自检。

【案例2】计算机无故死机。

故障现象： 一台计算机，CPU 为 AMD FX 4100，4GB 内存，1TB 硬盘，GT430 显卡。计算机在使用时无规律死机。

故障排除： 使用安全模式进入系统，发现时间一久也会死机，使用 Ghost 重新快速安装系统，安装后也会死机，怀疑是硬件有故障。关机，打开机箱，拔下内存，用酒精擦拭干净，待干后重新插入，开机用一段时间后又死机，重新检查 BIOS 设置，CPU 的设置是默认的主板自检能正常通过，CPU 的温度也是正常的。怀疑是电源供电不稳定，于是更换一个 ATX 电源，故障依旧。在检查显卡时发现被散热器烫了手指，显然显卡温度过高了，仔细检查后发现显卡的散热风扇由于使用时间长了，虽然还能转动但转速已经不能满足散热要求了，更换一个风扇后故障排除。

故障总结： 由于刚开机时显卡使用频率不高，显卡温度低又有散热片加上风扇也不是彻底损坏，所以不容易查到故障，但随着使用大型软件显卡温度开始急剧增高，散热不良就会造成死机了。

死机是个常见故障，但是由于故障原因的综合性，诊断时多从以下角度入手。

- 开机过程中死机：CPU 超频不稳定或风扇散热不良，显卡硬件兼容问题，灰尘腐蚀接口，内存接触不良，计算机受震动，BIOS 设置不当。
- 启动操作系统时死机：硬盘坏道或空间太少或碎片太多，系统文件丢失或损坏(多由非正常关机引起)，感染病毒，初始化文件遭破坏。
- 运行应用程序时死机：电源电压不稳定，CPU 风扇散热不良，硬盘空间太少或碎片太多，感染病毒，动态链接库文件(DLL)丢失，软件升级不当，卸载不当甚至启动程序太多。
- 关机时死机：有程序没有正确关闭，加载了不兼容的损坏的或者冲突的设备驱动程序，退出 Windows 时的声音文件损坏，BIOS "高级电源管理" 设置不当。

【案例3】玩游戏时自动关机。

故障现象：一台计算机，CPU 为 i5 2320，2GB 内存，1TB 硬盘，GTX550Ti 显卡。计算机在玩游戏时自动关机。

故障排除：计算机配置玩此游戏没有问题，首先应该怀疑有病毒作祟，用升级到最新的正版杀毒软件在安全模式下全盘杀毒，未发现病毒。关机，打开机箱查看 CPU 散热片、散热风扇都正常工作，显卡风扇也没有故障迹象。清除 CMOS 设置并将内存、显卡拔下，用酒精擦拭干净后重新安装，故障依旧。观察 CPU 周边的电容，都没有发现鼓包或泄漏。怀疑电源可能因老化输出功率降低导致电压低自动关机，用万用表逐个检查发现输出功率都正常。最后，更换了一块主板后故障排除。

故障总结：计算机自动关机除了电源电压不稳定或功率不足的供电原因以外，核心部件故障也会造成此类现象，如 CPU 超频不稳定或风扇散热不良、内存某个芯片不完全损坏导致运行时发热量大(主板芯片、显示芯片等会有同样的问题)。当然，系统文件损坏或病毒也会造成关机，如冲击波病毒等会弹出对话框关机倒计时。

【案例4】计算机蓝屏故障。

故障现象：一台计算机，CPU 为 i3 2100，4GB 内存，2TB 硬盘，H61 主板，安装 Windows 7 中文版操作系统。在进入系统后使用中不定期出现蓝屏，并且每次蓝屏代码都不同。

故障排除：重新启动无法排除此故障，就在开机时按 F8 键，选择"最后一次正确配置"恢复注册表错误后故障仍然存在。首先在安全模式下使用最新杀毒软件杀毒未检查出有病毒存在。然后将所有第三方软件都卸载排除软件冲突，卸载修补的 Windows 补丁程序，都无法解决问题。软件方法无法排除后检查硬件部分，先检查了 CPU 的散热系统，散热正常，BIOS 中系统状态显示 CPU、主板温度都是正常的，还原 BIOS 设置，重新插拔了显卡、内存，故障仍然存在。重新安装系统，在安装过程中又蓝屏。然后逐个检查 CPU、主板、内存，因为是集成显卡就无须单独检查显卡了，最后在更换了一根内存条后故障排除。

故障总结：蓝屏是 Windows 经常出现的故障提示，一般都能显示故障代码，如"STOP:0X0000001E"等。这些故障代码都表示不同故障原因，可以通过互联网在微软知识库中查找代码含义，有针对性地解决故障。但若出现了一些少见的蓝屏，如此例中每次蓝屏代码都不相同，首先应考虑是否由病毒引起的蓝屏故障，排除病毒原因后应检查操作系统本身是否存在故障，最后则要检查硬件特别是内存、CPU 是否损坏了。当然，光驱读盘时非正常打开、硬盘坏道或空间不足、网卡不兼容或意外错误、灰尘使插槽接触不良、系统文件损坏和虚拟内存设置不当都可能造成蓝屏故障。

由此例可见，显示故障不一定是显示器问题。显示器常见故障主要有显示器不通电、显示器通电但是黑屏，显示器显示模糊或出现坏点等。坏点通常分为几种，如果是彩色亮点，则说明该点的像素只是卡住了，可以对这类坏点进行修复。但如果是黑色暗点或亮斑，就意味着该点彻底坏掉，即使修复也是无效的。而更为严重的亮条直接影响使用，如图 6.1 所示，是和暗点、亮斑一样无法被修复的，只有更换显示面板才能解决。只有平时注意保护屏幕防止此类故障出现。

图6.1　显示器右侧亮线

6.4　计算机软件综合故障案例解析

软件故障是计算机系统故障中最为常见的，软件故障的产生往往与计算机病毒、操作人员的操作有着密切的联系，软件故障的诊断及排除通常不需要花费多少资金。但由于软件故障发生的频率较高，因此，对工作也会产生较大影响。下面从几类典型故障入手进行介绍。

1. 操作系统的启动、关机故障

包括 BIOS 设置错误造成无法正常进入系统，启动后自动重启；关机时无法自动关闭或关机时死机等。

【案例1】开机无法启动 Windows XP。

故障现象：一台计算机，CPU 为 AMD 羿龙 X6，2GB 内存，1TB 硬盘，880G 主板。开机后自检正常，在 Windows 读条时自动重启。

故障排除：先恢复一下 CMOS 设置，故障依旧。因开机自检是正常的，于是打开主机箱查看 CPU 的散热情况，发现散热系统正常。开机时按 F8 键，选择"安全模式"，在读取信息时又自动重启，无法进入安全模式。怀疑病毒原因，用正版杀毒软件光盘引导启动计算机检查硬盘和引导区是否存在病毒，在检查后未发现病毒。取出杀毒软件光盘，放入 Windows XP 的系统盘重启计算机，按 R 键进入"系统恢复控制台"待系统检查完硬盘后，系统会询问进入哪个操作系统，输入相应系统前面的序号后按 Enter 键，然后输入管理员密码进入控制台，输入"FIXBOOT"然后按 Y 键待系统写入新的启动扇区后按 EXIT 按钮退出重启计算机，故障排除。

故障总结：系统控制台是 Windows 重要的修复工具，可以修复引导错误、系统文件丢失、配置文件错误等故障。无法启动的故障还可能由操作系统文件损坏、系统感染病毒或驱动程序与系统不兼容造成。当然，各种硬件问题也是重要因素。

如果启动到桌面后自动重启可能由软件错误、软件不兼容、系统文件或注册表损坏、感染病毒造成。如果启动速度极慢可能由启动程序太多、系统中设置了网络域、感染病毒和系统文件损坏等系统问题造成。

关机故障则应该查找以下原因：有程序没有正确关闭，加载了不兼容的、损坏的或者冲突的设备驱动程序，退出 Windows 时的声音文件损坏，BIOS 设置问题(特别是"高级电源管理"或"高级配置和电源接口"的设置，详见 5.2 节相关内容)，注册表中快速关机的键值设置。

2. 软件运行中的死机、蓝屏故障

【案例 2】软件冲突造成的蓝屏故障。

故障现象：一台 CPU 为 Intel G630，2GB 内存，500GB 硬盘，H61 主板的计算机，安装了 Windows XP 中文版操作系统。安装了某款杀毒软件后，经常在使用中出现蓝屏，并提示"STOP:0x00000050: PAGE_FAULT_IN_NONPAGED+AREA"信息。

故障排除：因为在安装杀毒软件之前没有问题，怀疑是感染病毒无法清除引起的蓝屏，于是进入安全模式，卸载了此杀毒软件。使用另一款杀毒软件光盘引导计算机全面检查病毒，未发现有病毒存在。根据停机码提示"0x00000050"可能是由内存或软件冲突、NTFS卷损坏、硬件故障引起的。着重检查了内存、硬盘等硬件，发现各硬件工作良好。重新安装了之前的杀毒软件后故障随即出现，卸载此款杀毒软件后故障排除。

故障总结：这是一个典型的软件冲突引起的故障。软件的种类繁多与硬件一样也存在兼容性问题，如在 Windows XP 系统下正常使用的软件无法安装到 Windows 7 系统中，32位的软件无法在 64 位系统中运行，这些都是兼容问题。

蓝屏故障多由硬件问题造成，但系统文件损坏和虚拟内存设置不当也是常见原因，可以根据错误代码的提示进行维修。

死机则由于故障原因的综合性，诊断时根据具体状况从不同角度入手。

3. 病毒引起的故障

计算机病毒能破坏重要文件使计算机无法正常工作甚至影响到计算机硬件，典型故障如死机、系统瘫痪、注册表改动、软件无法正常运行等。

【案例 3】硬盘空间为 0。

故障现象：一台较老的计算机，CPU 为 Pentium D，1GB 内存，80GB 硬盘，C 盘为15GB，安装了 Windows XP 中文版操作系统。开机缓慢，使用也很缓慢，查看 C 盘可用空间为 0。

故障排除：首先清理磁盘，打开 C 盘属性，在"常规"选项卡中单击"磁盘清理"按钮，等待系统检查硬盘后，在弹出的"磁盘清理"对话框中"要删除的文件"列表中勾选所有项目，然后单击"确定"按钮。在清理后磁盘有了 2GB 的可用空间。故障暂时缓解，使用了十几分钟后系统又提示"没有可用空间"了，发现 C 盘空间又为 0 了。于是怀疑是由病毒引起的，重新启动计算机，使用杀毒软件光盘引导启动，选择"全面扫描"功能，发现了很多蠕虫病毒。立即查杀后重新启动计算机，重新运行"磁盘清理"功能后故障

排除。

故障总结：有些病毒除了破坏系统文件以外，也自我复制大量占用硬盘空间和网络资源，驻留内存，自我加壳防止杀毒软件删除病毒文件，遇到顽固病毒可以使用杀毒软件光盘引导，不启动 Windows 系统来删除这些病毒文件。

4. 有提示的错误

在计算机运行中，系统或软件弹出窗口提示错误。

【案例4】内存不能为读的错误。

故障现象：计算机 CPU 为 i3 2100，2GB 内存(单条)，500GB 硬盘，H61 主板，Windows XP 操作系统。在运行网络游戏时双击程序快捷方式就提示"0x77f5cd0"指令引用"0xffffffff"内存，该内存不能为"read"，并且提示 Client.dat 程序错误。

故障排除：首先重新安装了此网络游戏，发现故障依旧。于是恢复了默认的 CMOS 设置，重新插拔了内存条、更换内存所在插槽都无法排除故障。使用最新的杀毒软件也没有检查出病毒，当重新安装了显卡驱动后故障排除。

故障总结：出现内存不能为读这种有提示的错误时，首先应判断不能为读的原因，排除内存损坏、硬件设备兼容性、接触不良等硬件原因后，就应检查软件兼容的问题，最后查找驱动程序是否需要更新或者重装，基础性文件如 DirectX 等软件是否损坏等。系统提示"非法操作"最可能的软件原因还有：感染病毒、系统文件损坏、软件致命缺陷(Bug)等。

6.5 网络典型故障及处理

计算机网络在使用过程中难免出现故障造成网络无法正常运行，有时是由于 Windows 网络管理方面的设置错误或网络设备硬件故障，更多时候是由于安全方面的原因引发的网络危机。

1. 网络故障的常见类型

网络故障的常见类型主要有网络设备故障、网络设置故障、网络服务故障、网络安全故障和其他故障。

2. 网络故障的检测步骤

(1) 收集信息。尽可能多地收集信息是排除网络故障的最好办法，其中包括故障影响的范围，故障类型，故障是偶发还是持续性的，是否与某个操作有关等。

(2) 分析与定位。根据收集的信息初步确定故障范围并对故障进行隔离。从故障的现象出发使用网络诊断工具获取诊断信息，确定故障点，找出问题根源。

(3) 故障的排除。找出故障点后采取一定措施来隔离和排除故障。硬件故障通过维修或更换相应配件来排除，软件故障通过修改设置、重新安装软件等来修复。

(4) 网络安全检查。对于排除的故障进行记录并确认是否被真正排除，对于网络安全故障要对网络进行安全检查，确保网络系统的安全。

3. 常用的网络分析工具

网络工具分为硬件和软件工具，硬件工具常用的如寻线器、线路测试仪等。软件工具在 Windows 系统中常用的有：

(1) IP 测试工具 Ping。

(2) TCP/IP 协议配置工具 ipconfig。

(3) 协议统计工具 Netstat 和 Nbstat。

(4) 跟踪工具 Tracert 和 Pathping。

这些工具都需要在 Windows 命令行(cmd)的环境下运行。

4. 常见网络故障实例

【案例1】 网卡故障造成无法上网。

故障现象： 一台计算机联入局域网后无法上网，无论自动获取 IP 还是手工设置 IP 都无法成功上网。

故障排除： 首先手工设置 IP 地址，然后进入命令行使用 Ping 命令 Ping 路由器网关，发现返回 timeout，将网线拔下插入另一台计算机能正常上网，说明线路和路由器都是正常的。用最新的正版杀毒软件查杀全盘未发现有病毒存在。利用"ipconfig /all"命令检查网络配置信息时发现网卡 MAC 地址都是"FF-FF-FF-FF-FF-FF"，说明网卡存在故障，更换网卡后故障排除，如图 6.2 所示。

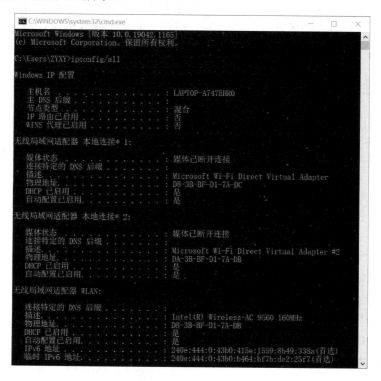

图6.2 ipconfig/all命令

故障总结： 这是一个由网络设备故障引起的无法上网故障。网卡 MAC 地址是由 12 个十六进制数来表示的，因此不应该是"FF-FF-FF-FF-FF-FF"。

【案例2】 局域网中的两台计算机无法 Ping 通。

故障现象： 同一个网段下的两台计算机，使用 Ping 命令测试时返回请求超时，两台计算机上网都正常，如图 6.3 所示。

图6.3 执行Ping命令返回请求超时状态

故障排除： 检查了路由器的设置，路由器设置是正常的，两台计算机共享文件可以正常访问，只是速度很慢，用最新的正版杀毒软件检查后发现没有病毒，后来发现杀毒软件带有防火墙功能，在检查防火墙设置时发现计算机被禁止使用 Ping 命令，取消此设置后故障排除。

故障总结： 这是由于网络设置引起的故障。防火墙软件因网络安全原因可能禁止计算机之间的一些互访行为，这是需要特别注意的。另外，计算机之间物理上的不可互访如路由器故障、网卡没有安装好、网线故障等都能影响计算机之间的正常通信。

【案例3】 无法使用域名访问 Internet。

故障现象： 一台在局域网中共享上网的计算机，在打开 IE 上网时在地址栏中输入域名后无法打开网页，但直接输入 IP 地址可以正常打开网页。

故障排除： 使用 Ping 命令 Ping 网关正常，Ping 网站的 IP 地址也是正常的，但是在 Ping 域名时提示 DNS 无法解析。由于 IP 地址是通路，说明网络本身是正常的，可能是 DNS 服务有问题。打开本地连接属性，如图 6.4 所示，选择"Internet 协议(TCP/IP)"后单击"属性"按钮，在"常规"选项卡中选择"使用下面的 DNS 服务器地址"，在"首选 DNS 服务器"文本框中输入 ISP 供应商提供的 DNS IP 地址，然后单击"确定"按钮，如图 6.5 所示，再尝试使用域名，可以正常打开网站了。

故障总结： DNS 负责解析域名指向到相应的 IP 地址，可以根据提示信息初步判断故障存在的范围，通过 Ping 命令测试通路状态，然后修改设置来排除故障。

图6.4　"本地连接 属性"对话框

图6.5　"Internet协议(TCP/IP)属性"对话框

6.6　本章实训

1．对一台报警的计算机进行故障判断。

2．利用诊断卡对计算机进行测试。

3．采用替换法对故障的计算机进行维修。

4．利用插拔法对计算机进行维护。

5．利用最小系统法对计算机进行诊断。

6．对一台 CPU 过热的计算机进行诊断。

7．利用 PartitionMagic 对一台硬盘有坏道的计算机进行维修。

8．对一台黑屏的计算机进行维护。

9．对一台声卡在 Windows 中使用不正常的计算机进行维修。

10．使用 Debug 解决 DBR 损坏问题。

11．对一台系统时间不准的计算机进行维修。

12．更换主板的 COMS 电池。

13．用断电法清除 CMOS 设置。

14．对一台注册表有故障的计算机进行维护。

15．载入系统性能最小的 BIOS 默认值。

16．对一台硬盘突然不能引导系统的计算机进行故障诊断维修。

17．对一台检测不到光驱的计算机进行维修。

18．对局域网内的计算机无法 Ping 通网关进行维修。

6.7　本章习题

1．简述计算机故障的种类。

2．简述计算机故障产生的原因。

3. 环境因素对计算机的影响体现在哪些方面？

4. 简述计算机故障诊断的基本原则。

5. 简述 Award BIOS 报警声的具体含义。

6. 简述计算机故障处理的具体方法。

7. 观察和触摸是查找计算机故障最常使用的方法，阐述观察、触摸法的具体应用。

8. 对计算机故障进行综合分析要做好哪些方面的工作？

9. 阐述主板故障的分类及故障检查维修的常用方法。

10. 阐述硬盘常见问题。

11. CPU 常见的问题有哪些？

12. 内存的常见问题有哪些？

13. 显卡的常见问题有哪些？

14. 声卡的常见问题有哪些？

15. 阐述 BIOS 常见的故障。

16. 阐述如何利用注册表对 IE 默认搜索引擎被修改的故障进行排除。

17. 阐述用断电法清除 CMOS 设置应注意的问题。

18. 阐述使用跳线清除 CMOS 设置的具体操作。

19. 阐述 Windows 系统故障的诊断处理。

20. 备份和还原注册表的步骤有哪些？

21. 计算机病毒预防措施有哪些？

22. 使用 ipconfig 命令检查网络设置。

23. 简述网络故障的检测步骤。

第 7 章　笔记本电脑维护与选购

第 7 章.ppt

学习目的与要求：

本章学习笔记本电脑常见软硬件故障的维修、笔记本电脑的升级及系统的优化、笔记本电脑在日常使用中的保养和维护、笔记本电脑的选购等方面知识。要求结合前面章节学习的诊断及维修方法达到举一反三的目的，能够通过大量的实例有针对性地解决笔记本电脑在使用过程中常见的问题及故障，掌握选购技巧，并且能够正确维护笔记本电脑使其可以长期保持良好的工作状态。

7.1　笔记本电脑维护与优化

7.1.1　笔记本电脑的维护

1. 笔记本电脑键盘和鼠标的保养和维护

清除笔记本电脑键盘表面的污垢，先用干净柔软的湿布擦拭，然后用干布将水分擦干。注意湿布不要过湿，以免水进入键盘内部。对于顽固的污渍则需要使用如图 7.1 所示笔记本电脑专用清洁剂，将清洁剂喷在污渍上用干布清理。在缝隙中的灰尘可以用皮老虎将灰尘吹出。

图7.1　笔记本电脑外壳清洁套装

在操作笔记本电脑键盘时不要用力过大，避免液体进入键盘，万一液体倒入键盘时应立即关机，拆下键盘用干布将液体蘸干净，将键盘放在通风处自然风干。

笔记本电脑的鼠标是触摸板结构，有的则是触控杆(如 ThinkPad 的"红点")。触摸板的维护较麻烦，它是全封闭设计，在使用时不要太用力按压，也不可将液体或有机溶剂沾染到触控区域，手指不干净也不要使用触摸板。如果触控杆脏了，可以将杆帽拆下来清洗，若不能清洗了，可以直接更换杆帽。

2. 笔记本电脑电池的保养和维护

笔记本电脑电池一般都是锂电池，随着使用时间的增长，电池的续航能力也会有所下降。若电池保养较好，电池的寿命就会延长，续航能力也能保持较长时间。电池保养方法如下。

(1) 新电池要进行最少一次的满充满放，第二次充电后才能正式使用。

(2) 当笔记本电脑使用交流电时应取下电池，避免长时间处于充电状态。锂电池的充放电次数一般在 500 次左右，过度充电会缩短电池的寿命。

(3) 充电时应尽量关机。电池完全充满后电池指示灯会提示状态，在充满之前尽量不要断开电源。虽然锂离子电池没有记忆效应，但满充满放的合理充电程序能延长电池寿命。

(4) 充满电后应让电池休息 30 分钟以上再使用。电池经过长时间的充电后立即大量放电会缩短电池寿命。

(5) 长期不使用的电池会自然放电，应将电池完全充电一次使电池处于激活状态。

(6) 不要在极端环境下使用电池。电池的工作温度一般在 20～30℃。低温或高温会缩短电池寿命。

(7) 在交流供电使用计算机时不要带电断开电池，应关闭计算机后再取下电池。

(8) 避免电池曝晒、高温、受潮、液体侵蚀、触点短路等，不然可能会造成电池开裂甚至爆炸。

使用电池时尽量减少笔记本电脑的功耗能让续航时间延长，可以参考以下方法。

(1) 减少使用光驱。

(2) 减小屏幕亮度。

(3) 关闭声音。

(4) 关闭无用的程序或者后台服务。

(5) 增大内存，减少硬盘读取次数。

(6) 使用固态硬盘。

(7) 关闭蓝牙、无线网卡；移除 PCMCIA 卡、USB 等外接设备。

(8) 调整笔记本电脑电源控制软件的模式。Windows 系统中内置了电源管理功能，用户可以根据不同的需求设置不同的电源计划，从而使笔记本电脑节能，减小对电池的损耗。各大笔记本电脑厂商都为自己的产品配备了相应的电源管理辅助软件，如图 7.2 所示为联想的 Energy Management 程序。这些软件可以调整硬件的功耗，大幅提升电池续航时间。若笔记本电脑电池用了很久已经出现续航时间很短的现象，这是正常的老化现象。出现这种问题就需要更换电池了，笔记本电脑电池最好选用原厂电池。副厂电池或组装电池的寿命不能保证，而且质量不佳的电池可能会有漏液或爆炸的危险。具体原理可以参见 2.8.4 节中笔记本电脑电池的相关内容，在理论指导下就更容易理解笔记本电脑电池的保养和维护。

图7.2　联想电源管理程序

3. 笔记本电脑屏幕的保养和维护

1) 笔记本电脑屏幕的维护

(1) 保持良好的工作环境。笔记本电脑屏幕对空气湿度和温度要求较严格。潮湿的环境会损坏屏幕内部的元器件。当环境温差急剧变化时屏幕内部会出现结露，这会导致电极腐蚀造成永久性的损害。

(2) 避免不良的使用习惯。不要在使用笔记本电脑时喝咖啡，吃东西；不要用手指或笔在屏幕上指点。油性的污渍沾染在屏幕上很难清除，若尖锐物体在屏幕上用力点压也容易造成"坏点"。

(3) 避免长时间显示同一画面。同一像素点显示相同颜色时间过长会使这个点的温度升高，增大出现坏点的概率。应该使用系统自带的屏幕保护程序保护屏幕。

(4) 避免在屏幕上放置重物。笔记本电脑屏幕很薄，背面的外壳也不能承受重压，在重物的挤压下屏幕表面很容易变形，从而造成无可挽回的损伤。

(5) 正确打开和关闭顶盖。笔记本电脑的屏幕安置在顶盖上，由两个转轴连接在机身上。开关时用力不均匀或者用力过大很容易造成连接轴断裂，也容易造成屏幕变形。

(6) 避免不必要的震动。笔记本电脑的屏幕没有过多的保护层，屏幕十分脆弱并且极易破损，猛烈的震动足以使屏幕出现不可修复的损坏。切不可让笔记本电脑屏幕发生碰撞或跌落。

2) 笔记本电脑屏幕的清洁

清洁笔记本电脑屏幕首先要使用正确的工具，软毛刷、软布和清洁剂是必备的。先用软毛刷将附着在屏幕上的灰尘刷去，然后用九成干的湿软布对屏幕进行清洁。若屏幕上沾有手印或油渍时，需要使用液晶屏幕专用清洁剂清洁，切不可随便使用不知名的清洁剂、化学品、酒精等有机溶剂，这些溶剂有腐蚀性，会损害屏幕表面。

在清洁笔记本电脑屏幕前要关闭电脑，拔下电源和电池，不可用太多清水或清洁剂，以免液体通过屏幕缝隙流入显示屏内部；擦拭时要像擦眼镜一样向同一个方向擦，注意不要用力过大以免压坏屏幕。

4. 笔记本电脑硬盘的保养与维护

硬盘作为精密的部件较为易损,鉴于其物理特性在使用中应特别注意以下几点。

(1) 保持工作环境的清洁。硬盘的工作环境是指空气质量、环境温度与湿度、工作电压等几个方面,要减少和避免灰尘、高温、潮湿以及电压不稳、电磁干扰等对硬盘的伤害。

(2) 正确开关机。不要在硬盘工作指示灯闪烁时切断电源,这可能导致磁头无法回位造成盘片的物理损伤。

(3) 最大幅度地减少震动。硬盘的抗震能力是指在停机时的指标,工作中的硬盘特别是读写数据时是十分脆弱的,些许强震足以永久损坏硬盘。

(4) 不可自行拆开硬盘。硬盘制造过程中必须绝对无尘,在日常中很难找到这种环境,在普通环境中打开硬盘盖无异于自行损毁硬盘。

(5) 定期整理硬盘。定期整理硬盘可以提高运行速度,如果碎片积累过多不但访问效率下降,而且还可能损坏磁道。但不要经常整理硬盘,这样也会有损硬盘寿命。

(6) 减少使用硬盘压缩技术。当压缩卷文件逐渐增大时,硬盘的读写速度大大地减慢了。如果磁盘的容量够用,没有必要再使用硬盘压缩技术。

(7) 减少格式化频率。高级格式化和低级格式化都会影响磁盘的性能,频繁格式化会加速硬盘的老化。

(8) 让硬盘休息。在电源管理项目中管理硬盘的停机时间,让硬盘在没有读写任务时关闭来降低工作温度,提高使用寿命。

(9) 善用磁盘工具。善用各类磁盘工具,如 Norton Utilities、Norton CleanSweep 等,定时清理自己的硬盘,可提高系统整体效能。

5. 笔记本电脑内存、主板、CPU 的保养与维护

之所以合起来讲这三种配件,是因为它们在保养维护中具有一定的共性。

(1) 保持清洁,经常除尘。这些元件都没有物理活动部件,都是由集成电路板组成,要保持它们工作环境的健康,就要像对硬盘一样保证温度、相对湿度、电压等在合理的范围以内。另外,要对其表面及散热机构(如散热片、散热风扇)附着的灰尘定期进行清理。

(2) 避免硬物接触。集成电路板表面元器件密集,要注意不可让尖锐物体接触电路表面以免划伤造成短路。

(3) 防止静电。静电是集成电路的最大杀手。在更换和清洁这些部件时要注意人体本身带有的静电可能击穿电路芯片造成芯片报废,应在接触这些元件之前消除静电,或者带上防静电腕带后再操作。

6. 笔记本电脑外部接口的保养与维护

(1) 避免灰尘和液体的侵蚀。灰尘和液体可能会导致接口中的电路出现短路,从而引起更大规模的损坏。

(2) 正确的插拔方式。不正确的插拔方式是造成端口报废的最大原因,插拔动作一定要平稳、牢固,切勿频繁插拔。平稳是指在插拔接头的时候不要乱摇,否则会造成接头松动,如果是针式接头还可能造成断针;而牢固主要是针对螺栓固定的接口而言,比如串并口和 VGA OUT 接头,如果固定不牢,在使用中出现松动很有可能就会烧掉端口;切勿频

繁插拔是指对于那些使用频率很高的外置设备，比如 PC 卡网卡，如果不是特殊情况，尽量避免频繁地插拔，否则可能会因接口松动导致接触不良或短路。

7. 笔记本电脑光驱的保养和维护

笔记本电脑光驱与台式机光驱的保养有很多相同之处：

(1) 首先是保持清洁，防止灰尘的进入。

(2) 不用劣质光盘，不用划痕过多或污损严重的光盘，不用形状不规则的光盘。

(3) 保持光驱的水平，在光驱运行中尽量保持笔记本电脑水平放置。

(4) 减少光驱的使用时间。如避免长时间地播放影碟，将大容量的数据或游戏光盘做成虚拟光盘放在硬盘中运行。

(5) 定期保养清洁激光头，可以用专用清洗盘清洗激光头。

(6) 及时取出光盘，不用时将光盘从光驱中取出。

(7) 正确打开光驱并轻关光驱。

7.1.2　笔记本电脑的优化

1. 笔记本电脑软件的升级

这里的软件升级主要是指操作系统的升级和驱动程序的升级。新版的操作系统通常更加美观，也有着更高的安全性。只需要将相应的光盘放入光驱后，从光驱引导按提示操作就可以了。驱动程序的升级，可以提高笔记本电脑的性能、稳定性和安全性。升级驱动程序与台式机的操作是相同的。在桌面上"我的电脑"上单击鼠标右键 | "管理" | "设备管理器"，在左边的列表中找到相应设备，双击设备名称。切换到"驱动程序"选项卡，如图 7.3 所示，单击"更新驱动程序"按钮进入驱动程序更新向导，如图 7.4 所示。

图7.3　设备属性　　　　　　　　　图7.4　驱动程序向导

需要注意的是，笔记本电脑硬件驱动最好在相应品牌的支持网站上找到相应的型号来更新，并不推荐笔记本电脑使用来源不明或是测试版的驱动程序。

2. 笔记本电脑内存的升级

笔记本电脑内存是笔记本电脑最常见的升级部件,升级内存的步骤也相对容易。首先是选择内存,应特别注意内存的型号、容量、体积及品牌。

笔记本电脑内存的安装步骤如下。

(1) 将笔记本电脑关机断开电源并取下电池。

(2) 找到笔记本电脑的内存封盖,一般笔记本电脑内存扩展槽在底部,也有些笔记本电脑是在键盘下面。这可以从笔记本电脑说明书上找到。

(3) 用合适的螺钉旋具拧开内存扩展槽封盖上的螺钉,如图 7.5 所示。

(4) 将内存金手指对准内存插槽,按照防呆口的位置将内存以 40° 斜角插入插槽中并向下转动内存至卡入两边的卡扣中,如图 7.6 所示。

(5) 确认内存安装稳固后,复原内存封盖或键盘。

(6) 装上电池开机进入系统,查看系统能否识别新的内存容量。若无法识别正确容量,则要按上面的步骤重新安装一次。

图7.5 拆开内存后盖螺钉

图7.6 将内存卡入内存插槽中

3. 笔记本电脑硬盘的升级

笔记本电脑硬盘的容量不够用时,一般就需要更换更大容量的硬盘了。当升级硬盘时参考 2.4.4 节硬盘的选购中的几个原则就能十分简单地为笔记本电脑增加存储容量了。

笔记本电脑硬盘升级步骤:

因为要替换原有硬盘,所以首先要对原硬盘中的重要资料进行备份。关闭笔记本电脑,断开电源,卸下电池。找到笔记本电脑硬盘的封盖,如图 7.7 所示,一般在笔记本电脑底部,有些超薄的笔记本电脑在外壳的侧面。用合适的螺钉旋具拧开封盖上的螺钉。找到硬盘托架上的拉手或带子,如图 7.8 所示,均匀用力平行地拔出数据线接口。从硬盘的一边轻轻将硬盘从托架里抬出。放入新硬盘,确保硬盘和托架贴合紧密,然后平行地将数据线插入硬盘。将硬盘封盖盖紧,把螺钉拧紧。可以参见第 4 章笔记本电脑的拆机。用 Windows PE(Windows Preinstallation Environment)引导笔记本电脑开机,使用 PQmagic(磁盘分区魔术师)软件将新硬盘分区并设置活动分区。重新安装操作系统。

图7.7 超薄的笔记本电脑硬盘在侧面开口

图7.8 均匀用力插拔数据线

7.2 笔记本电脑的维修

本节对笔记本电脑的维修以第 6 章硬件维修基本步骤和方法为基础，结合笔记本电脑的特点，采用典型故障实例解析形式来进行讲解。

1. 内存不兼容造成的问题

故障现象： 一台 HP 笔记本电脑，CPU 为 P8600，1GB DDR2 内存。增加一条 2GB DDR2 内存后，开机检测时有时候能检测到 3GB 内存，有时又检测不到。

故障排除： 首先用排除法，将两条内存分别插入两个内存插槽中，开机自检，均能正常显示自己的应有容量，逐个排除了内存自身和插槽的问题。但发现只要两条内存同时存在时就会出现问题，即使调换位置故障仍然存在。检查两条内存发现其品牌和设计是不同的，很可能是内存兼容问题引起的这个故障，更换一条相同品牌的内存后故障排除。

故障总结： 笔记本电脑大多提供了方便使用的内存扩展插槽，如果不兼容会出现意外故障，所以尽量避免不同型号、不同容量的内存混用。

2. 内存损坏造成的故障

故障现象： 一台 IBM 笔记本电脑，开机后电源灯常亮，屏幕不亮，不自检。

故障排除： 拆下电池，长按电源键，然后改为电源供电，开机故障仍然存在。拆下内存，然后通电，发出"嘟嘟"声。然后替换原来的内存，开机后故障排除。

故障总结： 笔记本电脑内存是笔记本电脑中比较容易损坏的部件，笔记本电脑内存触点较台式机更密集，也更容易烧毁，在使用中应更加注意。

3. 主板接口损坏造成的故障

故障现象： 一台 SONY 笔记本电脑，在使用 VGA 接口连接投影仪时发现投影屏幕颜色发红，色偏现象严重。

故障排除： 屏幕可以显示，只是出现色偏。先更换了一条 VGA 连接线，故障依旧。使用另一台笔记本电脑连接，投影仪显示正常，说明这台 SONY 笔记本电脑视频输出出现了问题。更新了显示驱动程序，故障仍然存在。看来是主板的 VGA 接口有问题，关机，打开笔记本电脑外壳，使用万用表检查发现 VGA 接口三基色引脚的对地阻值不相等，更换电阻使三基色引脚阻值为 75Ω，电阻分压为 0.714V 后故障排除。

故障总结：笔记本电脑经常搭配投影仪扩展显示范围，因为市场中劣质 VGA 连接线很多，投影色偏故障大多是由视频线路质量问题引起的，若投影仪和线路都是正常的，就应检查笔记本电脑的 VGA 输出接口是否正常。

4. 硬盘"挂起"故障

故障现象：一台 IBM 笔记本电脑在没有任何操作时 3 分钟左右就能听到硬盘"咔"的声响，然后再使用时硬盘反应会很慢。

故障排除：在"开始"菜单中选择"设置"命令，然后在"控制面板"中找到"电源选项"，在其中把"关闭硬盘"选项设置为"从不"，然后确定，故障排除。

故障总结：笔记本电脑的电源管理可以在必要的时候合理分配笔记本电脑功耗，以使得电池可以有更长的续航时间，但是会牺牲笔记本电脑的部分性能。可以通过更改"电源管理"中的设置合理分配性能和续航能力。

5. DVD 读盘故障

故障现象：一台富士通笔记本电脑，在将光盘放入光驱后光驱灯闪烁正常，但在"我的电脑"中光驱盘符无光盘提示，双击盘符提示"放入光盘"。

故障排除：首先应检查光盘是否正常，将此光盘放入其他光驱中发现打开和读取文件都正常，排除光盘本身问题。擦干净读取器后故障排除。

故障总结：笔记本电脑的光驱也会出现激光头被污染现象，首先需使用专用清洗光盘(如图 7.9 所示)放入光驱运行，若清洁后仍不能正常读取，再通过调高功率等方法解决。

6. 显卡引起的屏幕花屏

故障现象：一台 HP 笔记本电脑上网时上下移动网页会出现花屏现象，玩游戏时也会花屏。

故障排除：首先猜测显卡驱动有问题，使用自带光盘重新安装了显卡驱动，故障仍然存在。于是猜测显卡本身出现故障，拆开笔记本电脑发现显示芯片温度很高，最终发现显示芯片与散热管之间结合不紧密，使用导热硅胶填充缝隙，故障现象消失。

故障总结：笔记本电脑部件过热会造成故障，由于设计紧凑，CPU、主板、显示芯片、硬盘散热不良甚至会导致硬件报废。

7. 电源适配器故障

故障现象：一台 IBM 笔记本电脑，使用电源适配器不能开机，没有供电。

故障排除：使用万用表检查发现没有输出电压，适配器有损坏。拆开适配器，使用万用表检查发现输出线圈正常，在线路检查中发现从适配器到笔记本电脑的线路有断路，最后发现连接处的电线折断，将折断处重新焊接后故障排除。

故障总结：电源适配器不是易损件，只要在使用中注意不进水或摔落很少损坏。线路是主要易损的地方，在储存或使用时要特别注意保护。

8. 键帽脱落的故障

故障现象：一台 Dell 笔记本电脑，键盘上的"D"字符键帽掉落。

故障排除：观察键帽脱落的原因，发现按键托架正常。只需要将键帽摆放正当后均匀用力按下，键帽就会自动卡住托架，如图 7.10 所示。

图7.9　光驱清洗套装

图7.10　笔记本电脑键盘键帽支架

故障总结：笔记本电脑键帽在外力下会与托架脱开，只要托架没有损坏重新按下就能复位。若托架损坏，则要将不常用的按键拆下替换解燃眉之急。

9. 触摸板失灵的故障

故障现象：一台联想笔记本电脑，当手指在触摸板上移动时屏幕上的鼠标指针没有反应。

故障排除：首先按键盘上的 **Fn+F8** 组合键，打开/关闭触摸板功能(因笔记本电脑品牌的不同，组合键的意义也可能不同)，触摸板仍然没有反应。重新安装触摸板驱动，故障仍然存在。打开笔记本电脑外壳，找到触摸板连接排线，重新插拔排线后故障排除。

故障总结：触摸板很少因本身故障损坏，一般是软开关关闭、驱动损坏或者线路连接松动导致不能使用，如图 7.11 所示为触摸板功能键。

10. 无线网卡无法找到接入点

故障现象：一台 IBM X61 笔记本电脑，无法找到无线网卡接入点。

故障排除：在正常使用过程中突然找不到接入点了，看无线开关已经打开。重新安装驱动，故障依旧，最后发现无线指示灯是熄灭的状态，重新打开一次开关，故障排除。

故障总结：发现无线指示灯熄灭，说明无线网卡未通电，检查开关虽然在开启位置，但无线开关是机械开关，有时也会发生接触不良。如图 7.12 所示为无线网卡开关。

图7.11　联想笔记本电脑触摸板开关键(F8)

图7.12　无线网卡开关

11. 无线网卡信号弱

故障现象:一台联想笔记本电脑,已经使用3年多,最近出现无线网络信号十分微弱,只有距离无线路由器1～2m才能找到信号,如图7.13所示。

故障排除:因其他电脑信号正常,可以排除是路由器的问题。因能找到接入点,所以只是信号有问题,首先检查笔记本电脑的无线网卡。打开笔记本电脑后背板,可以看到无线网卡,仔细检查发现网卡上的天线与网卡之间存在虚接,重新插好天线连接线后故障排除。

故障总结:笔记本电脑的移动性与无线网络是绝佳配合,无线网卡也逐渐成为笔记本电脑的标配。拆开后盖就可以看到无线网卡,其特点是有两条明显的白色天线连接线与之相连,如图7.14所示。当信号不好时,除了检查其驱动程序,也要检查一下硬件的连接是否正常。

图7.13 无线网络信号微弱

图7.14 无线网卡天线连接线路

12. 散热风扇故障引起的死机

故障现象:一台笔记本电脑启动后不久就出现死机,然后自动关闭电源。关闭后重新启动不久,又再次自动关闭。

故障排除:仔细观察发现每次启动都能正常开启,但几分钟后就出现死机或关机的症状,可能是CPU或显示芯片等过热,笔记本电脑出现热保护断电的现象。拆开笔记本电脑发现散热片烫手,用手指轻轻拨动散热风扇,扇叶转动比较困难,重新开机,发现风扇转动阻滞,更换一个风扇后故障排除。如图7.15所示为散热风扇。

故障总结:笔记本电脑构造紧凑,CPU、显卡、主板芯片通常共用一套散热系统,风扇的运行状态直接影响整个笔记本电脑的散热效果。因此,应特别注意风扇的运转状态是否良好。

13. 笔记本电脑屏幕显示亮斑

故障现象:一台IBM笔记本电脑,14.1英寸宽屏。屏幕右侧下方有一块拇指大小的亮斑。

故障排除:此类故障如屏幕亮点、亮斑一般是由屏幕物理损坏造成的,故障从开机到关机的全过程都一直存在。若严重影响效果只能更换显示面板。

故障总结: 坏点、亮斑故障是液晶显示器故障中无法被修复的故障,这是由液晶显示器本身的物理特性决定的,如果损坏得不严重可以继续使用,但这种故障容易扩大。

14. 笔记本电脑播放声音很小

故障现象: 一台惠普 Pavilion G4 笔记本电脑,CPU 为酷睿 i5-2430M,4GB 内存,Windows 7 家庭版 64 位操作系统。笔记本电脑在播放歌曲时声音很小,调整时有大小变化,但声音总是不大。

故障排除: 根据故障的现象分析,先检查笔记本电脑的外放音箱是否有故障。将一副状态良好的耳机接到笔记本电脑上,耳机声音也很小。于是用笔记本电脑自带的驱动光盘重新安装声卡驱动,故障依旧。最后打开笔记本电脑的外壳,检查声音播放电路,发现声音电路中的功率放大器性能不良,更换放大器后故障排除。

故障总结: 声音的播放不只有音频芯片,也有很多相关的功率放大电路来使喇叭发声。这些元器件有很多贴片电容十分精密,出现难以排除的故障时要注意检查这些元器件。

15. 笔记本电脑 CPU 自身引起的故障

故障现象: 一台富士通笔记本电脑,型号较老,使用时间较长了。在使用中突然死机,然后就再也无法开机了,按下电源键只有电源指示灯亮,屏幕无反应。

故障排除: 因为笔记本电脑死机后就无法开机,可能是笔记本电脑的硬件出现了故障。打开笔记本电脑底部的封盖,检查内存是否松动,重新插拔内存故障依旧,更换了一条新内存仍然无法开机。移除电池接上交流电,用万用表检查供电电路电压,发现电压正常。最后卸下散热片,取下 CPU,替换一个 CPU 后故障排除,如图 7.16 所示。

故障总结: 笔记本电脑的 CPU 除散热原因造成的故障外很少自身出现故障,CPU 自身故障一般就是引脚断裂、接触不良,再就是因为电压不稳、过热、过潮使 CPU 烧毁。CPU 烧毁后就只有更换新的 CPU 了。

图7.15 散热风扇

图7.16 更换笔记本电脑CPU

16. 笔记本电脑电池引起的故障

故障现象: 一台 ThinkPad T60 笔记本电脑,使用电池时无法开机。

故障排除: 考虑是电池本身问题,更换同型号新电池仍然无法开机。拆开笔记本电脑主板,用万用表测量充电针脚的输出电压,发现电压为 0V,没有输出。再测量开机芯片处的元器件,发现也没有电压。更换开机电路后重新装上电池,开机正常,故障排除。

故障总结：笔记本电脑为电池设计了专门的充电及检测电路，在开机时此电路会检测电池状态，若电路出现故障可能会检测不到电池致使无法开机。

7.3　笔记本电脑的选购

7.3.1　全新笔记本电脑的选购

随着技术的发展和价格的降低，越来越多的人选择购买笔记本电脑。笔记本电脑不同于台式机，几乎无法通过 DIY 的方式进行组装，面对市场上众多品牌和型号的笔记本电脑，如何才能挑选到一款适合自己的笔记本电脑呢？下面就来详细分析一下笔记本电脑的选购事项。

1. 笔记本电脑选购的定位

在选购笔记本电脑时首先要从两个方面来考虑：要用笔记本电脑来做什么？要用多少钱来购买？这两个方面相关联，也相互制约。如果定位不清，要么浪费性能，要么浪费金钱。无外以下情况。

(1) 上网、看碟、日常办公文件处理：这类配置一般要求比较低，可以节省预算。

(2) 玩游戏：这是绝大多数人的要求，主要购买主流机型。玩游戏需要笔记本电脑配备独立显卡，和台式机一样，笔记本电脑显卡也有低、中、高档次之分。不同的是，笔记本电脑显卡一般无法升级，在购买时就要有前瞻性。另外，受笔记本电脑结构限制，目前主流笔记本电脑的高端显卡还无法与台式机的显卡性能相抗衡。

(3) 特殊需求：如要求便携的，一般选择轻薄的无光驱 12～13 英寸笔记本电脑；需要作图或者用于 CAD 的，需至少中端以上的独立显卡，也有为作图设置专用显卡的笔记本电脑。

定位准确可以使选择笔记本电脑时买到更加合理的配置，例如，一款高端 CPU 的笔记本电脑使用的是集成显卡，当用来玩游戏时表现不好，但其价格却并不低。这就是典型的定位不准确。

2. 笔记本电脑屏幕的选择

笔记本电脑的屏幕从 12～15 英寸都有，也有些上网本小到 7～10 英寸。屏幕越小，笔记本电脑的外形尺寸越小，屏幕越大其分辨率越大，但笔记本电脑的尺寸就随着增大。根据前面的选购定位，需要便携的应选择小尺寸的屏幕，小屏幕的功耗小，电池续航时间长，而玩游戏和作图的用户则需要大屏幕带来更大的可视面积和分辨率。需要注意的是，小于13 英寸的笔记本电脑大都因尺寸的原因不集成光盘驱动器。具体可以参见 3.5.3 节笔记本电脑显示器。

3. 笔记本电脑品牌的选择

笔记本电脑因少有组装机，所以其品牌意义也就更大了，不只在于售后服务的好坏。一线品牌的笔记本电脑厂商在笔记本电脑设计领域更加优异，工艺水平更加先进。良好的设计和做工可以使笔记本电脑的散热、功耗、稳定性都有良好的保证。因此，在选购笔记本电脑时品牌选择是十分重要的因素,应尽可能选择品牌有保证的产品,如联想 ThinkPad、戴尔、惠普、索尼、东芝等。

4. 笔记本电脑内存的选择

笔记本电脑内存可以大幅提高笔记本电脑的整体性能,降低笔记本电脑功耗,升级内存是性价比最高的选择。因此,内存的可扩展性也是很重要的因素,有的笔记本电脑只有一条内存插槽,有的则有两个,但很少有两个以上的。所以,在预算范围内尽量选择内存容量大、型号新的笔记本电脑。

5. 笔记本电脑 CPU 的选择

作为普通用户,中档 CPU 就能满足使用要求,如奔腾双核、酷睿 2 系列或者 i3 等,若预算较少也可以使用赛扬系列的低端产品。若是要玩游戏则需要使用 i3 或 i5 系列的产品才能满足需求。对于平面设计图形渲染工作的用户 i7 则是首选。对于长时间使用电池户外工作的用户,选择低压版的 CPU 可以带来额外的续航时间。CPU 的等级对价格的影响是很明显的。

6. 笔记本电脑显卡的选择

笔记本电脑的集成显卡功能从英特尔 i3 系列开始有了很大的提升,对于一般普通用户完全能够满足需求,若是玩 3D 类游戏就需要独立的显卡支持了。显卡除了芯片的等级以外也要注意显示存储的大小,是否支持最新版本的 DirectX 和 OpenGL,这些都决定了显示性能。对于笔记本电脑来说,独立显卡意味着更高的耗电量和更高的发热量。高端显卡的笔记本电脑最好配备额外的散热措施。

7. 笔记本电脑硬盘的选择

笔记本电脑的硬盘除了容量的大小还要注意其转速,普通笔记本电脑硬盘一般是5200RPM 的,而高端笔记本电脑则是 7200RPM 的。有些品牌的笔记本电脑硬盘还带有震动保护系统,可以在检测到震动时关闭硬盘读写来保护磁头。固态硬盘也被引入笔记本电脑存储领域,固态硬盘在存储速度和功耗水平上远高于机械硬盘,但价格也随之增高。

8. 笔记本电脑电池的选择

电池是台式机使用不到的部件,但在笔记本电脑中是不可缺少的。电池性能很大程度上决定笔记本电脑的移动性能。电池分为内置和外置两种,内置的无法替换但容量较高,外置的可以备下随时更换但较为笨重。外置电池一般有 4 芯、6 芯、8 芯的,芯数越高容量越大也越重。

9. 笔记本电脑的外壳和重量

笔记本电脑主要突出其便携性,目前笔记本电脑外壳材质主要是工程塑料和铝合金两种。工程塑料价格较低。铝合金硬度高,能更好地保护笔记本电脑内部部件,高端笔记本电脑的屏幕转轴和外壳都大量使用铝合金材质,有的甚至在内部都设计金属防滚架,但其价格比工程塑料要高出不少。笔记本电脑的重量也是一项重要的衡量指标,一般而言同等配置重量越轻的笔记本电脑价格越高。

7.3.2　二手笔记本电脑的选购

二手笔记本电脑因其价格较低越来越受到关注。购买二手笔记本电脑应该注意哪些方面呢？下面就来着重介绍一下。

1. 使用目的

这与购买新的笔记本电脑是相同的，因为二手笔记本电脑不会是特别新的配置，在权衡使用目的时只能折中判断，更加针对性地购买合适的产品，包括 CPU、内存、硬盘、屏幕、重量等，因为和新笔记本电脑相似，这里就不再赘述了。可以通过 4.8 节提及的软件来测试配置情况。

2. 外壳

购买二手笔记本电脑需要通过外壳的新旧来初步判断之前的使用者对其爱护的程度，从而间接地判断机器整体的好与坏。如有轻微的划痕是不影响质量的，因为笔记本电脑在移动过程中难免会出现类似的刮花现象，如图 7.17 所示，但是若有大的、深的凹痕或者外壳出现裂缝，就不要购买了，如图 7.18 所示。也有些二手笔记本电脑外壳几乎是全新的甚至没有使用痕迹，当遇到这样的情况就要格外注意了，因为有可能是翻新的笔记本电脑。翻新外壳有可能是因为外壳严重损坏，这难免会对其内部产生致命的影响。

图7.17　边缘处正常使用的磨损

图7.18　外壳侧面有个裂缝

3. 屏幕

二手笔记本电脑中残值率最高的就是屏幕了，所以应格外注意。

(1) 仔细查看屏幕有无损伤的痕迹和油迹，屏幕与边框是否紧密贴合。

(2) 查看屏幕的显示效果，显示分辨率，可视角度，是否有亮斑。

(3) 检查屏幕亮度，漏光是否严重。在检查屏幕亮度时应给笔记本电脑接入市电，然后调整电源管理软件为性能最佳，最后将屏幕亮度调整到最大来观察。

(4) 注意显示器的延时，在播放一段动态视频时观察拖影是否严重，将拖影严重的屏幕拿来看影片对眼睛是十分不利的。

(5) 注意液晶屏幕的坏点。最常见的就是白点和黑点，在购买的时候可利用下面简单的方法来鉴别：一般黑点的鉴别方法是将整个屏幕背景调成白屏，那么就可以发现黑点了；白点则正好相反，将屏幕背景调成黑色，这时候白点也就会现出原形啦！不过除了白点和黑点，有时还有其他彩点，这时可以分别建立红黄蓝三原色的屏幕背景来简单鉴别一下。或者直接使用如图 7.19 所示的 NokiaMT 软件就可以帮助检查亮点、暗点和坏点。

(6) 最后检查屏幕合盖能否紧密闭合，屏幕转轴阻尼是不是松动。

4. CPU 的检查

用台式机 CPU 替换笔记本电脑 CPU 是二手市场上经常发生的事情。虽然主频可能相同，但设计理念不同，发热量也不同，长时间使用可能会出现死机等不稳定状况，严重时可能烧坏 CPU。对 CPU 的检查可以通过如图 7.20 所示的 CPU-Z 软件来查询型号、参数及 L1 和 L2 缓存容量。

图7.19　NokiaMT软件

图7.20　CPU-Z软件

5. 键盘和鼠标的检查

因为是二手笔记本电脑，经过他人使用后键盘被敲击多次，需要对键盘上的每个按键逐一检查，看是否有坏键。这可以通过如图 7.21 所示的 KeyTest 软件来测试。笔记本电脑的鼠标一般是触摸板，需要检查触摸板的灵敏度是否正常，鼠标按键的按压回弹是否顺畅。

6. 硬盘的测试

二手笔记本电脑的硬盘一般都经过长期使用，其使用的时间是可以测试出来的。利用如图 7.22 所示的 HDTune 软件不但可以检测硬盘的使用时间，而且可以检查硬盘的参数和是否存在坏道。

图7.21　KeyTest软件

图7.22　HDTune软件

7. 检查各个接口是否正常

笔记本电脑的外设接口经常被使用，如 USB 接口、VGA 输出接口、网线接口、电话线接口等，要逐个检查这些接口是否能正常工作。还有无线网络能否正常识别，无线开关是否良好，内置的调制解调器等是否可用，只要是笔记本电脑内的设备都不能漏检。

8. 检查光驱能否正常读盘

测试读盘是最直接的方法，关于刻录机要刻录一张光盘进行测试。

9. 电池

二手笔记本电脑的电池一般都不好，这是因为电池的寿命在整个笔记本电脑的组件中相对较短，在加上之前使用保养的程度不同，其差异是巨大的。如图 7.23 所示的 BatteryMon 中文版软件可以帮助测试电池的性能及待机时间。特别注意二手笔记本电脑的电池也是没有任何保修承诺的。

10. 通过品牌服务网站检查是否被改装

替换 CPU、内存以次充好，这都是二手笔记本电脑经常发生的事情。大厂的服务网站都可以根据序列号查到每个笔记本电脑的出厂时间、出厂配置，如图 7.24 所示，Dell 支持网站通过快速服务代码就能查到笔记本电脑详细配置。如果查不到或者查到的信息和实际不符，就有可能是私自组装或者来路不明的笔记本电脑了。

图7.23　BatteryMon软件　　　　图7.24　Dell网站查到的出厂配置

11. 检查电源适配器

需要检查电源连接线特别是两端是否有脱皮开裂，变压器外壳是否破损变形，适配器在工作中是否有噪声、过热的现象。

12. 尽量争取二手商家的保修承诺

一般二手笔记本电脑除了电池以外都可以有两三个月的保修(包换)期，一定要让商家在发票上注明。在此期间要尽量进行拷机，争取发现所有隐藏问题，以便及时维修更换。

7.4　本章实训

1. 对一台内存故障的笔记本电脑进行维修。
2. 拆装笔记本电脑的键盘键帽。
3. 对一台笔记本电脑的散热系统进行清洁。
4. 对一台无法通过局域网上网的笔记本电脑进行维修。
5. 对使用无线网卡无法加入局域网的笔记本电脑维修。
6. 更换笔记本电脑硬盘。
7. 对笔记本电脑的外壳进行清洁。
8. 使用 GHOST 软件备份、还原 C 盘。
9. 用 HDTune 软件检测一台笔记本电脑的硬盘。

7.5　本章习题

1. 笔记本电脑死机的原因都有哪些？
2. 使用无线网卡无法获得 IP 地址的原因有哪些？
3. 提示虚拟内存不足时如何处理？
4. 使用 GHOST 恢复分区的步骤有哪些？
5. 如何延长笔记本电脑使用电池的续航时间？
6. 如何选购二手笔记本电脑？

参 考 文 献

[1] 陈广生，葛宗占. 计算机组装与维修学习指导与练习[M]. 3 版. 北京：电子工业出版社，2019.

[2] 段欣. 计算机组装与维护[M]. 4 版. 北京：电子工业出版社，2018.

[3] 李军. 笔记本电脑维修[M]. 北京：清华大学出版社，2010.

[4] 郑平. 计算机组装与维修应用教程[M]. 北京：人民邮电出版社，2010.

[5] 熊巧玲. 计算机软硬件维修[M]. 北京：科学出版社，2008.

[6] 互联网+计算机教育研究院. 电脑组装、维护、维修全能一本通[M]. 北京：人民邮电出版社，2018.

[7] 蔡泽光. 计算机组装与维护[M]. 2 版. 北京：清华大学出版社，2007.

[8] 易容. 计算机组装与维护实训教程[M]. 北京：冶金工业出版社，2007.

[9] 王巧莲，方风波，耿杰. 计算机组装与维护[M]. 北京：科学出版社，2007.

[10] Paul Thurrott, Rafael Rivera.Windows 7 Secrets[M]. 北京：清华大学出版社，2010.

[11] 凤舞科技. 笔记本电脑选购与应用[M]. 北京：清华大学出版社，2010.

[12] 天极网站(http://www.yesky.com).

[13] 电脑报(http://www.cpcw.com).

[14] IT168_CPU 频道(http://cpu.it168.com/).

[15] IT 时报(http://www.it-times.com.cn/).